"十二五"国家科技支撑计划课题"东北规模集约化农区农业面源污染防控技术集成与示范"（2012BAD15B05）
国家自然科学基金项目"规模化冻融农区水文特征及非点源污染效应研究"（No.41371018）
共同资助

冻融集约化农区面源重金属流失转化特征及原位稳定

欧阳威　郝芳华　林春野　著

科学出版社

北　京

内 容 简 介

　　针对我国冻融集约化农区农业生产过程中重金属蓄积、流失、转化和控制特征，本书首先分析了冻融集约化农区重金属和农药分布特征，对代表性流域研究了重金属流失及流失匡算，反演了重金属流失时空特征，重点研究了冻融循环过程和降雨等自然因素及翻耕和农药化肥等农业活动联合作用下，重金属流失转化特征的数据化响应特征，提出了利用秸秆等固体废弃物原位稳定重金属的原位控制效果，对于我国冻融集约化农区重金属面源污染物流失与控制工作提出了针对性建议。

　　本书可供环境科学与工程、农业资源与环境、农业生态工程等相关专业的科研人员与管理人员、高等院校相关专业师生阅读参考。

图书在版编目（CIP）数据

冻融集约化农区面源重金属流失转化特征及原位稳定/欧阳威，郝芳华，林春野著. —北京：科学出版社，2016.9
　ISBN 978-7-03-050085-4

Ⅰ.①冻…　Ⅱ.①欧…　②郝…　③林…　Ⅲ.①三江平原–面源污染–重金属污染–研究　Ⅳ.①X53

中国版本图书馆 CIP 数据核字(2016)第 233764 号

责任编辑：朱　丽 / 责任校对：何艳萍
责任印制：徐晓晨 / 封面设计：耕者设计

科 学 出 版 社 出版
北京东黄城根北街 16 号
邮政编码：100717
http://www.sciencep.com

北京中石油彩色印刷有限责任公司 印刷
科学出版社发行　　各地新华书店经销
*

2016 年 9 月第 一 版　　开本：B5 (720×1000)
2017 年 1 月第二次印刷　　印张：15 1/4
字数：292 000
定价：**78.00 元**

（如有印装质量问题，我社负责调换）

前　　言

面源污染一直是环境科学领域研究的热点问题，其中冻融集约化农区典型重金属污染物流失特征研究尚缺乏系统性，开展这一方面工作，对于农业大国的土壤环境和水体环境保护具有重要的理论意义和应用价值。农业面源重金属流失是指农田土壤中的重金属在降雨、灌溉等过程形成的径流冲刷作用下，扩散到其他环境 (尤其是水体环境) 中的过程。集约化农业活动被认为是引起环境中面源重金属流失的主要因素之一，低温-高温循环的冻融过程是一种冻融集约化农区相当常见的自然环境因子，不但对土壤物理化学和生物学性质有重要影响，而且能够影响地表径流和土壤侵蚀过程，进而影响土壤中重金属的面源流失转化特征。

本书内容立足于我国冻融集约化农区自然和人为因素的综合效应下的面源重金属流失问题，结合室内模拟分析与田间原位试验，研究了在冻融集约化农区这种特定环境中，典型环境因子 FT 作用下，代表性农用化学品农药的施用对面源重金属流失转化特征的潜在影响，并计算了各影响因子的潜在贡献率，探讨了其影响机制。具体开展工作包括：分析了不同开垦方式土壤中重金属和农药蓄积特征，确定主要环境和人为影响因素，揭示了长期农业集约化农业活动胁迫下典型重金属的面源流失特征，反演了长期农业大开发进程中典型重金属的蓄积过程；在室内试验分析与模型模拟的基础上，揭示了典型环境因素和农业活动干扰因素对典型重金属流失转化特征的潜在影响，通过回归通径分析，探讨了其影响机理；通过固定效应模型计算了各影响因子对典型重金属流失转化的潜在贡献率，通过合理利用当地固体废弃资源控制面源重金属流失，提供了一种既能有效将典型重金属固定在土壤中，同时能够保持土壤功能和生态完整性，又能减轻当地固体废物处置压力的经济环保型控制措施，旨在为我国土壤和地表水重金属污染的防控提供科学的理论依据和决策支持。

本书是"十二五"国家科技支撑计划课题"东北规模集约化农区农业面源污染防控技术集成与示范"和国家自然科学基金项目"规模化冻融农区水文特征及非点源污染效应研究"研究工作的总结，也是多位研究生论文的精华。本书写作分工如下：第 1 章绪论，由郝芳华、王芳丽和焦伟完成；第 2 章研究区概况，由欧阳威、王芳丽和郝芳华完成；第 3 章冻融集约化农区土壤中重金属和农药蓄积特征，由王芳丽、欧阳威完成；第 4 章不同土地开垦方式下重金属含量与形态变异，由焦伟、欧阳威完成；第 5 章长期农业活动影响下土壤重金属运移和分布，由焦伟、欧阳威完成；第 6 章基于沉积物磷定量关系的流域土壤重金属流失负荷模拟，由焦伟、郝芳华、欧阳威完成；第 7 章基于沉积物应用的流域面源重金属流失历史反演，由焦伟、林春野完成；第 8 章冻融集约化农区农田土壤中面源镉流失特征，由王芳丽、欧阳威完成；第 9 章冻融作用下农药施用对土壤中镉等温吸附-解吸特性影响，由王芳丽、林春野完成；第 10 章冻融作用下农药施用对土壤中镉释放和形态转化特征影响，由王芳丽、郝芳华完成；第 11 章冻融作用下农药施用对不同水分含量土壤中镉流失的潜在贡献，由王芳丽、林春野完成；第 12 章集约化农区农田土壤中镉原位稳定技术，由王芳丽、欧阳威完成；第 13 章基于生物碳土壤改良应用的流域重金属污染防控建议，由黄威佳、欧阳威完成；第 14 章基于沉积物应用的流域重金属来源解析及污染防控建议，由焦伟、欧阳威完成；第 15 章结论与展望，由王芳丽、焦伟完成。全书由欧阳威和林春野统稿。

在项目研究和书稿的撰写过程中，得到黑龙江省实验农场、黑龙江省农科院、吉林农业大学和大连理工大学等部门的大力支持。本书的撰写还得到了北京师范大学环境学院程红光教授的大力协助。感谢课题组郭波波、魏鹏、高翔、黄浩波、黄威佳、蔡冠清、曹嘉祺、许雪婷、杨万新、史炎丹、吴雨阳、连仲民、鞠欣妍、徐宜雪、徐逸、邬昊天和张琦等同学的努力与贡献。

全书从重金属面源污染流失与控制的科学性和实用性角度，在总结我国代表性冻融集约化农区重金属时空分布特征、污染风险和典型流域流失研究工作基础上，阐述了运用固体废弃物并优化配置控制重金属污染的理论、方法和应用，供广大环境科学与生态学工作者借鉴和批评。

作 者
2016 年 5 月

目　　录

第1章 绪 论

1.1 研究背景及意义

1.1.1 研究背景

自 20 世纪 80 年代初期,我国农业呈现高度地聚集于一定土地范围的发展趋势,集约化农业在我国迅速发展(Guo et al.,2010)。集约化农业是现代农业的重要特征,多通过大型农业器械密集劳动、大量使用化肥农药等方式增加农作物产量,以满足人们日益增长的粮食需求(Lou et al.,2015)。在长期的集约化农业发展过程中,土地利用类型的改变、频繁地翻耕土壤、灌溉、农业化学品的大量施用等措施不仅能够显著改变重金属的地球化学位置和赋存状态(Chrastný et al.,2012),而且能够通过影响土壤的物理化学和生物学性质来间接影响重金属含量(Qishlaqi et al.,2009)。土壤中积累的污染物不但可以通过作物吸收富集导致食品安全问题(Zhou et al.,2015),而且可以通过土壤侵蚀、地表径流等方式对作物和水域造成严重污染(McDowell et al.,2010),进而危害生态环境和生物体健康(Yap et al.,2015)。早在 2008 年,就有报道指出由集约化农业活动引起的面源重金属流失加重了人类活动对流域环境的影响(Zhang and Shan,2008)。因此,集约化农业活动被认为是引起环境中面源重金属污染的主要因素之一(Tang et al.,2010)。由长期的集约化农业活动引起的重金属污染问题也成了近年来环境领域的研究焦点(Chrastný et al.,2012)。

农业面源污染最直接的危害对象是当地水环境,它主要包括以氮、磷为代表的营养盐污染和重金属等有毒物质污染两个方面。在过去几十年中,国内外相关学者通过应用各种水质模型深入探讨了人类农业开发活动与流域面源氮、磷污染间的响应关系,这极大改善了水体富营养化控制(Kemanian et al.,2011)。相比其他欧美发达国家,我国化肥使用量高居世界第一位,但利用率却仍处于一个较低的水平,土壤氮磷流失引起的水体富营养化依旧是我国水环境面临的主要问题。因此,目前我国已开展的农业面源污染研究也大多集中在氮、磷等营养物质,而对于有着巨大生态安全和人体健康威胁的有毒重金属关注却不多。

近年来,我国许多地区都相继发生了群体性重金属中毒事件,造成了巨大社会影响。为了彻底解决一批危害人民健康的突出问题,基本遏制住突发性重金属污染事件高发态势，国务院于 2011 年批复实施了我国首个针对重金属污染综合防治的五年规划，体现了政府对于重金属污染问题的高度重视以及加强污染防控的决心。在农业生产过程中，污水浇灌、农药化肥等的过量施用均是土壤重金属的重要输入途径，其含量状况直接关系到农产品质量安全（曾希柏等，2010）。"看不见"的重金属污染已成为我国农产品的"隐形杀手"。根据农业部对全国 24 个省市的调查显示，重金属超标农产品已经占到所有超标农产品总面积的 80%以上。为此，国家环保部早在 2006 年便投入 10 亿元资金启动了全国土壤污染状况普查工作。相关学者也通过选择典型区域，广泛开展了农田土壤重金属累积与风险评价研究（姜菲菲等，2011）。不过，针对长期农业活动影响下由土壤侵蚀引起的重金属流失问题却鲜有报道。事实上，由于缺乏合适的技术手段，尤其是能够在流域尺度上模拟土壤重金属流失的水质模型，这导致目前该方面的研究相对滞后，总体仍处于一个方法探索阶段。

同时，在农业生产活动中，长时间的施肥、喷农药等农业措施均可能导致重金属元素，如 Hg、As、Cu、Zn、Cd 等和农药在土壤中的积累（Nasar et al.，2014）。由农业生活引起的重金属和农药的复合污染问题也不可忽略。在大多数污染地区，重金属和以农药为主的有机污染物在环境中最为常见，而且经常同时存在于土壤环境中（Wang et al.，2007a；b）。当重金属和农药共同存在于环境中时，二者的环境行为过程极其复杂，且还可以通过交互作用产生复合污染效应。在已有的研究成果中，二者之间的复合效应主要表现为协同和拮抗两种现象。例如，在镉-乐果二阶复合体系中，镉对弹尾目昆虫 *Folsomia candida* 毒性效应增强，表现为协同作用（Amorim et al.，2012）；而在镍-毒死蜱二阶复合体系中，毒死蜱的存在使镍的毒性效应降低，表现为拮抗作用（Broerse and van Gestel，2010）。在铜-多菌灵二阶复合体系中，镉对新杆状线虫 *Caenorhabditis elegans* 繁殖的影响在低浓度多菌灵的水平条件下增强，而在高浓度多菌灵的水平条件下减弱（Jonker et al.，2004）。此外，由于农药的存在，土壤中重金属通过配位反应有机化使吸附量改变。例如，当阿特拉津或杀菌剂中的邻苯二胺存在时，土壤中的铜生成有机配合体，从而通过改变土壤-水界面上的分配系数，使红壤对铜的吸附量增加（王慎强等，2003；张凤杰等，2014）。由以上研究可见，农田土壤中重金属的赋存状态和生态意义受土地利用类型和农药含量水平的影响。因此，当土地利用类型固定时，研究农药对重金属的地球化学行为影响对研究面源重金属流失问题具有重要意义。

迄今为止，已报道的重金属-农药复合效应的研究多数是在实验室内完成的，试验条件稳定可控（Laskowski et al.，2010）。但是，田间实际环境比实验室内环境要复杂得多，往往存在巨大的时空变异性。相较于室内的固定环境因子，实际环境中不断波动的环境因子往往使化学物质之间的复合效应更为复杂多变，且表现出明显的随机性（Holmstrup et al.，2010）。但是，聚焦于环境因子和复合污染物综合作用的相关研究的极为有限。温度是一种常见且重要的环境因子，对土壤中的微生物和生活活性发挥着不可或缺的作用（Asadishad et al.，2013）。冻融过程是一种从低温到高温逐渐循环变化的过程，在中高纬度带相当常见（Hao et al.，2013）。冻融过程能够增加土壤侵蚀量和地表径流量（Xia et al.，2015a），从而携带大量颗粒态重金属进入水体环境中（Quinton and Catt，2007）。同时，冻融过程能够显著影响土壤粒径分布（王恩姐等，2014）、土壤铁锰氧化物和溶解性有机质含量、土壤 pH（Campbell et al.，2014）、土壤水热传导、溶质运移和水分入渗特性（Hansson et al.，2004）等物理化学性质和生物学性质（Asadishad et al.，2013），从而影响重金属在土壤中的存在形态、迁移能力以及生物有效性（Beesley et al.，2014），对面源重金属流失具有重要作用。并且有报道称在全球气候变暖的重要时期，气候变化的加剧会增加冻融循环过程发生的频率和区域范围（De Kock et al.，2015）。那么冻融循环过程会对农药作用下的重金属环境行为产生什么影响？又会对面源重金属流失产生什么影响？

1.1.2　研究意义

随着人们对粮食的需求日益增长，为了追求农作物高产量，目前，集约化农区多通过大量施用化肥、农药等农用化学品，造成土壤中重金属和农药的复合污染问题（Bereswill et al.，2012）。随着现代科学技术的进步，国内外已有较多报道研究了农田土壤中重金属和农药复合污染问题，并且对于二者在环境介质中的分布（Harris et al.，2011）、来源（Qu et al.，2015）、长距离运输（Bereswill et al.，2012）和生物毒性（Wang et al.，2015d），方面取得了良好研究成果，这些研究成果为帮助人们认识重金属和农药的复合污染问题提供了很好的科学基础。但是，已报道的重金属-农药复合效应的研究多数是在实验室内完成的（Laskowski et al.，2010）。实际农田环境十分复杂，实际环境中不断波动的环境因子往往使化学物质之间的复合效应更为复杂多变，且表现出明显的随机性（Holmstrup et al.，2010），不仅使研究者更难以正确认识土壤污染的机制和污染物迁移转化规律，也为污染控制技术的研发和农业可持续管理带来了极大困难。鉴于此，在研究农药对面源重金属流失问题的时候，同时考虑主要环境因子的影响具有重要的科学意义。与农业生态系统中最为常见的其他重金属元素相比，镉是一种植物非必需元素且具有毒性高、移动性强等突出特点（Zhao et al.，2014）。镉因而更易通过食物链严重影响人类健康（Galunin et al.，2014）。在东亚地区，人们以水稻为主的消费习惯，镉在人类健康方面的不利影响更使其臭名昭著（Zhao et al.，2014）。随着人类活动使农田环境中镉含量日益增多，环境安全问题面临着巨大压力（Luo et al.，2011）。

三江平原是我国独特的集约化种植区域，不但有 50 余年的集中开垦历史，是我国核心粮食生产基地，而且常年处于经历季节性冻融循环过程（Hao et al.，2013）。因此，基于土壤、沉积物化学分析和 Pb 同位素技术，开展三江平原典型流域面源重金属流失特征研究，研究农业面源镉流失机理及其控制措施，保护冻融农区的水环境有重要意义；研究冻融过程和农药对镉流失行为变化的贡献，能够补充冻融农区环境和人为复合因子对污染物迁移的潜在性作用，对于揭示冻融农区面源镉流失的影响具有重要的科学意义。同时，对建立冻融集约化农区环境污染控制具有实际参考价值。

1.2　研　究　现　状

1.2.1　农田土壤重金属污染评价研究

农业面源污染（agricultural diffuse pollution），又叫农业非点源污染（agricultural non-point pollution），是指溶解性或固体污染物在降水、灌溉和径流冲刷作用下，大面积汇入受纳水体而引起的水体污染，其主要来源包括水土流失、农业化学品、城市污水、畜禽养殖和农业与农村废弃物等（郝芳华和程红光，2006）。从土壤学领域来讲，土壤中的农业化学品（主要包括农药、化肥、重金属等）是农业面源污染物的主要来源。因此，农业面源污染物的产生和迁移转化过程实质上是土壤中的污染物流失扩散到其他环境介质特别是水体环境的过程。农业面源污染机理主要包括其在土壤中的行为和其在环境因子作用下从土壤向水体环境扩散的过程两个方面。在农业生产活动中，长期施用化肥和农药等农业措施均可能导致重金属元素（如 Hg、As、Cu、Zn、Cd 等）在土壤中的积累（Lebrun et al.，2012）。积累在土壤中的重金属可以通过土壤侵蚀、地表径流等方式对水域造成严重污染（He et al.，2004；McDowell，2010），进而危害生态环境和生物体健康（Fu et al.，2008；Yap et al.，2015）。农业面源重金属流失则是指农田土壤中的重金属在降雨、灌溉和径流冲刷作用下，扩散到其他环境中的过程。早在 2008 年，就有报道指出由集约化农业活动引起的面源重金属流失加重了人类活动对流域环境的影响（Zhang and Shan，2008）。集约化农业活动被认为是引起环境中面源重金属流失的主要因素之一（Tang et al.，2010）。因此，在集约化农区开展面源重金属流失问题对研究农业面源污染具有十分重要的现实意义。

目前，国内有关农业面源污染的研究主要集中在太湖、巢湖、滇池等重点水域，其他地区以及全国性的基础研究还相对薄弱；在常规监测数据和基础资料不足的情况下，如何高效快速地实现流域尺度、长时段面源污染分析仍是我国水环境管理中面临的主要问题。此外，已开展研究也大都集中在氮、磷等物质，解决的是水体富营养化问题，而对于有着巨大生态安全和人体健康威胁的有毒重金属关注却不多。在明确长期农业活动影响下土壤重金属地球化学行为及其面源污染发生机理的基础上，运用沉积物化学分析和 Pb 同位素技术，可以系统深入地开展不同时空尺度下面源重金属流失特征研究，这对进一步改善我国的流域水环境质量具有重要意义。

随着人类社会生产强度的日益加大和资源需求水平的不断提高，大量重金属污染物通过多种方式和渠道进入赖以生存发展的土壤环境，特别是以 Pb、Cd 等为代表的毒性污染物长期以来威胁着人类健康和生态安全。作为公认的"化学定时炸弹"，土壤重金属污染一直是环境学工作者关注的热点问题。在自然条件下，土壤重金属含量和分布主要受控于成土母质，而人类活动是造成其大量累积和超标的重要原因。在长期农业生产过程中，农药、化肥等化学品物质的过量施用均会导致土壤重金属的污染。目前我国含 Pb、Hg、As 的农药已被禁止，但含 Cu、Zn 的各种杀菌剂仍在大量使用，每年因此约有 5000t 和 1200t 的 Cu、Zn 进入农田（樊霆等，2013）。此外，Pb、Cd、Zn、Cr、Ni 等重金属还是化肥产品中主要的污染物，其含量水平通常为磷肥＞复合肥＞钾肥＞氮肥。各种化肥用量的不断增加，特别是含 Cd 较高磷肥的大量使用导致我国耕地土壤重金属含量大多高于背景值（曾希柏等，2013）。已有研究表明，农田施用磷肥后土壤 Cd 含量可从最初的 0.13 mg/kg 上升到 0.32 mg/kg，增加十分明显（肖智等，2010）。由于农田重金属含量状况直接关系到农产品质量安全，因此它已成为评价耕地土壤质量的一个重要指标而受到越来越广泛关注。目前，国内关于农田重金属污染评价的研究大都是针对工矿、冶炼厂周边等高风险区域，而对于农业主产区的调查相对较少，这在一定程度上导致了对我国部分地区农田土壤重金属含量状况的过高估计。在对我国典型区域资料调研和数据分析的基础上，曾希柏（2013）作出了当前我国主产区农田重金属含量水平"基本安全，但累积趋势明显"的初步判断。

关于土壤重金属污染的评价方法，目前应用较多的有地累积指数法、污染负荷指数法、内梅罗综合污染指数法以及潜在生态危害指数法等。在近几年，随着计算机技术和模糊数学发展起来的层次分析法、聚类分析等也得到越来越广泛的应用（范拴喜等，2010）。当然，任何一种方法都有其各自的适用范围和不足之处，而且它们大都是针对单种重金属而言，但关于多种土壤重金属协同污染的评价较少。根据研究区实际情况，选用多种方法并结合其他工具进行综合评价分析是一种有效手段。基于 GIS 的空间插值可以通过已知点位数据推求同一区域其他未知点位数据，从而突破了一般采样分析方法无法完全覆盖整个区域范围的局限。不过需要指出的是，仅仅基于重金属总量分析开展的评价结果往往有悖于实际情况，这主要是因为土壤重金属的地球化学行为还与其形态分布密切相关（Bade et al.，2012）。土壤中重金属可以多种形式存在，不同形态的重金属在化学迁移性、生物有效性以及潜在毒性方面存在较大差异。一般认为，活性态重金属在土壤中易被生物吸收和发生迁移（Ghrefat et al.，2012）。崔妍等（2005）的研究也证实芦苇各部位重金属含量的变化仅与土壤中可交换态和碳酸盐结合态之和一致，而与其他形态并无明确关联。因此，今后农田土壤重金属污染评价的侧重点应放在可被作物吸收的部分以及具体生物评价方法的研究上。

借助化学形态分析来阐明重金属的迁移转化规律，这对于揭示土壤重金属的生物有效性及其环境行为具有重要意义。目前关于土壤重金属赋存形态划分的方法有很多，应用最广和最具代表性的是由 Tessier 等（1979）提出的五步连续提取法。通过应用不同提取剂，该方法将重金属人为分为可交换态、碳酸盐结合态、无定形铁锰氧化物结合态、有机物结合态和残渣态五种形态。在这之后，研究者又据此进一步提出了不同的划分体系（Forstner et al.，1990）。由于缺乏统一的提取标准，导致很难对这些方法的研究结果进行相互间验证和比对，这不利于科学研究的发展。为克服以上困难，欧共体标准署（European Community Bureau of Reference，BCR）在综合考虑现有方法的基础上最终提出了 BCR 顺序法，它将重金属分为弱酸溶解态、可还原态、可氧化态和残渣态。四种形态重金属的生物活性依次降低，残渣态重金属基本不可被生物利用（Rauret et al.，2000）。相比自然土壤，一般认为受人类活动影响土壤中活性态重金属含量会有所升高，而残渣态重金属所占比例降低（杨忠平，2008）。不过，重金属在土壤中的赋存形态不仅与其来源有关，还受土壤质地、理化性质、环境生物等诸多因素影响，它们在适当的环境条件下可以相互转化。重金属在土壤中形态的转变趋势以及影响因素仍是今后该领域的研究重点。

1.2.2 农业活动胁迫下土壤重金属流失研究

除直接增加重金属输入外，长期的农业活动还可通过改变土壤物理、化学和生物特征，从而影响土壤重金属的迁移和循环过程。一方面，频繁的农业耕作能够加速土壤脱钙、脱盐以及有机质/硫化物氧化，这些过程均可促进土壤重金属由稳定结合形态向可交换、碳酸盐等不稳定形态转化，从而提高了重金属的环境迁移风险（Giani et al.，2003）。另一方面，长期耕作活动还会加剧农田径流和土壤侵蚀，由地表径流引起的土壤侵蚀是农业面源污染发生的重要形式。李英伦和蒲富永（1992）基于径流小区试验计算了四川某农业用地在降雨条件下，Pb、Cu、

Cd、As 等重金属的输出,发现即使稻田土壤重金属含量处于临界水平,其地表径流水质也可达到国家三级标准。通过田间观测和室内模拟淋洗试验,章明奎和夏建强（2004）进一步指出了径流或淋出液中的重金属主要来源于土壤交换态（包括水可溶态）,土壤重金属总量与径流中重金属浓度相关并不明显。由于土壤中重金属强烈吸附在胶体和有机质上,因此它们的流失应主要以颗粒态发生。基于六年的野外监测数据,Quinton 和 Catt（2007）发现侵蚀泥沙中重金属平均含量能够达到土壤含量的 3.98 倍。因此,针对农业活动胁迫下土壤重金属的环境行为研究,我们认为至少应包括两个方面的内容:一是由于污水灌溉、农用化学品等的不科学施用而导致的土壤重金属累积问题;二是长期农业耕作有可能引发的土壤重金属流失问题,目前这方面的研究仍较少。

作为人类利用各种土地活动的综合反映,土地利用方式对于土壤质量的影响是最普遍和直接的（王夷萍,2008）。土地利用方式的变化通常伴随着农业管理措施的改变,这些改变会对包括重金属在内的许多土壤污染物行为产生深刻影响（白玲玉等,2010）。通过对比自然土地和农田土壤重金属的含量及其形态分布差异,可以反映长期的农业耕作活动影响。近年来,基于土地利用方式开展的农业土壤重金属变异研究逐渐增多（Qishlaqi et al.,2009）。总体上,这些研究均指出在不同土地利用方式下土壤重金属含量通常呈现出明显的差异。三江平原作为我国重要的商品粮基地,自 20 世纪 50 年代开始,大量的沼泽湿地和林地已被开垦改造为各种耕地,区域土地利用/覆被发生了重大变化（宋开山等,2008）。三江平原大规模土地开垦及其引发的生态环境问题因此受到越来越多关注,但是目前相关研究仍主要集中在土地开垦后长期农业耕作导致的碳氮磷等营养元素流失问题（Ouyang et al.,2013a;b）,而对于重金属的含量与形态变异及其环境行为依然不是很清楚。

景国臣等（2008）通过野外观测和室内模拟探讨了冻融作用与土壤水分的关系,发现土壤在冻结过程中吸附水量会增多,导致土体膨胀变形和密度降低。土壤孔隙水的冻结膨胀使得土壤颗粒之间的联接被打破,土壤大团聚体在冻融交替过程中逐渐破碎成小团聚体,从而促进了土壤侵蚀的发生（宋杨,2012）。目前,冻融侵蚀研究在我国仍属于起步阶段,尚无冻融侵蚀流失量确定方法的报道,因此对于不同土地利用方式下土壤重金属冻融侵蚀影响的全面评价难度很大（张建国等,2006）。不过可以肯定的是,长期的冻融交替使三江平原土壤本身变得不稳定,在这种背景作用力下加之频繁的耕种活动影响,从而会极大程度上提高区域土壤发生侵蚀的风险,这也使得选择在三江平原农区开展土壤重金属流失研究具有一定实际意义。

1.2.3　基于沉积物应用的农业面源污染特征研究

　　农业面源污染作为全球性的主要环境问题之一，其科学研究离不开大量野外试验和监测数据的支持。然而由于农业面源污染发生的随机性、间歇性和不确定性、决定了相关监测数据的获取存在很大困难。河流、湖泊等作为流域物质迁移的"汇"，其沉积物记载了从局部到区域不同空间尺度的污染物起源、运输和归宿信息。通过各类沉积指标的时序研究，可以反演流域污染历史和演化规律，并通过进一步与人类活动和气候变化等自然因素的综合分析，能对其发生机制做出科学论断（Shotky et al.，2004）。以上条件都为应用沉积物分析开展流域农业面源污染特征研究提供了可能性。目前，利用 ^{210}Pb、^{137}Cs 等同位素定年技术探讨污染物在沉积物档案库中的地球化学过程，反演其沉积历史已成为国内外研究的热点（Sun et al.，2011）。针对我国长江-淮河地区人类农业开发活动影响较为剧烈的现状，Zhang 和 Shan（2008）通过采集柱状沉积物，应用 ^{137}Cs 定年技术探讨了过去 30 年该地区集约化农业生产和重金属累积之间的关系。由于流域水土流失或土地资源开发会对沉积物中污染物产生稀释作用，因此导致仅研究元素的浓度含量通常难以准确表征重金属累积的历史特征（Mast et al.，2010）。"元素沉积通量"这一概念考虑到了沉积物可能发生的变化，能够对污染物累积历史进行准确比较，这对应用沉积物分析开展土壤侵蚀严重流域的农业面源污染研究十分有必要。

1.2.4　沉积物中重金属来源解析研究

　　查明污染来源有助于更加有针对性地实施重金属污染防治措施。沉积物作为流域各种污染物质的最终"汇"，它同样可提供许多有价值的信息。对于沉积物中重金属而言，目前广泛应用的源解析方法主要有元素形态法、空间分布法、多元统计分析和同位素示踪法等。总体来说，这些分析方法都有其自身的特点和应用价值，但也存在某些局限性。

　　形态分析法是通过对比沉积物中重金属元素生物有效态和残渣态的比例关系，从而快速判断是否有人为外源输入，判断依据是人为来源重金属通常具有更高的有效态含量比例。但是此种方法由于涉及重金属形态提取，因此存在耗费时间长、提取过程和前处理方法存在争议等问题，仅能适用于简单的人为和自然源区分（李非里等，2005）。重金属含量会因地域特征和污染源排放情况呈现一定的分布规律，因此空间分析法在进行较大区域研究时可以揭示出其他研究方法难以发现的规律，可为优化区域沉积物监测网络和控制地区重金属污染提供支持（战玉柱等，2011）。不过当研究区域无明显污染源或重金属分布无空间特征时，应用此法可能无法有效地辨别具体来源（徐理超，2007）。作为经典统计学的一个分支，多元统计分析能够在多个指标相互关联的情况下分析它们之间的关系和规律。这种方法特点尤其适用于农业科学研究,它主要包括相关性分析、主成分分析、因子分析和聚类分析等,并逐渐成为识别重金属来源应用最广泛的一种方法(朱先芳等,2010)。多元统计分析虽然可以有效显示每种来源对区域沉积物中重金属含量和分布特征的影响程度,但也存在需要大面积取样、工作量大等问题。同时需要明确指出的是,以上三类方法均属于定性分析,即不能获得每种污染来源所占的具体比例和贡献率。

随着现代测试分析技术的飞速发展,稳定同位素示踪技术已逐步应用到环境污染物来源解析研究中。其中,Pb 稳定同位素(^{204}Pb、^{206}Pb、^{207}Pb 和 ^{208}Pb)在示踪多源污染方面有着不可比拟的优势,相比其他定性分析是一种更为精确的污染源鉴定方法。不同 Pb 源具有不同的同位素组成,而且由于其质量重、比值稳定、不像其他轻同位素(C、O、H、S 等)易受外界条件影响等特点,在定量解析 Pb 污染源方面已成为一种强有力的技术手段(于瑞莲等,2008)。Alvarez-Iglesias 等(2012)利用采集的西班牙北部 San Simon 湾柱状沉积物样品,借助 Pb 稳定同位素"指纹技术"定量评价了区域 Pb 人为污染,并采用多源混合模型进一步解析了燃煤、工厂排放、含铅汽油三种具体人为源的贡献率。基于此种技术,我国学者在这方面也进行了大量有意义的研究工作。彭渤等(2011)研究发现,湘江沉积物中重金属 Pb 是来自流域上游花岗岩风化和 Pb-Zn 矿床与燃煤烟尘等组成的混合 Pb,且人为源的比例可占到大约 80%。不过也需要说明的是,在定量解析与 Pb 相关性较差的重金属来源时该技术仍存在应用局限性(李致春等,2012)。因此,就目前研究现状来看,定性与定量多种源解析方法相结合、优势互补仍是准确分析沉积物中重金属来源的有效途径。

1.2.5 农田面源重金属流失环境风险、途径以及影响因素

1. 农田面源重金属流失环境风险

土壤中的重金属具有难降解性、隐蔽性、不可逆性和长期性等特点(王芳丽,2012),土壤中重金属含量增加,不仅会通过影响土壤微生物活性、抑制作物生长导致土壤生产力下降、作物产量和品质降低,而且会通过径流和淋溶过程污染水体环境(Zhao et al.,2014)。当作物和水体内镉含量超过一定阈值时,人类的生命和健康可能通过直接接触和食物链等途径受到镉毒害(Galunin et al.,2014)。

研究表明,当土壤中镉浓度高于 5 mg/kg(含)时,随着镉浓度增加,微生物量氮和微生物量碳降低(Khan et al.,1997)。当土壤中镉浓度为欧盟标准(1~3 mg/kg)的 3 倍以上时,土壤中微生物量将会受到抑制(Chander et al.,1995)。

但是，有些研究者则强调镉在低浓度时促进微生物生长和微生物增加，高浓度时显著降低微生物量（Fliessbach et al., 1994）。土壤中微生物和霉活性也与土壤中镉含量有密切关系（Su et al., 2014）。有研究指出，土壤中镉浓度的提高可以使土壤中所有霉的活性显著降低 10～50 倍（Chander et al., 1995）。其他研究则补充说明这种影响受培养时间的影响，在培养初期土壤脲酶和磷酸酶活性都降低，随时间增长，则无显著影响（Wang et al., 2007a）。该研究同时指出，镉对土壤脲酶的作用效果显著强于对磷酸酶的。但是，一些研究得出了不同结论。当镉浓度为 0.5 mg/kg 时，可以显著刺激土壤过氧化氢酶和脲酶的活性，对土壤磷酸酶活性则无显著影响（黄冬芬等，2011）；而另一研究则指出该浓度作用下，土壤脲酶活性显著增加，土壤过氧化氢酶和土壤蔗糖酶并未受显著影响（吴桂容等，2008）。

土壤中镉元素为植物非必需元素，低浓度时在一定范围内非但不会对植物生长产生抑制或毒害作用，反而能促进植物的生长，但是随着累积，植物体内镉含量超过植物耐受阈值后，则会抑制植物生长甚至杀死植物体（Su et al., 2014）。当镉浓度为 30 μmol/L 时，卷心菜和豆苗的根长变短、植物体高度和叶面积降低（Qin et al., 1993）。镉也可以通过抑制植物光合作用和蛋白质合成，或者诱发膜损坏对植物体产生毒害作用（Acar and Alshawabkeh, 1993）。土壤添加 Cd 浓度 ≤ 40 mg/kg 时，显著促进龙葵幼苗生长及生物量的积累与分配，添加 Cd 浓度 > 40 mg/kg 时抑制作用加强；叶绿素含量随 Cd 添加浓度的增大而下降，在较低浓度 Cd（10 mg/kg）处理时，显著提高叶绿素含量（刘柿良等，2015）。

镉进入人体内，会使人体内系统发生一系列急性和慢性混乱，从而使肾脏、肺和肝脏等器官呈现病理学特征和严重损伤（Wang et al., 2009）。镉也可以严重扰乱人体内钙的新陈代谢过程，导致人体内钙缺失，引发软骨症（Su et al., 2014）。有毒物质管理委员会（Agency for Toxic Substances Management Committee）已经将镉列为了有害人体健康的第六大有毒物质。

除了以上所述的对微生物、植物和人体的危害以外，土壤中的镉还可以随地表和地下径流、土壤侵蚀等作用进入水体环境。农田中的镉多富集在土壤耕作层，也就是表层约 25 cm 深度，在降雨或灌溉冲刷作用下，更容易受到径流的影响发生迁移转化，随径流和悬浮泥沙进入水体，给环境和人类带来危害（Jiao et al., 2015）。灌溉或降雨过程中，由于土壤的异质性和优势流作用，镉可以随着水分子经大孔隙向下迁移，进入地下水（Hao et al., 2013）。

2. 农田面源重金属流失途径及评估方法

重金属可以通过多种途径进入环境中，而在大气、食品和水体中的重金属进入人体的过程中，土壤发挥着重要作用（Bolan et al., 2013）。如图 1-1 所示，农田面源重金属流失主要是指由于降雨或灌溉过程，农田土壤中的重金属通过地表径流、农田退排水、侵蚀等途径，低浓度地在农田区域大范围地随着进入水体环境。在重金属流失过程中主要涉及沉淀-溶解、吸附-解吸、络合反应等决定的释放机制以及由对流和水动力弥散决定的迁移机制（王浩，2014）。关于农田面源重金属流失途径的研究主要通过室内模拟试验、模型模拟评估和现场采集地表径流和侵蚀液等手段来实现的。Singh 等（2000）通过微型室内降雨模拟实验证明，在起源于沉积物的土壤中，经渗滤排水流失的镉是经地表径流流失的 5～40 倍左右。Frentiu 等（2008）采用现场采样和室内分析测试的方法，发现罗马尼亚某地区污染土壤中镉与其他几种重金属能够向下迁移，从而流失导致地下水污染。

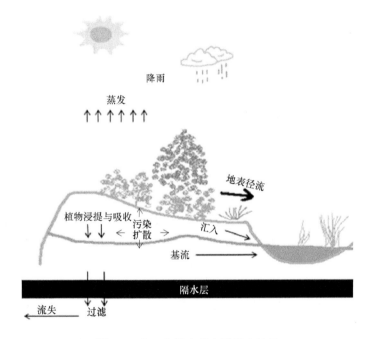

图 1-1　农田土壤中重金属流失途径

　　重金属流失过程中，重金属的活性和形态起着决定性作用。形态不同的重金属，活性（主要为生物有效性和移动性）不同（王芳丽，2012）。因而，在研究重金属流失时，研究重金属的存在形态、分析和释放潜力，能够更好地评估重金属对环境的影响和潜在风险。

　　连续提取法可以准确地评价重金属不同形态的含量，可在一定程度上指示重金属在环境中的移动性强弱，反映重金属在短期和长期的流失潜力（王浩，2014）。常见的连续提取法主要为 Tessier 法、Forstner 法和 BCR 法，以及建立在这几种方法基础之上的改进方法（Wang et al.，2014）。根据其提取成分和操作过程，将重金属分为水溶态、交换态、碳酸盐结合态、弱酸提取态、有机态、无定形氧化锰结合态、可还原态、有机态、无定形氧化铁结合态、晶型氧化铁结合态和残渣态等形态（王浩，2014）。由降雨或灌溉形成的地表径流中流失的主要是溶解态，重金属流失量约为 $0.17 \sim 0.92$ g/(ha·year)（McDowell，2010）。章明奎和夏建强（2004）指出，无论在田间还是实验室内，径流或淋出液中镉主要来源于土壤的交换态（包括水溶态）镉。Lee 等（2011）和 Wang 等（2014）用交换态和碳酸盐结合态之和占总量的比以"移动因子"指示了土壤中镉的移动性大小。Iwegbue 等（2007）则以水溶态、交换态和碳酸盐结合态之和与总量的比值表征镉的迁移性，并得出随土壤深度增加镉移动性降低的结论。

此外，单一提取法因具有操作简单、迅速、成本低等优点（王芳丽，2012），也在研究中得到广泛应用。章明奎和夏建强（2004）在研究中指出，无论在田间还是实验室内，土壤镉总量与径流中镉浓度相关不明显，用 $CaCl_2$ 和 NH_4OAc 提取的土壤镉量与径流和淋出液中重金属浓度都呈显著的相关关系，能较好地表征镉的流失潜力。Lim 等（2013）用 0.1 mol/L 的盐酸溶液表征镉等重金属元素的移动性，研究了家禽粪便对土壤中镉的移动性影响。

但是，重金属在土壤中的形态并不是固定不变的，各形态之间是可以相互转化的。水溶态重金属一旦进入土壤中，由于内部的表面络合作用，水溶态的重金属会在相当短的时间内转化为相对弱溶解态（Sikka and Nayyar，2011），并随着时间增长，进一步转化为相对稳定的状态滞留在土壤中（Lim et al.，2002），重金属的活性降低。Jalali 和 Khanlari（2008）在培养了 28 天土壤后发现，土壤中弱结合态的镉（主要为交换态）含量降低，其他 5 种相对强结合态的镉含量增高，并指出在污染初期相对高的弱结合态镉含量反映了镉具有较高的向下淋溶和径流迁移的潜力。Lu 等（2005）指出土壤中镉的形态转化过程与土壤的 pH 和有机质含量有关。

3. 农田面源重金属流失影响因素

（1）降雨情况、植被类型和覆盖程度以及农艺管理方法是影响农田面源重金属流失的重要因素。

降雨情况。土壤中镉初始浓度一定时，淋溶液中镉的最高浓度出现在第 1 次降雨，随着降雨次数的增加，浓度都呈整体下降趋势（陈喆等，2013）。白梅等（2010）通过淋溶柱模拟试验证明，土壤中镉淋失量随着降雨量的增加而显著增加，在同一降雨量条件下，土壤中镉的淋失量随着降雨 pH 的升高而减小。

植被类型和覆盖程度。在同一降雨量下，随着植物覆盖程度的增加，流失泥沙逐渐减少，镉流失总量也随之减少（杨洋等，2011）。相同降雨条件下，稻田径流水相溶解态镉浓度显著低于旱田和荒草地，旱田与荒草地镉面源输出负荷显著高于水稻田（刘孝利等，2013）。与非农田相比，在种植蔬菜和柑橘的土壤产生的径流中镉浓度更高（He et al.，2004）。

农艺管理方法。各种化肥中都含有不同的阳离子和阴离子，这些阳离子和阴离子与土壤的相互作用的强度不同（张桃林等，2006）。基施硅肥或硒肥处理都可以显著降低淋溶液中镉的淋失总量（陈喆等，2013）。大量氮肥的施用是直接或间接加剧土壤酸化（Matsuyama et al.，2005）。与世界上其他农业生产系统相比，我国往往施用更多的氮肥来达到提高作物产量的目的（Vitousek et al.，2009）。添加畜禽粪肥等有机肥后，土壤释放的镉含量降低（Kasmaei and Fekri，2012）。另外，长期、大量施用化肥极大地扰乱了土壤微生物生长环境，农药的大量施用又可以直接杀死土壤生物，土壤种群多样性降低，严重影响土壤活性，从而影响镉的固定与释放（Qishlaqi et al.，2009），从而影响镉的流失过程。此外，耕作、水分管理等可通过影响土壤的 pH、氧化还原条件以及土壤的物理性质影响重金属的形态和迁移（王浩，2014）。刘慧等（2010）在研究中发现，与滴灌相比，常规灌溉使镉更容易向下流失。

（2）重金属与土壤之间的物理化学交互作用是决定重金属活性的基本因素（Bolan et al.，2013）。

土壤 pH。土壤中 pH 每增加一个单位，土壤镉的解吸量相应地降低 16%的作用，随着土壤 pH 的增加，土壤的电动电势更多地表现为负电性，由于土壤表面电荷的存在，土壤中镉的专性吸附增强；土壤有机质和/或水合铁铝氧化物对羟基-镉基团的选择性吸附能力也可能增强，镉更易形成不溶性氢氧化物沉淀（Yuan et al.，2007）。土壤 pH 低至 3 时，增加溶解性有机质含量，土壤中可提取态镉含量并未增加，但是，由于有机质的缓冲作用，土壤释放镉的初始速率增加，随着时间增长、pH 升高以及有效态镉含量减少，土壤中镉的溶解性和释放速率降低，镉由速效态向强稳定结合态转变（Strobel et al.，2005）。土壤酸化会活化镉，导致土壤中镉的释放，一方面使镉毒性增强，对土壤生物造成危害（Wang et al.，2014）；另一方面使其在降雨和灌溉的作用下，经地表径流、向下淋失和地下径流等过程进入水体环境，造成污染。

有机质。Jalali 和 Rostaii（2011）在研究中发现，植物残体能够显著增加交换态和有机结合态的镉，镉的活性和迁移能力增加。Hernandez-Soriano 和 Jimenez-Lopez（2012）指出，土壤溶解性有机质含量与镉的移动性呈显著正相关关系。土壤有机质中大多数有机酸属于弱酸，具有一定的缓冲能力，且这种能力随着有机酸含量的增加而增强，含有有机酸的土壤因而也具有类似的缓冲性能

（Yuan et al.，2007）。刘慧等（2010）指出，腐殖酸含量增高促进土壤镉向下流失。Veselý 等（2011；2012）在研究中发现，有机盐（Veselý et al.，2011）和有机酸（Veselý et al.，2012）都能够促进土壤中镉的释放，镉表现出明显的向下流失特征。

氧化还原电位（Eh）。Eh 可通过影响土壤矿物、有机质等的转化而影响重金属的释放，一般还原条件有利于铁锰氧化态重金属释放，氧化条件促进有机结合态重金属（王浩，2014）。Du Laing 等（2008）指出，由于铁锰氧化物化学反应、碳酸盐分解、硫化物的形成，湿地在淹水过程中，土壤中的镉移动性降低。

土壤质地。土壤交换吸附性能主要决定于土壤质地和黏粒粒级的矿物组成（王芳丽，2012）。一般来说，黏土矿物含量越高、颗粒越细，土壤中镉的活性越高。Frentiu 等（2008）在研究中发现，镉与土壤中碳酸盐矿物具有高选择性。Jalali 和 Khanlari（2008）指出，土壤中粉粒、黏粒和碳酸钙含量越高，镉向非交换态转化得程度越高。Acosta 等（2011a）和 Aoun 等（2010）也在研究中发现，土壤中的镉主要聚集在粉粒中。

土壤阳离子交换量（CEC）。土壤 CEC 含量在一定范围内增加，土壤中镉的活性则会在一定程度内相应降低（Wang et al.，2014）。

土壤生物学性质。Song 等（2015）在污染土壤中接种伯克氏菌和霉菌后，镉的迁移能力和生物有效性都显著增加。Beesley 等（2010）在研究中发现，蚯蚓的活动能够促进有机质溶解，提高镉的移动性。

温度。湖南省雨水 pH 由春季到夏季呈升高趋势，径流水相溶解态 Cd 浓度呈明显的季节性差异，春季显著高于夏季，雨水 pH 可显著影响土壤溶解态 Cd 向径流水相迁移，与径流水相溶解态 Cd 浓度呈负相关关系（刘孝利等，2013）。Shoaei 等（2014）在研究中发现，伊朗某地区水库中镉浓度在温暖期和丰水期表现出明显的差异。Cornu 等（2011）指出，温度升高有利于镉形成络合物，从而提高镉的移动能力。

元素自身性质和元素间复合效应。当其他影响因素恒定不变时，作物吸收的镉浓度随着土壤中镉浓度增加而增加。有研究表明，19～20 世纪，英国、法国和丹麦的土壤中镉浓度增加了 1.3～2.6 倍，小麦种子中的也同样呈现增加的趋势（Six and Smolders，2014）。但是，章明奎和夏建强（2004）则强调土壤镉总量与径流中镉浓度相关不明显。Jalali 和 Khanlari（2008）在研究中发现，土壤中镉的转化率远低于铜、锌和铅。在铜-铅-镉复合体系中，土壤中镉的吸附受到显著影响（Diagboya et al.，2015）。天津郊区农田降雨径流中镉变异系数普遍较高，且与其他各重金属之间具有显著相关性（师荣光等，2011）。

1.2.6 重金属和农药复合污染相关研究进展

即使土壤能够通过吸附机制等固持重金属，在污染物和水体直接起到了很好的缓冲作用，但是，环境中自然或人为因子变化使土壤中重金属的吸附平衡被打破，土壤所吸附的重金属将被释放为活性态（Covelo et al.，2007）。因此，研究自然或人为因子以及二者交互之后对农田面源镉流失具有重要意义。

在远离工业区和居民区的农区，影响农田中重金属环境行为的人为因子主要为土地利用类型变化、翻耕、灌溉、施肥施药等农艺管理措施。在大多数污染地区，重金属和以农药为主的有机污染物在环境中最为常见，而且经常同时存在于土壤环境中，形成复合污染现象（Wang et al.，2015d）。在农药和重金属复合时二者之间能够产生交互作用，这种作用导致二者所产生的联合效应与他们单独存在于环境中时的不同。因此，当土地利用类型固定时，研究农药对重金属的地球化学行为影响对研究面源重金属流失问题具有重要意义。

为了了解农药与重金属或镉复合污染相关内容的研究进展，本研究以"heavy metal"或"cadmium"和"pesticide"为关键词，基于 web of science 引文索引数据库检索了相关研究，检索年限为"任意年限"，检索日期为 2015 年 9 月 29 日。检索结果生成了近 20 年的引文报告，如图 1-2 所示。在已报道文献中，在 2014 年全年发表的同时研究重金属和农药以及同时研究镉和农药的文献数分别为 1996 年的 6.3 倍和 3.5 倍左右，且都呈现逐渐增加的趋势，后者发表数量约为前者的 37.1%。在 2005 年和 2010 年之后，有关重金属和农药以及镉和农药的文献数都出现了激增现象。这可能由于在 2005~2006 年间，中国爆发了引人关注的环境污染事件，如水乡嘉兴污染性缺水严重、黄河流域农村地区的黄河水成为"农业之害"、北江镉污染事件、湖南岳阳砷污染事件和浏阳镉污染事件、血铅超标事件频发不止等。同时，中国大批灌溉和水利体系扩建或重建。重金属和农药污染问题日益凸显，环境问题的爆发引起了社会的广泛关注。2010~2011 年，世界范围内同样爆发了一系列重大环境问题，如匈牙利铝厂废水泄漏、福建紫金矿业有毒废水泄漏、甘肃徽县血镉超标事件、江西铜业排污祸及下游和广西龙江河镉污染事件等。近 20 年内，有关于重金属和农药交互作用的相关研究已经成为了环境和农学领域的研究热点（图 1-3）。

重金属和农药复合时，二者在土壤中的交互作用主要涉及吸附行为交互、化学作用过程交互和微生物过程三种形式。吸附行为交互主要指重金属与农药在土壤中能够产生对土壤中吸附点位竞争的作用；化学作用过程交互主要指重金属与农药之间通过络合、氧化还原和沉淀等化学反应产生交互作用；微生物过程主要指重金属与农药一方面通过影响酶的活性从而间接影响有机污染物的降解，另一方面通过改变土壤的氧化还原能力从而影响对有机污染物-重金属的交互作用（卢欢亮等，2013）。影响复合污染环境效应的因子包括污染物因子、生物因子和环境因子，其作用机理主要通过影响竞争活性部位、络合或整合作用、生物细胞结构和干扰生理活动与功能等（高茜，2012）。在已报道的文献中，重金属和农药复合问题的相关研究内容涵盖了分布与源解析、环境行为和毒性效应以及复合污染修复等多个方面（图1-3）。其中，有关二者环境行为和生态效应的研究总数占了所发表文献总数量的67%以上。同时，当重金属和农药同时存在时，二者之间的复合效应及作用过程极其复杂，也使这一领域成为了亟待解决的研究难点。

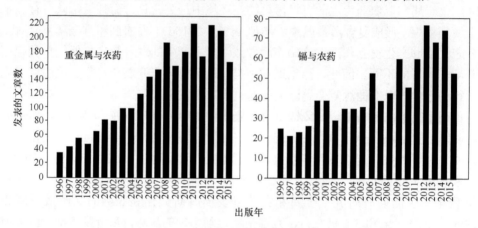

图1-2 已报道有关重金属/镉与农药复合污染研究的数量

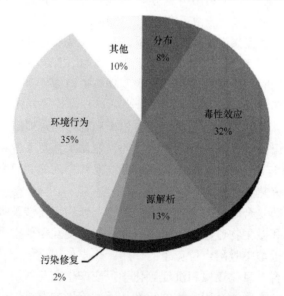

图1-3 已报道镉与农药复合研究中焦点问题

1）分布与源解析

在分布与源解析方面，研究者多数是在对农药和重金属残留量进行分布监测后对二者污染或风险等级进行分辨或综合评价，评价方法主要有以下几种。

（1）运用测定浓度或平均值直接参照国家标准。Marković 等（2010）以重金属和农药的平均值表征了塞尔维亚某地区污染物水平。Wang 等（2011）以平均值水平参考国家平均值对辽宁铁岭区农田土壤污染等级进行了评定，指出蔬菜地和稻田土壤中分别有 40%和 6.67%的镉浓度超过了国家环境质量标准（GB 15618—1995），土壤中检测的 3 种除草剂都低于相应土壤阈值。王铁宇等（2006）对官厅水库周边土壤中 8 种重金属和 2 种农药这 10 种污染物进行调查监测，指出镉是该区域最主要的污染物，洋河和桑干河流域的土样已超过国家二级标准，对土壤造成了严重污染；土壤中存在一定量的有机氯农药残留，并以约占农药残留总量的 93%的 DDT 为主；历史上上游工业废水的排放以及农业生产中大量使用化肥和农药是该区重金属和农药污染的主要来源。

（2）运用单因子或综合评价法进行评价。陈宇航等（2012）测定了安徽庐江和江苏洪泽 2 个种植基地的土壤和夏枯草果穗及全草中有机氯农药及重金属含量，并根据污染指数和相关标准评定两基地土壤污染等级属安全级且污染水平为清洁级。翟琨（2011）也用同样方法评定湖北贝母种植基地土壤污染等级并得出相同结论。

（3）运用数学方法评价。Shen 等（2005）运用模糊综合评价法评价了中国太湖流域重金属和农药的复合污染状况，结果表明，该区域土壤质量可归为Ⅰ类，但是，DDT、镉和汞存在点源污染现象。

以上研究都是根据重金属和农药含量水平，对土壤污染等级进行单一或综合评价。尽管 Gimeno-García 等（1996）早在 1996 年就发表了农药中重金属含量状况的报道，考虑了在重金属与农药交互作用影响之后的土壤污染等级相关报道仍然相当有限。在国外仅有 Ogunlade 和 Agbeniyi（2011）对尼日利亚东部地区可可生产基地土壤中重金属进行调查分析，结合农药施用种类、方式和数量，对土壤中 7 种重金属进行了排序。国内也只有 Wei 等（2015）分析检测了 20 种有机氯农药以及有效态的铜、锌、镉在中国西北部淮河流域 67 个果园土壤中的分布情况后，简单指出铜和锌的有效态含量与有机氯农药残留浓度有一定相关关系。

2）环境行为和毒性效应

在环境行为和毒性效应方面，主要包括吸附/解吸、迁移转化和联合毒性效应等方面。

（1）吸附/解吸。有研究指出，重金属本身主要通过与有机质官能团（以羧基、羟基、胺基等为主）之间的络合作用而产生在土壤有机质上的吸附，因此，重金属的存在通常不会影响有机污染物（特别是分子形态存在的有机物）在土壤上的吸附；而极性有机污染物可以通过静电作用以及在土壤中的黏土矿物上形成氢键等方式被吸附在土壤表面，从而与重金属发生竞争吸附（卢欢亮等，2013）。例如，当阿特拉津或杀菌剂中的邻苯二胺存在时，土壤中的铜生成有机配合体，从而通过改变土壤-水界面上的分配系数，使红壤对铜的吸附量增加（张凤杰等，2014）。尽管如此，1,4-二氯联苯（50 mg/L）并不能对土壤中镉和铜的吸附行为产生显著影响（Sun and Zhou，2010）。

（2）迁移转化。农药还可以和重金属形成有机络合物等影响重金属在土壤中的物理化学行为，从而使得土壤表面对重金属的保持能力、水溶性、生物有效性等发生一系列的影响（卢欢亮等，2013）。例如，镉能通过与毒死蜱中氮苯环上的氮结合，或与毒死蜱中分子微粒螯合而形成螯合物（Chen et al.，2013）。阿特拉津可与重金属离子在不同介质中形成不同构型的络合物（Kumar et al.，2015）。草甘膦也能与铜（Morillo et al.，2002）、镉（Zhou et al.，2004）、锌和铅（Kobyłecka et al.，2000）等重金属离子形成络合物。一些重金属还能与农药作用而导致有机化（王金花，2007）。另外，重金属和农药复合污染物也通过改变土壤的氧化还原能力、生物学性质等，从而影响对它们之间的交互作用。例如，镉与丁草胺复合污染时，二者浓度比率不同时，对黑土土壤酶活性和微生物群落结构的影响也不同（Wang et al.，2007b）。

（3）联合毒性效应。当多种污染物共存时产生的毒性效应等于、小于或大于各污染物单独作用的毒性效应之和时，这些共存的污染物所产生的联合毒性效应分别称为加和作用、协同作用和措抗作用（高茜，2012）。例如，在镉-乐果二阶复合体系中，镉对弹尾目昆虫 *Folsomia candida* 毒性效应增强，表现为协同作用（Amorim et al.，2012）；镉-毒死蜱复合时也对人体肝毒性和动物神经元表现出显著的协同作用（He et al.，2015）。而在镍-毒死蜱复合体系中，毒死蜱的存在使镍的毒性效应降低，表现为拮抗作用（Broerse and van Gestel，2010）；苄氯菊酯-镉复合时，二者对海底无脊椎生物 *Chironomus dilutus* 的联合毒性也始终表现为明显的拮抗作用（Chen et al.，2015b）。在铜-多菌灵复合体系中，镉对新杆状线虫 *Caenorhabditis elegans* 繁殖的影响在低浓度多菌灵的水平条件下增强，而在高浓度多菌灵的水平条件下减弱（Jonker et al.，2004）；在氯嘧磺隆-铜-镉复合体系中，三者的复合毒性对小麦根部生长在低浓度较时表现为拮抗作用，高浓度时则为协同作用（Wang and Zhou，2005）。

3）复合污染修复

在已报道文献中，应用于修复土壤重金属-农药复合污染的修复手段主要有热解吸法、淋洗法、化学固定、生物修复以及其联合修复等手段去除或固定土壤中的复合污染物。Ye 等（2014）玉米油和羧甲基-*β*-环糊精混合液中经过升温和超声处理淋洗，分别去除了土壤中 94.7%、87.2%、98.5%、92.3%、91.6% 和 87.3% 的总有机物、灭蚁灵、硫丹、氯丹、镉和铅，该法有效且对环境副作用小。Wan 等（Wan et al.，2015）用鼠李糖脂-柠檬酸混合物从土壤中解吸的林丹、镉和铅的最大量分别为 85.4%、76.4% 和 28.1%。Liu 等（2014）将含有高镉结合能力的植物螯合肽基因编码接种到毒死蜱降解菌中，以达到同时修复镉和农药的目的，并取得了良好效果。Chen 等（2015a）对应用堆肥修复土壤的相关研究做了综述，指出堆肥在修复污染土壤的同时，能够固体废物处理，增加土壤有机质含量和土壤肥力，但是有机质矿化和污染土壤活性降低等问题限制了堆肥修复土壤的可行性。

1.2.7 环境因子干扰对重金属和农药复合污染效应影响

有关于重金属、农药的研究多数是在恒定条件的实验室内开展的，这种方法讲某一个试验因子以及其作用独立出来，有效避免了其他因子干扰，能够清楚地阐明某一因子的作用及机理，获得了广大研究者的青睐。然而，田间实地环境是复杂多变的。在这些环境因子的影响下，试验因子表现出来的作用很有可能与实验室内所观察的现象存在巨大差异（Laskowski et al.，2010），从而使很多试验结论难以应用到实际环境中。例如，土壤、水、大气的理化性质都能够影响污染物的活性，所以，即使环境条件和污染物浓度水平一致，污染物经不同的途径传播后，所表现出来的环境生态效应也不同（Holmstrup et al.，2010）。早在 30 年前，Bryant 等（1985）就已经指出盐分和温度可以显著影响水生生物毒性测试结果。尤其是在对白鸟蛤（*Macoma baltica*）的毒性测试中，即使是在镍的浓度恒定时，不同的盐度和温度可以使白鸟蛤的存活时间相差 6 倍。同年，Demon 和 Eijsackersd（1985）也在 2 种农药对土壤中两类无脊椎动物（等足目和弹尾目）的毒性测试中发现，高温可以使农药的毒性效应数倍变化，干燥环境中弹尾目生物更易受农药影响。

随后，为了尽可能地得到能应用于实际环境的结论，研究者在研究污染物之间交互作用时，越来越多的研究者开始把自然考虑在内，对环境因子与污染物之间的交互作用日益受到重视。针对这一专题，Holmstrup 等（2010）在分析整理了150 余篇相关研究后，撰写了专门的综述。其中，有关环境因子涵盖了温度、水分、氧含量等，并将相关研究整理归类，分析了环境因子和污染物直接的交互作用对生物毒性效应。例如，温度的升高能够使毒死蜱对花翅摇蚊的毒性效应增强（Lydy et al.，1999），而对大型蚤的毒性效应无显著影响（Scheil and Köhler，2009）。当温度和镉交互时，镉对牡蛎（Cherkasov et al.，2006）、鱼类（Hallare et al.，2005）的毒性效应随温度升高而增强。在温度升高时，镉所引起的蚯蚓氧气消耗量也增多（Khan et al., 2007）。但是，作者并未给出相关作用机理。Ferreira 等（2008）在研究溶解氧和镉的交互作用对大型蚤的毒性效应时发现，低氧和镉对大型蚤的存活率表现为协同作用，而对其摄食活力表现为拮抗作用，并指出前者是由于低氧和高镉有助于活性氧基团的形成，后者是由于线粒体链中电子的减少，同时，镉的富集能通过促进 H_2O_2、O_2 和 OH—的生成而诱使氧化应激反应，从而促进这一过程。可见，与污染物本身的作用相比，自然因子和污染物直接的交互作用更为复杂，自然因子很有可能通过改变污染物化学和生物化学行为，或通过直接作用于生物体本身，来影响污染物对生物体的毒性效应。

　　双因子交互作用尚且如此，三个以上的因子之间的交互作用更为复杂。污染物之间通过交互作用互相影响，自然因子很有可能使污染之间的交互作用发生改变。由于高度多变性和对生物体生长的重要性，温度被认为是一种最为重要的自然因子（Laskowski et al., 2010）。例如，Heugens 等（2006）指出，在高温条件下，镉对大型蚤的毒性效应更易受可食用食物含量的影响。Bednarska 等（2009）也发现，温度能够显著影响镍和毒死蜱对步行虫的联合毒性效应。了解污染物在不同温度体系中的特有信息，有助于将恒定条件下的试验结论更好地推广到田间实际环境中。

1.2.8　集约化农业经营对农田面源重金属流失的影响研究

1. 集约化农业概念及研究进展

　　如图 1-4 所示，集约化农业是相对于粗放型农业而言的概念，是指把分散的土地集中起来，通过大量施用化肥农药等资源和提高农业机械智能化技术等措施，在同一面积投入较多的生产资料和劳动进行精耕细作，施行统一管理经营的规模化运营体制，以实现提高劳动生产率或单位面积产量的目的（王海涛，2014）。

　　为了了解集约化农业的研究进展，本研究以"intensive agriculture"或"agricultural intensification"为关键词，基于 web of science 引文索引数据库检索了相关研究，检索年限为"任意年限"，检索日期为 2015 年 9 月 17 日。检索结果如图 1-5 所示，集约化农业最早被美国一位经济学家（Anonymous，1926）于 1926年在"The economic limitations of the intensification of small and large agricultural holdings, or the point of saturation of the soil by capital at work in small and large agricultural production"一文中提出，并针对经济局限性和劳动饱和这两方面对大型和小户型农业生产方式进行了对比分析。但是，受科学技术发展水平限制，这一报道并未引起广泛关注。20 世纪 50 年代，美国经济学家提出了农业集约化（intensive agriculture）一次，并在 50 年代后期开始流行（向晶，2006）。直至 20

(a)

(b)

图 1-4 集约化耕作区

（a）和小种植户；（b）主要农业活动

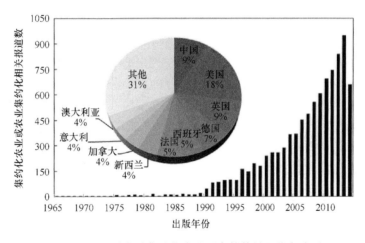

图 1-5 已报道有关集约化农业研究的数量和分布地区

世纪 70 年代后期，集约化农业相关研究报道以指数形式迅速增加，说明随着农业技术和工业科技水平的迅猛发展，集约化农业经营模式在世界范围内得到大力发展。从分布地区来看，来自美国、中国、英国和欧盟一些国家（以德国、法国和意大利为代表）的相关报道就占了集约化农业文献总数量的一半以上。

自 20 世纪 80 年代初，得益于改革开放政策，中国经济技术水平高速发展，同时促进了集约化农业的迅速发展（Guo et al., 2010）。1990～2011 年，中国农业机械、化肥、农药和农膜 4 种生产要素的工业辅助能集约度呈线性增长趋势，分别增长了 3.82 倍、0.82 倍、1.23 倍和 3.50 倍，而劳动集约度则呈现显著的线性下降趋势，降幅为 66.7%，表明中国农业机械化水平大大提高，化肥已经成为农业生产中最为重要的物质投入（姚成胜等，2014）。

2. 集约化农业经营对农业面源镉流失的影响

集约化农业经营模式有利于实现作物高收高产，大大降低了粮食需求压力。但是同时，由于这种经营模式以土地高强度利用及农用化学品的大量投入为主要特征（张桃林等，2006），生态系统组成单一，人为干扰活动强，其所带来的负面效应也使农田生态系统生态环境安全问题日益凸显。从图 1-1 和图 1-4 可以看出，与家庭式小种植户农田系统相比，在集约化农田生态系统中，人为干扰活动密集集中且强度高，过量的农业投入造成了土壤污染、侵蚀、肥力下降等问题，大量的污染物通过地表和地下径流、淋溶等途径进入水体，引发农业面源污染，不仅直接危害农业生态系统，而且造成水环境污染，在高集约化农业区，此种现象更加严重（李洪庆，2015）。由农业面源重金属流失引起的水环境污染问题已引起了世界范围的广泛关注（Tang et al.，2010）。

（1）直接影响。在长期的集约化农业发展过程中，土地利用类型的改变、频繁的翻耕土壤、灌溉、农业化学品的大量施用等措施能够显著改变重金属的地球化学位置和赋存状态（Chrastný et al.，2012）。2013 年，我国化肥投入总量为 5800万 t，相对 1949 年的 0.6 万 t，增加了近 1 万倍；单位面积施肥量为 430 kg/ha，是 1952 年的 570 余倍，超过了国际公认施用安全上限（225 kg/ha）近 2 倍；农药施用量约为 180 万 t，农膜使用量约为 240 万 t（李洪庆，2015）。我国化肥、农药的总施用量位于世界首位，单位面积用量分别是世界平均水平的 3 倍 和 2 倍（张桃林等，2006）。施入化肥和农药等农业化学品农业土壤重金属镉的重要来源（Arao et al.，2010）。农业化学品中重金属含量与所用原料和生产工艺有关（Boyd，2010）。通常情况下，化肥中重金属含量遵循以下规律：磷肥＞复合肥＞钾肥＞氮肥。土壤中的镉主要来源于磷肥。有研究估计，人类活动对土壤镉的贡献中，磷肥占 54%～58%（Nziguheba and Smolders，2008）。大量研究表明，随着磷肥和复合肥施用量增加，土壤中镉活性不断增加，同时植物吸收镉含量也相应增加（Su et al.，2014）。Satarug 等（2003）也指出，由于农膜制造工艺中所添加的热稳定剂含有镉和铅，随着农膜覆盖技术在农业应用中的广泛退关，农膜成为了农田镉的另一个重要来源。在长期的集约化农业耕作过程中，必然伴随着土地利用类型的转变。土地利用类型不同，植被覆盖和耕作历史不同，农药化肥灌溉等农业管理措施也不同，导致土壤中镉通量也不同（Ouyang et al.，2013）。Bai 等（2011）在研究中指出，经历开垦历史短的湿地中镉的含量显著低于开垦历史长的湿地，很好地说明了长期耕作过程对镉含量影响。

（2）间接影响。长期的集约化耕作过程也能够通过影响土壤的物理化学和生物学性质来间接影响重金属含量（Qishlaqi et al.，2009）。在降雨和大气沉降作用下，植被覆盖类型变化在土壤侵蚀过程中扮演着源-汇的双重角色。土壤径流和侵蚀与覆盖植被的结构和密度有密切关系（Morvan et al.，2014）。在同一降水量下，随着植物覆盖程度的增加，流失泥沙逐渐减少，镉流失总量也随之减少（杨洋等，2011）。Jiao 等和 Wang 等都指出天然湿地开垦为农田后，农田土壤镉流失量增加，而土壤侵蚀是推动这一过程的主要因素（Wang and Xu，2015）。同时，集约化耕作中大型机械的应用（图 1-4）使土壤压实变硬，从而使土壤容重增加，土壤孔隙和渗透率降低，土壤径流和侵蚀同时增加（Ouyang et al.，2015）。耕作过程中频繁的翻土、犁田等措施可以有效控制二氧化碳排放（Wiesmeier et al.，2015），进一步通过影响土壤中碳酸盐缓冲作用使土壤中镉酸化（Wang et al.，2014），最终导致镉流失能力增强。土壤酸化是集约化农业耕作系统中的主要问题之一（Guo et al.，2010）。同时，频繁的翻耕过程也使土壤中氧含量增多，土壤中有机质分解速率增加，镉释放量增加（Jiao et al.，2015）。如在 1.2.1（3）小节中所述，化肥和农药施用等农业管理措施也可以通过影响土壤 pH、微生物活性等作用影响农田面源镉流失过程。

1.2.9　冻融过程对农田面源重金属流失的影响研究

温度是一种常见且重要的环境因子，对土壤中的微生物和生活活性发挥着不可或缺的作用（Asadishad et al.，2013）。冻融过程是一种从低温到高温逐渐循环变化的过程，在中高纬度带相当常见（Hao et al.，2013）。在全球气候变暖的重要时期，气候变化的加剧会增加冻融循环过程发生的频率和区域范围（de Kock et al.，2015）。冻融过程能够通过直接地或通过影响土壤和环境条件间接地影响土壤中镉的环境行为，从而影响农田面源镉流失的负荷。

1. 冻融过程对土壤性质和生态环境影响

冻融过程能够在多方面影响土壤性质（图 1-6）。平均初融/冻时间和年均非结冰期都够极显著地影响该地区的年蒸发量（Zhang et al.，2011a）。土壤冻融过程能够降低土壤入渗率，从而增加土壤侵蚀量和地表径流量（Hansson et al.，2004）。冻融过程使土壤团聚体平均重量直径减小，稳定性降低，但是这种变化与含水量有关（Wang et al.，2012）。土壤硬度与土壤水分呈对数显著性负相关关系，冻融后土壤硬度明显降低（陈学文等，2012）。季节性冻融后，表层土壤容重升高，非毛管孔隙度和持水能力显著降低，土壤抗蚀性削弱，土壤微结构破坏，土壤中层团聚体破坏率增加，表层土壤大孔隙结构无显著变化，土壤颗粒表面化学特征改变（王恩姐等，2014）。土壤团聚体粒径破坏，能够释放铁锰氧化物并改变土壤表面氢离子的吸附位点（Wang et al.，2015c）。

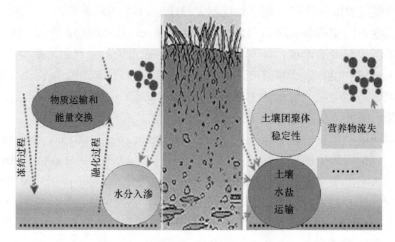

图 1-6   冻融过程对土壤理化性质影响

冻融过程能够促进土壤中碳和氮的释放，也能使有机质和氮的活性降低，更多的氮通过微生物作用进入循环（Campbell et al.，2014）。冻土能够抑制微生物活性（Asadishad et al.，2013）。结冰过程可以显著增加土壤中自由氨基酸和糖分含量，从而增加土壤呼吸和脱氢酶活性（Ivarson and Sowden，1970）。冻融循环数增加，能够使土壤细菌活性降低。

冻土融化过冻融和干湿交替易于产生大孔隙流和土壤优先流，为土壤水分的运移提供了先决条件；土壤冻结时间和地热状况又受土壤含水量和土壤性质的影响含水量与土体内部的水分分配（Hao et al.，2013）。冻融循环会影响土壤的渗透能力和团聚体稳定性，改变土壤结构和土壤含水量分布，从而引起土壤侵蚀；土壤结构和含水量的变化会促进土壤微生物活性及有机质的矿化（Jefferies et al.，2010），从而引起营养物质的流失（Øgaard，2015）。

2. 冻融过程对农田面源镉流失影响

冻融过程和连续性冻土能够增加土壤侵蚀量和地表径流量（Xia et al.，2015a），从而携带大量颗粒态重金属进入到水体环境中（Quinton and Catt，2007）。通过研究季节性冻土层或永久性冻土冻融过程，可以控制管理冻融造成的地表径流（Wright et al.，2009）。在冻融过程中，土壤中原位水有向冰冻峰移动的倾向，从而使溶解在水中的镉离子随水的移动而迁移扩散（Nagare et al.，2012）。

然而，自早期起对于冻融条件下生态环境问题的研究主要集中在水盐运动

（Hansson et al.，2004）、N_2O 和 CH_4 等温室气体（Ouyang et al.，2013b）、排放道路物理冻胀和氮磷营养物流失（Su et al.，2011）等方面。迄今，还未见国外有冻融过程对重金属环境行为影响方面的报道，国内对这方面的研究却逐渐突显出来。已有学者报道了冻融过程对土壤中重金属如镉、铅等吸附解吸行为（王展等，2013a；b）、赋存形态（黄擎等，2014）、生物有效性（李悦铭，2013）、迁移释放、形态转化（张赛等，2013）等方面的影响，并结合土壤理化参数对影响机理进行了分析阐述。但是，对这一现象的研究还不够系统深入，相关研究资料极度缺失。

1.2.10 农田面源重金属流失原位钝化措施研究

为了降低农田土壤中的镉对生物体健康和生态环境安全的危害，研究者建议应将镉从土壤中去除或固定在土壤中（Wang et al.，2014）。前者一般以客土改良、土体淋洗等工程措施和种植镉富集植物为手段，后者主要指利用化学、生物等手段改变镉在土壤中的存在状态和形态以降低镉的活性（王立群等，2009）。由于农田土壤镉污染一般不是十分严重，但是分布面积很广，应用工程措施因花费太高而受到限制，因此土壤原位钝化技术成为广受欢迎的有效技术手段（Sebastian and Prasad，2014）。原位钝化技术具有成本效益高、对土壤破坏小的优点，在农业和环境领域日益受到青睐并得到迅速推广（Lee et al.，2013）。原位钝化技术机理涉及土壤理化性质变化、沉淀、吸附、络合、氧化还原等一系列反应，一般可分为添加无机、有机和复合钝化剂和接种微生物钝化 4 类（王浩，2014）。

1. 无机钝化剂

1）磷酸盐类

目前，磷酸盐类钝化剂应用比较广泛，其原理主要是利用吸附和生成沉淀或矿物 $Cd_3(PO_4)_2$ 或 $CdCO_3$，从而使镉固定或转化为稳定态，且沉淀起主要作用（Mahar et al.，2015）。例如，土壤中添加 5 g/kg、10 g/kg、20 g/kg 和 30 g/kg 羟基磷灰石时，植物吸收的镉分别降低 27.1%、44.2%、50.9% 和 62.4%（Li and Huang，2014）。磷酸盐岩和钙镁磷酸盐能够使碱土和酸土中镉的淋溶量分别降低 1.98% 和 75.9%、79.1% 和 25.7%（Zhang and Pu，2011）。当土壤中分别添加 50 g/m、300 g/m、和 500 g/m 磷肥（磷酸盐岩、钙镁磷肥和过磷酸盐）时，镉的水溶态和交换态含量降低了 1.5%～30.7%，淋溶态含量降低了 16.5%～66.9%，钙镁磷酸盐效果最好（Wang et al.，2008）。1% 的磷酸也被证实能够有效降低镉的生物可利用率（Brown et al.，2004）。可见，不管水溶性还是不溶性的磷酸盐化合物，都具有钝化土壤中镉的能力，且含磷量越高，镉的移动性越低（Kim et al.，2015）。然而，也有研究指出，大量施用含有钠的水溶性磷酸盐易导致土壤松散，从而丧失支持植物生长的能力（Basta and McGowen，2004）。

2）黏土矿物和金属氧化物

黏土矿物主要通过离子交换、专性吸附、共沉淀反应等过程，降低土壤中镉的移动性和生物有效性。海泡石已被证实能够有效降低土壤中镉的淋溶量和生物有效性，且施用量越高，减少量越高（Sun et al.，2012）。坡缕石能够使碱土和酸土中镉的淋溶量分别降低 64.8%和 68.1%（Zhang and Pu，2011）。同样，沸石也被证实能够有效降低土壤中镉的移动态和生物有效态含量（Yang et al.，2014），但是也有研究认为不管是沸石还是改性沸石，对镉的活性均无显著影响。硅酸盐矿物能使镉活性降低 13.9%～25.8%，当其与石灰混合施用时，该比例增高至27.48%～34.57%（Wang et al.，2015d）。在土壤中循环加入硫酸亚铁和氢氧化钙，能够使土壤中交换态和 DTPA 提取态的镉极其淋溶量分别降低 70.0%、89.0%和31%（Contin et al.，2008）。

3）碱性材料

碱性材料通过吸附作用或通过降低土壤 pH，使土壤中的镉生产氢氧化物沉淀以降低其活性。石灰石能够使碱土和酸土中镉的淋溶量分别降低 38.9%和 78.0%（Zhang and Pu，2011）；同时有研究证实，白云质石灰岩可显著降低土壤孔隙水中镉的含量，但是却增加了镉的生物有效性（Trakal et al.，2011）。施用粉煤灰可以使土壤中镉的生物有效性降低 24.4%（Nian et al.，2015）。赤泥也因为其碱性和比表面积较大等特点，对镉的吸附容量高达 22.3 g/kg 以上（Liu et al.，2007b），能够显著降低土壤中镉的交换态含量、迁移性和生物有效性（Lombi et al.，2002），且效果强于沸石（Yang et al.，2014）。施用含有钙和氧化钙的纳米颗粒几乎可以固定土壤中全部的镉（Mallampati et al.，2012）。有研究发现，将牡蛎壳和鸡蛋壳等直接或煅烧后加入土壤中，也能够显著降低镉的移动性（Ok et al.，2011）。

2. 有机钝化剂

常见的有机钝化剂包括植物残体、生物炭、动物粪便、污泥、生物固体、高分子聚合物等，主要通过吸附、络合等作用固定重金属元素，通常具有容易获得，除固定重金属还可改善土壤结构、酸碱等性质，具有肥力等优点（王浩，2014）。

有研究发现，油菜根茬在降低土壤中镉活性效果方面，较沸石和赤泥表现出更好的效率（Yang et al.，2014）。生物炭是有机钝化修复研究的热点之一。生物炭具有多孔结构和表面丰富的含氧官能团，因而能够强吸附土壤中的镉。影响生物炭吸附镉容量的重要因素是其原料和热解条件（Mahar et al.，2015）。例如，木材类生物质碳能够使土壤中 pH 升高，从而降低镉的溶解性（Beesley et al.，2010）；棉花壳类生物质碳能够通过氧化基团的结合土壤中的镉（Uchimiya et al.，2011）。

动物粪便和生物固体是有机堆肥的主要来源。土壤中添加蚯蚓粪能够显著降低 DTPA 提取态的镉含量，却使水溶态镉含量增加，且随着添加蚯蚓粪比例升高，增加量越多（Abbaspour and Golchin，2011）。土壤中添加堆肥，不仅能够促进作物生长，而且能够在有机质分解时，通过形成硫化镉沉淀降低镉的移动性和生物有效性（Bolan et al.，2003）。施用农家肥可以使镉的淋溶量降低 48%左右，在高镉污染土壤中要较低浓度水平效果更为显著（van Herwijnen et al.，2007）。在制备生物炭时加入堆肥，土壤可能通过生成沉淀、吸附、络合等作用增强土壤对镉的固定（Beesley and Dickinson，2011）。另外，有研究证实，聚乙烯聚吡咯啶酮也可以显著降低镉的移动性（Hanauer et al.，2012）。

3. 无机-有机复合钝化剂

在实际应用中，只用一种无机或无机钝化剂很难达到理想效果，无机-有机复合钝化剂能够扬长避短，既能中和对 pH 的过度影响，又可以降低富营养化等风险，因而得到广泛应用。例如，当有机堆肥与钢渣或粉灰混合时，均能显著提高其对土壤中镉的钝化效率（Ruttens et al.，2006）；当堆肥与黏土矿物混合时，镉的生物有效能降低 66%左右（Gadepalle et al.，2009），且堆肥的钝化效果维持时间增长（van Herwijnen et al.，2007）。当应用羟基磷灰石、沸石、石灰石和胡敏酸复合钝化剂钝化土壤中镉时，镉的移动性和生物有效性都低于单独施用时，且羟基磷灰石和胡敏酸混合时，钝化效率最高（Li et al.，2015）。

1.2.11　问题的提出

国内外针对土壤、沉积物中重金属的分析方法与技术已经相对比较成熟，但它们仍很少实际应用于农业面源污染研究领域，特别是在像三江平原这样一个土壤侵蚀相对严重、生态环境脆弱的典型中高纬度农业大发展地区。针对农田面源镉流失的机理问题尚缺乏系统的研究，很少将实验室研究成果和田间实际监测有效结合、综合考虑人为和自然因子对农业面源镉流失的贡献。特别是在具有现代农业特征的中高纬度带集约化农区，在农业面源镉流失方面尚有以下问题有待进一步解决。

（1）由于农田重金属含量状况直接关系到农产品质量安全，因此目前对于长期农业活动影响下土壤重金属的累积过程关注较多，而忽视其流失问题。一方面污水灌溉、农用化学品的大量施用等将持续增加土壤重金属输入；另一方面长期频繁的高强度农业耕作也会通过改变土壤理化性质和加剧侵蚀促进重金属的流失，这对处于中高纬度冻融作用影响下的三江平原地区将尤为明显。目前相关研究多集中在三江平原土地开垦后碳氮磷等营养元素的流失，而对于重金属的含量与形态变异及其环境行为仍不是很清楚。

（2）室内模拟试验研究和田间实际监测尚缺乏有机结合。在已有研究中，室内模拟试验结果往往和田间实际监测结果独立开来，使得室内研究成果与田间实际环境差异较大，不能应用于实际环境中。因此，采取实际背景调查-室内模拟分析-实际环境验证的系统研究模式，有利于提高室内模拟分析的应用价值，实现微观分析和宏观监测的有机结合。

（3）缺乏在较大流域尺度上的面源重金属流失特征研究。因缺乏特定的流域模型和必要的基础数据，导致目前我国针对重金属开展的农业面源污染研究相对较少且大多停留在田间尺度。以流域为基本控制单元对水资源和水环境实行统一管理是目前国际上公认的科学原则。利用沉积物"档案库"功能进行历史反演和来源解析研究，可为表征流域土壤重金属流失提供丰富的指示信息。

（4）针对流域面源污染负荷的量化研究，目前认为最有效的方法仍是利用模型进行模拟。然而现有模型大都是基于氮、磷和农药开发设计，缺乏重金属模拟板块。因此从方法创新方面，如何尝试借助沉积物分析并基于现有可行的技术手段开展土壤重金属流失模拟研究，从而在流域尺度上实现污染负荷的时空分析，这对帮助决策者更好地制定流域管理措施具有重要意义。

（5）对于利用工农业副产物原位控制面源镉流失技术尚缺乏研究。国内外有关钝化固定土壤中重金属的研究虽然取得了较好的成果，并已经应用于实际环境中。但是，现有的钝化措施具有花费大、资源少、选择性强、环境风险高等问题，因而很难广泛应用于实际环境中。同时，由工农业副产物等固体废物带来的环境问题也引发了研究者的广泛关注。因此，将这些副产物应用于控制农田镉流失措施中，能够变废为宝，具有经济节约和环境安全的双重优点。

1.3　研究内容和技术路线

1.3.1　研究目标和研究内容

1. 研究目标

针对重金属开展的农业面源污染研究，尤其是流域尺度上的流失特征研究，目前仍处于方法探索阶段。本研究以三江平原长期的农业开发活动影响为背景，主要基于土壤、沉积物化学分析和 Pb 同位素技术开展了典型流域面源重金属流失特征研究。以中高纬度冻融农区典型集约化农田生态系统为研究对象，运用土壤学、生态学、化学、环境学等技术方法进行研究。预期达到以下几个方面的目的。

（1）探明区域不同开垦方式的土壤中重金属分布特征，重点探讨冻融集约化农区与低纬度带农区和小种植户农区不同点。

（2）在目标（1）的基础上，确定高污染风险水平的重金属元素，并揭示其空间分布、流失归趋和历史变化特征。

（3）在目标（1）的基础上，选取代表性农药，揭示冻融作用下，农药施用对土壤中重金属流失转化特征影响及机制，量化典型环境因子（冻融和水分）干扰下，农业活动（农药施用）对土壤重金属流失转化的潜在贡献。

（4）探寻有效控制面源重金属流失的经济环保型原位稳定技术。

2. 研究内容

在前述研究背景及意义的基础之上，本研究以农业和环境水环境安全为总体目标，以位于中高纬地区的中国东北三江平原的现代化农场为应用背景，密切结合当地的实际情况，针对当前农业面源污染问题，研究区域农田面源镉流失特征，分析冻融和农药影响下农田土壤中镉的释放、迁移特征，揭示其影响机制，量化各影响因子的贡献，探寻经济有效的控制措施。

本研究针对冻融农区典型气候特点和实际喷施农药管理现状，以农田生态系统中土壤镉为中心，考虑镉对各环境要素的响应，特别考虑了冻融过程和农药的施入对土壤中镉流失的影响。通过料收集、野外勘察观测、室内分析和实际验证相结合的方法，揭示农田面源镉流失机制，探寻镉流失控制措施，就下列研究内容开展了深入研究。

1）冻融集约化农区不同开垦方式的土壤中重金属和农药蓄积特征

探寻重金属和农药在不同开垦方式的土壤中重金属和农药的水平、垂直空间蓄积差异；识别代表性的典型人为因子和环境因子；污染指数评价法和排除主成分法选取代表性的典型重金属和农药，为室内模拟试验机理分析奠定基础。

2）冻融集约化农区面源典型重金属的流失特征

探寻典型重金属区域尺度的空间分布特征；揭示典型重金属的流失归趋特征；揭示长期集约化耕作对流域出口沉积物中重金属的时空演化规律。

3）冻融过程和农药对土壤中典型重金属流失转化特征影响及机制分析

探寻冻融过程和农药交互作用下土壤中镉的吸附-解吸、释放和形态转化特征；揭示土壤中镉在冻融过程和农药交互作用下的流失转化规律；量化冻融过程、水分和农药对面源镉流失贡献；探索冻融过程和农药交互作用对土壤中镉影响机制。

4）集约化农区典型面源重金属流失原位稳定技术

通过土壤中镉的移动性、渗出率、形态分布和植物有效性分析，评价固体废弃物对土壤中镉的原位稳定效率；最终提供一种经济有效的方法，既能有效降低农业面源镉流失，又能减轻废物处置压力。

1.3.2　技术路线

　　本研究以三江平原长期的农业开发活动影响为背景，主要基于土壤、沉积物化学分析和 Pb 同位素技术，探讨了三江平原典型流域面源重金属流失特征，并由此提出相应的污染防控对策。通过野外勘察、野外采样、室内实验、数学模拟等手段对数据进行采集、获取，然后对其分析处理，通过模型模拟和对比研究达到预期研究目标。本研究技术路线如图 1-7 所示。

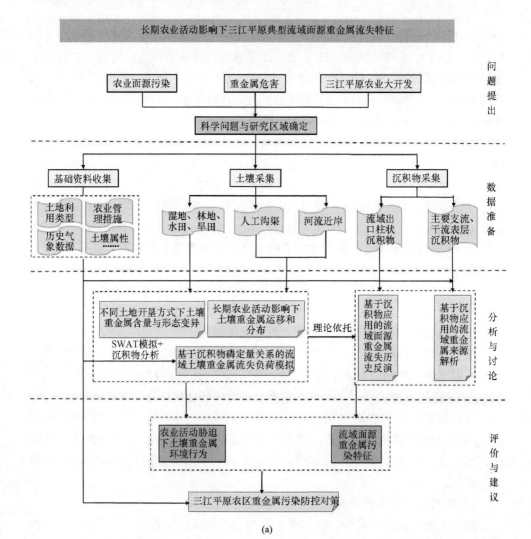

(a)

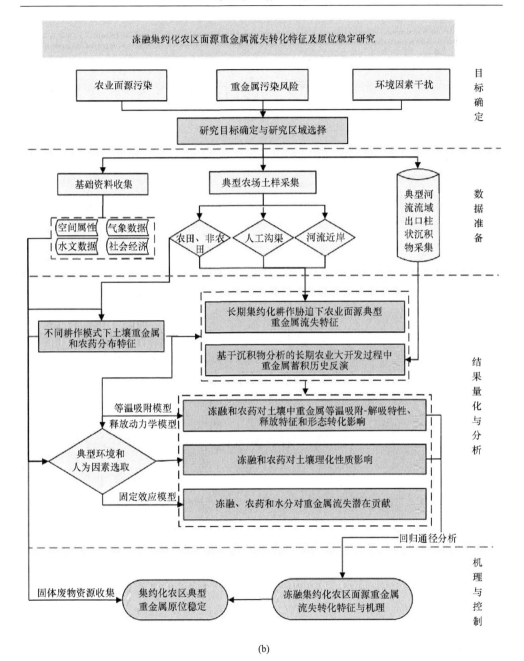

(b)

图 1-7　技术路线

第 2 章　研究区概况

2.1　引　　言

三江平原位于中国东北部的黑龙江省内，由黑龙江、乌苏里江和松花江冲击而成，其内分布着大量传统开发型国营农场，是中国大规模综合经营的现代化农业商品粮基地之一。自 20 世纪 50 年代起，该地先后经历了四次农业开发高潮，大面积的自然用地被开垦成农业用地，耕地净增加量为 $3.86 \times 10^6\ hm^2$。为了满足不断增长的粮食需求，三江平原地区仍在续建大中型灌区。据估计，截至 2015 年，新增水田灌溉面积可达 2780.1 km^2，一系列农业政策和规划的出台同时也预示着第五次农业开发高潮即将到来。

本研究选择三江平原内实验农场作为案例地区。该地位于中低纬度带内，冻融现象十分普遍。实验农场属于三江平原传统开发型国营农场群，也先后经历过四次农业开发高潮，随着大面积自然湿地和林地被开垦为耕地，农业开发活动日益剧烈。已有研究证实，长期的集约化耕作不仅使土地利用变化剧烈，而且使土壤质量退化严重，严重影响到粮食产量和品质（Wang and Xu，2015）。而在土壤中的污染物又可以经地表径流和土壤侵蚀大面积地扩散到水体环境，给当地的环境保护工作带来了巨大压力（Hao et al.，2013）。实验农场位于中国和俄罗斯交界处，工业和交通设施较少，受到农业活动以外的人为干扰较小。因此，选择该农场为研究区，不仅具有代表性和典型性，而且能够有效避免其他因素干扰，对于开展气候和集约化耕作对农业面源重金属污染影响的研究具有重要意义。

2.2　自　然　环　境

2.2.1　地理位置

研究实验农场位于三江平原的东北部，也在黑龙江省的东北部，其纬度和经度范围分别为 N 47°18′～47°50′ 和 E 133°50′～134°33′，东部毗邻乌苏里江，与俄罗斯接壤（图 2-1）。该农场总面积为 1355 km^2，地势自西南向东北降低，最高和最低海拔分别为 345 m 和 36 m。研究区南部有一条朝东流向的河流，即阿布胶河。该河发源于乌苏里江，流域面积约为 142 km²，流经几乎所有土地利用类型，是研究区农田灌溉水的主要来源。阿布胶河年均排水量约为 1.11 m³/s，具有季节性排水功能，每年的 5～9 月水流量较高，11 月～次年 3 月水流量较低。

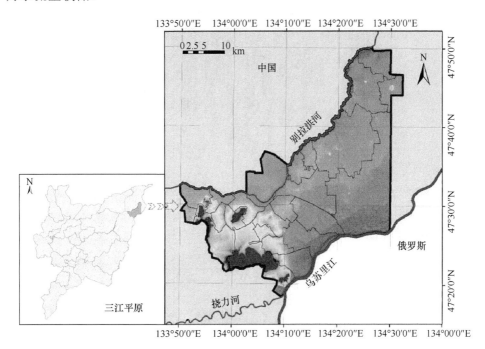

图 2-1　研究区地理位置

2.2.2　气候和水文特征

该区域属寒温带季风性大陆气候,截至 2013 年的多年平均降雨量为 582.8 mm（图 2-2），全年降水集中在 6～9 月，根据历史气象数据观测，夏季平均降雨量为 301.8 mm，占全年 52%（图 2-3）。多年平均温度为 2.9℃，最低和最高温度分别为–19.3℃和 21.6℃（Hao et al.，2013）。如图 2-3 所示，该区域冻融过程一般从当年的 10 月开始，到次年的 4 月结束，长达 200 d，最高冻土深度为 141 cm（Hao et al.，2013），冻融现象十分明显。

由于质地肥沃以及土壤组成表层为渗透性黑土、下层为不渗透性黏土，研究区土壤极易形成径流和侵蚀，在春季融雪和夏季暴雨季更甚（Ouyang et al.，2013a）。研究区多年平均降雨及地表径流动态如图 2-4 所示，多年月平均地表径流为 0.03～25 mm，多年月平均降雨量最大值和最小值分别在 8 月和 2 月，多年平均地表径流量与多年平均月平均径流量显著相关。另外，在 12 月、1~3 月 4 个月期间，因地表结冰多年月平均地表径流量几乎为零，从而使 4 月的地表径流量主要由解冻过程决定，温度成为关键影响因子，冻融过程使地表径流量增加（Ouyang et al.，2015）。

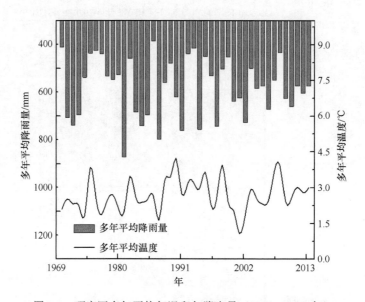

图 2-2 研究区多年平均气温和年降水量（1970~2013 年）

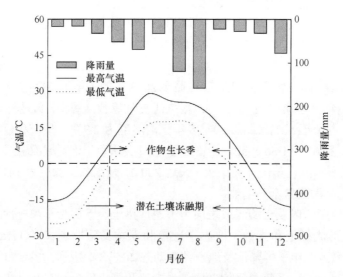

图 2-3 研究区多年月平均降雨和温度变化

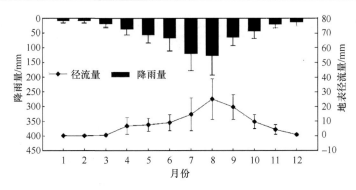

图 2-4　研究区多年月平均降雨及地表径流变化

2.2.3　土壤特性

经过实地监测，2010 年 10 月至 2011 年 4 月的冻融期间，0～50 cm 深度内土壤温度动态变化如图 2-5 所示，地表和地中 10 cm 深度处土壤温度均在 12 月 14 日达到最低值，分别为–10.1℃和–8.5℃；地中 20 cm、30 cm 和 40 cm 土壤温度分别在 12 月 18 日、19 日和 20 日达到最低值，为–6.8℃、–5.7℃和–4.9℃。各层土壤降温的过程较为缓慢，而升温过程迅速。

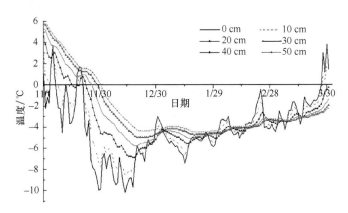

图 2-5　旱田冻融期不同深度土壤温度变化曲线

根据中国土壤分类系统（GSCC）和联合国世界土壤图图例（FAO/Unesco，U.N.），研究区土壤类型分布图如图 2-6 所示。研究区主要土壤类型为白浆土（albic luvisol）、沼泽土（gleysol）、草甸土（haplic phaeozem）、暗棕壤（haplic luvisol）和冲积土（fkuvisols）等几种，占研究区土壤总面积的 99.1%左右。其中，白浆土面积最高，约占总面积的 47.0%。白浆土具有质地黏重、黏粒淀积和土壤透水不良等特征。在春季化冻和雨季过湿时期，白浆土都会出现滞水土壤水分状况，前者一般持续 10～15 天，后者一般持续 2 个月左右（7 月中旬～9 月中旬）。在滞水土壤水分状况下，土壤表层常形成临时性的上层滞水，甚至饱和，后又迅速干旱，干湿交替明显，易导致土层中发生氧化还原作用或铁质水化作用。

图 2-6　土壤类型分布图

2.3　农　业　活　动

2.3.1　土地利用变化

实验农场在 1979～2013 年的土地利用变化情况如图 2-7 所示。在这两个时期，本研究将土地利用类型划分为以下五类：水田（paddy land）、旱地（dryland）、自然用地（natural land）、居住用地（residence）和水域（water）。1979 年，研究区主要由自然用地和旱地组成，水田面积为零，水域和居住用地也只占了很小的面积。为了满足人们日益增长的粮食需求，过去的 34 年来，接近 17.5% 和 30.4% 的自然用地分别被大面积开发为旱地和水田。自从 20 世纪 70 年代中期，研究区引入了水稻种植技术，约 22.5% 的旱地被转变为水田。截至 2013 年，水田面积已扩张到 435.2 km^2，几乎横跨东部地区。水田面积变化也是 34 年农业大开发过程中最显著的土地利用变化。

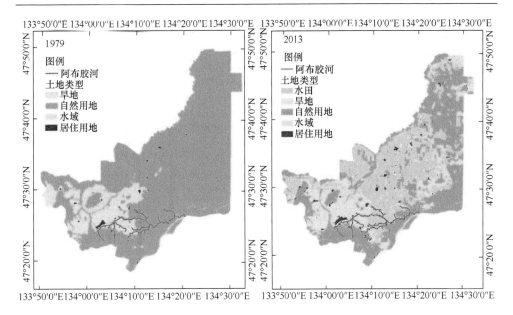

图 2-7 1979～2013 年间研究区土地利用变化

与土地利用类型相对应的是,研究区种植结构也产生了巨大变化(图 2-8)。20 世纪 80 年代以前,研究区主要作物类型为小麦、玉米和大豆。之后,随着水稻(rice)种植技术引进和农田水利设施的逐步完善,水稻种植面积迅速增长,水稻也成为了研究区种植面积最广的作物,玉米(maize)和大豆(soybean)次之。

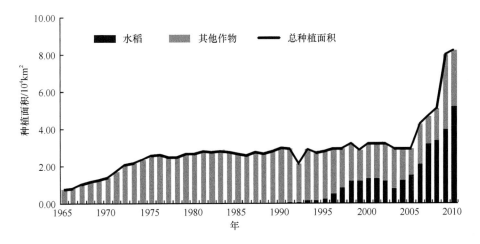

图 2-8 研究区作物种植面积变化

2.3.2 耕作制度

研究区耕作措施经历了平翻-深松耙茬-浅翻深松的变更历程，随科技进步，各种深松机具被用来打破犁底层，从而疏松土壤。目前研究区主要种植作物为大豆、玉米和水稻，基本采用机械施肥，近 30 年的（1984～2010 年）施肥管理措施如表 2-1 所示。可见，研究区单位面积施肥量大幅增加，大豆田施肥量变化不大，玉米田和水稻田 2010 年单位面积施肥量约为 1984 年的 2 倍。

表 2-1　研究区施肥管理变化（kg/hm）

	1984～1988	1988～1994	1994～2005	2005～2010
大豆	210～240 SSP + Urea + DAP	240～270 P+N	270～330	270 N：P：K=1：1.5：0.5
玉米	195 Urea + SSP / DAP	270～300 Urea + SSP/DAP	300～375 K	450 N：P：K=2：1：0.5
水稻	225 Urea + DAP	270～300 Urea + DAP	300～375 K	450 N：P：K = 2：1：1.5 +有机 Si

注：SSP 为 $CaP_2H_4O_8$；Urea 为 $CO(NH_2)_2$；DAP 为 $(NH_4)_2HPO_4$。

按照当地植保方针，研究区农药施用的主要方式为：苗前土壤处理，播种前种子处理，苗期机械、航空作业、人工喷施处理。2013 年，研究区主要施药类型和用量如表 2-2 所示。研究区主要施用主要农药类型为阿特拉津（atrazine）、乙草胺（acetochlor）、毒死蜱（chlorpyrifos）和苄嘧磺隆（bensulfuron methyl）4 种。

表 2-2　2013 年研究区施药管理

农药	化学式	有效比	施用量	施用时间
阿特拉津	$C_8H_{14}ClN_5$	38%	3000～3750 mL/hm^2	6～7 月
乙草胺	$C_{14}H_{20}ClNO_2$	50%	2500 g/hm^2	6～7 月
毒死蜱	$C_9H_{11}Cl_3NO_3PS$	48%	1500～2500 mL/hm^2	7 月
苄嘧磺隆	$C_{16}H_{18}N_4O_7S$	3%	975～1200 g/hm^2	6～7 月

第3章 冻融集约化农区土壤中重金属和农药蓄积特征

3.1 引 言

大量研究结果表明，多种污染物往往同时存在于环境中，形成复合污染现象，使污染环境更为复杂多变（Holmstrup et al.，2010）。在大多数污染地区，重金属和以农药为主的有机污染物在环境中最为常见，而且经常同时存在于土壤环境中（Wang et al.，2015a）。土壤中的污染物不仅能够通过食物链作用对生物体健康造成危害，而且能够在土壤-大气-水体中迁移转化，危害生态环境（Bednarska et al.，2009）。

近几十年来，随着中国工业经济的快速发展，大量重金属被释放到环境中，导致农田土壤的严重污染（Zhou et al.，2015）。中国环境保护部在第二次全国土壤普查报告中指出，中国约有 19.4%的农田土壤存在污染现象。其中，轻度、轻微、中度和严重污染的农田土壤比例分别为 13.7%、2.8%、1.8%和 1.1%；镉、镍和砷是污染中国农田土壤最严重的污染物。1990~2011 年间，中国农田土壤中农药的总施用量累计约为 3.08×10^5 t，杀虫剂、除草剂和杀菌剂的分别占全国农药总施用量的 40.5%、31.6%和 23.6%；其中，水田（粮食作物）为 5.24×10^4 t、旱田（粮食作物）为 1.05×10^5 t、经济作物种植地为 3.08×10^4 t、蔬菜地为 7.51×10^4 t、茶园为 3.26×10^3 t 和果园为 4.13×10^4 t（Ouyang et al.，2016a）。

农田土壤是农业生产的核心部分，大量研究表明，在研究农田土壤环境质量对作物产量和品质影响时，重金属和农药是不可或缺的重要指标（Amorim et al.，2012）。近年来，同样有研究指出，农田土壤中富集的重金属和农药能够通过面源流失过程进入水体环境，严重威胁水环境安全（Jiao et al.，2014a；Ouyang et al.，2016a）。研究农田土壤中重金属和农药的赋存特征，不仅能够为科学实施农产品产地安全管理提供科学依据，而且能够为农业面源输出负荷控制提供参考基础。因此，本研究主要目的是研究中国粮食核心生产基地-实验农场不同开垦方式农田土壤中 7 种常见重金属（砷、镉、铬、铜、镍、铅和锌）和 4 种普适性农药（阿特拉津、苄嘧磺隆、乙草胺和毒死蜱）的蓄积特征，揭示农业活动胁迫下污染物内部联系，评价土壤污染风险。

3.2 材料和方法

3.2.1 样品采集和处理

基于遥感影像和现场勘测，于 2013 年 7 月中旬采集 6 种不同土地利用类型中不同深度的土壤样品（0～20 cm 和 20～40 cm）。位置信息如图 3-1 所示，种植水稻水田点位 10 个、种植大豆和玉米的旱田（dry farmland）点位分别为3 和 7 个、自然土壤 [NA，主要包括林地（natural forestland）、草地（natural grassland）和湿地（natural wetland）]点位 16 个。采样时，以每一采样点为中心，划定 1 m × 1 m 的正方形区域，每个区域按照"W"形采集 5 个重复样。共采集 360 个土壤样品。去除杂物后，四分法取样装入塑封袋中，并迅速装入车载冰箱（4℃）保持低温避光运回实验室。将土壤样品冷冻干燥后，研钵磨碎过 100 目筛。

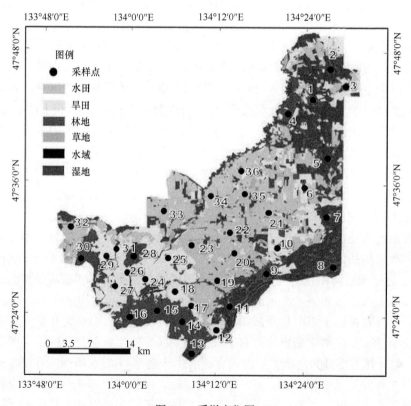

图 3-1 采样点位图

3.2.2　重金属和农药总量分析

取部分土壤样品经微波-酸混合液（HF-HNO$_3$-H$_2$O$_2$）消解定容后，用电感耦合等离子体发射光谱仪（ICP-OES）测定砷（As）、镉（Cd）、铬（Cr）、铜（Cu）、镍（Ni）、铅（Pb）和锌（Zn）7 种常见重金属含量。

准确称取 10 g 处理好的土壤样品置于 50 mL 离心管中，经乙腈溶液（20 mL，乙腈：去离子水 = 1：1）涡旋提取 2 min 后，加入 5 g NaCl，继续涡旋 3min。离心后，取 1.5 mL 上清液于盛有 50 mg 变压吸附专用（PSA）硅胶和 150 mg 无水硫酸镁的 2 mL 聚四氟乙烯离心管中，涡旋 30 s 后离心。取 1 mL 上清液于旋转蒸发仪上 45℃水浴中减压蒸发浓缩近干，氮气吹干后，用 1 mL 丙酮溶解转移至进样小瓶中，采用电子捕获检测器-气相色谱仪（ECD-GC，Agilent 7890，USA）测定阿特拉津（atrazine，AZ；C$_8$H$_{14}$ClN$_5$）、乙草胺（acetochlor，AC；C$_{14}$H$_{20}$ClNO$_2$）和毒死蜱（chlorpyrifos，CP；C$_9$H$_{11}$Cl$_3$NO$_3$PS）含量；另取 1 mL 上清液过 0.22 μm 孔径有机滤膜于进样小瓶中，采用可变波长紫外检测器-高效液相色谱仪（UVD-HPLC，Dionex UltiMate3000，Japan）测定苄嘧磺隆（bensulfuron methyl，BM；C$_{16}$H$_{18}$N$_4$O$_7$S）含量。检测条件如表 3-1 所示。

表 3-1　农药检测条件

项目	电子捕获检测器-气相色谱仪 （ECD-GC）	紫外检测器-高效液相色谱仪 （UVD-HPLC）
色谱柱	hP=5，5%苯甲基硅氧烷 30 m × 0.32 mm × 0.25 μm	Agilent Zorbax SB-C18 5 cm × 4.6 mm × 5 μm
温度	气化室：260℃；检测柱：300℃；程序升温：120℃ 30℃（1 min）–20℃/min–280℃（1 min）	
气体流速	载气：5.0 mL min^{-1} 补充气体：15 mL min^{-1}	乙腈：水 = 45：55
检测波长	—	236 nm
进样量	2 μL	20 μL

3.2.3　土壤污染风险评价

本研究中选用地积累指数法（Muller，1969）对土壤中重金属污染风险评价。该方法被广泛用来评价人为胁迫活动下单一污染物引起的土壤污染风险（Liu et al.，2013）。计算公式如下：

$$I_{geo} = \log_2 \frac{C_n}{1.5B_n} \tag{3-1}$$

式中，C_n 为土壤中重金属元素 n 的实测值；B_n 为重金属 n 的地球化学背景值（CNEMC，1990），1.5 为修正系数。

I_{geo} 的值以 0～5 的整数值为界，被均分为 7 个等级，代表不同的污染水平（Martin，2000）。$I_{geo}<0$，表示无污染（No risk）；0～1，轻度污染（Moderate）；1～2，中度污染（Medium）；2～3，表示中度污染到强污染（Medium to strong，）；3～4，强污染（Strong）；4～5，强污染到极强污染（strong to very strong）；$I_{geo} \geqslant 5$，极强污染（very strong）。

3.2.4 质量控制和数据统计

试验中所用药品纯度都在分析级以上。所有玻璃装置和离心管在使用前都用 10%稀硝酸溶液浸泡一夜，去离子水冲洗后晾干。每批样品都采用标准物质（GBW07401，GBW07603 GSV-2，中国计量科学院）4 次重复的平均值作为参考。运行空白进行背景校正并识别其他误差来源。每隔 20 个样品设置 1 个近似浓度的标准溶液进行校正。如表 3-2 所示，本研究所选用方法测定重金属回收率为 97.3%～104%，检出限为 0.003～1.25 mg/kg，相对标准偏差都低于 5%；本研究所选用方法农药回收率为 89.6%～103%，检出限为 0.50×10^{-6}～0.01 mg/kg，相对标准偏差都低于 10%。

表 3-2　污染物的方法回收率和检出限

污染物	回收率/%	精密度/%	检出限/（mg/kg）	污染物	回收率/%	精密度/%	检出限/（mg/kg）
重金属							
As	90.9	1.26	1.25	Ni	104	2.24	0.30
Cd	97.3	2.42	0.003	Pb	100	2.11	0.80
Cr	99.3	0.87	0.30	Zn	101	1.89	0.30
Cu	98.9	2.58	0.30				
农药							
AZ	99.8	4.44	0.0006	CP	103	2.47	0.0004
AC	89.6	2.76	0.01	BM	97.3	7.74	0.50×10^{-6}

用 SPSS 16.0 通过 One-way ANOVA 实现单因子方差分析，$P<0.05$ 差异显著；运用主成分分析法（PCA）再现测定指标之间的内在联系；Origin 8.0 进行分析作图。

3.3　结　　果

3.3.1　不同开垦方式的土壤中重金属蓄积特征

农田土壤和自然土壤中 7 种重金属的平均含量如图 3-2 所示。结果表明，农田和自然表层（0～20 cm）土壤中 7 种重金属的平均含量从高到低为：Cr＞Zn＞Ni＞Cu＞Pb＞As＞Cd 和 Zn＞Cr＞Cu＞Ni＞Pb＞As＞Cd，前者中 Cr 含量最高［水稻（48.9±4.41）mg/kg、玉米（48.0±4.69）mg/kg 和大豆（48.0±5.69）mg/kg］，后者中 Zn 含量最高 ［NA（61.7±9.06）mg/kg］，两者中 Cd 含量都为最低［水稻（0.23±0.04）mg/kg、玉米（0.26±0.05）mg/kg、大豆（0.25±0.06）mg/kg 和 NA（0.13±0.02）mg/kg］；次表层（20～40 cm）农田土壤中重金属含量分布与表层土壤分布基本吻合，但是，自然土壤中 7 种重金属的平均含量从高到低为：Cr＞Zn＞Pb＞Cu＞Ni＞As＞Cd，Cr 含量最高 ［（59.8±3.98）mg/kg］，Cd 含量最低［（0.10±0.01）mg/kg］。自然表层土壤中，7 种重金属的含量都低于我国土壤环境质量标准（GB 15618—1995）中的一级标准值。农田表层土壤中，除 Cd 以外，其余 6 种重金属含量也都低于我国土壤环境质量标准（GB 15618—1995）中的一级标准值（自然背景值）。与区域背景值（Cr 和 Cd 分别为 28.2 mg/kg 和 0.086 mg/kg）相比，农田表层土壤中 Cd 和 Cr 分别增长到背景值的 2.90～3.27 倍和 1.69～1.73 倍，自然表层土壤中 Cd 和 Cr 分别增长到背景值的 1.59 和 1.69 倍，其他 5 种重金属（As、Ni、Cu、Pb 和 Zn）的平均含量则等于或低于区域背景值。与中国背景值（0.097 mg/kg）相比，农田表层土壤中 Cd 增长到背景值的 2.39～2.70 倍，自然表层土壤中 Cd 增长到背景值的 1.31 倍，但低于我国土壤环境质量标准（GB 15618—1995）中的二级标准值（农田表层土壤最高允许值）；其他 6 种重金属（As、Cr、Ni、Cu、Pb 和 Zn）的含量则等于或低于中国背景值。

不同开垦方式的表层土壤中 As 的平均含量均显著高于次表层土壤（P＜0.05）；其余 6 种重金属中，则只有水稻土壤中 Cd 和 NA 土壤中 Cr 在两层土壤之间的平均含量存在显著差异（P＜0.05）。不同开垦方式的表层土壤中重金属平均含量分别遵循以下规律：NA＞水田＞大豆田＞玉米田（As 和 Cu），农田土壤中 As 的平均含量均显著低于自然土壤（P＜0.05），玉米田土壤中 As 的平均含量显著低于水田和大豆田土壤（P＜0.05），各开垦方式土壤中 Cu 的平均含量均无显著差异（P＞0.05）；玉米田＞大豆田＞水田＞NA（Cd），农田土壤中 Cd 的平均含量显著高于自然土壤（P＜0.05），不同作物类型土壤中 Cd 的平均含量无显著差异（P＞0.05）；水田＞玉米田＞大豆田＞NA（Cr），且均无显著差异（P＞0.05）；NA＞

大豆田>水田>玉米田（Ni），且均无显著差异（$P>0.05$）；NA>玉米田>大豆田>水田（Pb 和 Zn），农田土壤中 Pb 和 Zn 的平均含量显著低于自然土壤（$P<0.05$），不同作物类型土壤中的 Pb 和 Zn 平均含量无显著差异（$P>0.05$）。不同开垦方式的次表层土壤中重金属平均含量分别遵循以下规律：水田>NA>大豆田>玉米田（As），水田和 NA 土壤中 As 的平均含量显著高于旱地（大豆田和 玉米田）土壤（$P<0.05$），且水田土壤中 As 的平均含量显著高于 NA 土壤（$P<0.05$）；水田>玉米田>大豆田>NA（Cd），农田土壤中 Cd 的平均含量显著高于 NA 土壤（$P<0.05$），不同作物类型土壤中的 Cd 平均含量无显著差异（$P>0.05$）；NA>水田>大豆田>玉米田（Cr 和 Cu），旱地（大豆田和 玉米田）土壤中 Cr 的平均含量显著高于 NA 土壤（$P<0.05$），水田和 NA 以及水田和旱地土壤中 Cr 的平均含量均无显著差异（$P>0.05$），不同开垦方式土壤中 Cu 的平均含量均无显著差异（$P>0.05$）；NA>大豆田>水田>玉米田（Ni），且均无显著差异（$P>0.05$）；NA>玉米田>水田>大豆田（Pb），NA>玉米田>大豆田>水田（Zn）；农田土壤中 Pb 和 Zn 的平均含量显著低于自然土壤（$P<0.05$），不同作物类型土壤中的 Pb 和 Zn 平均含量无显著差异（$P>0.05$）。

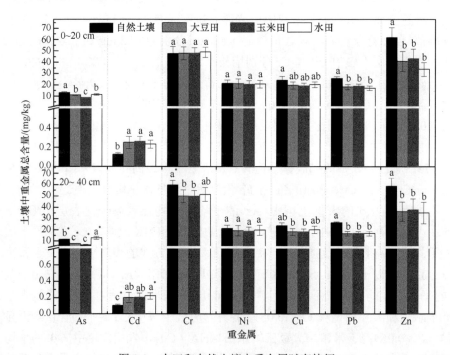

图 3-2　农田和自然土壤中重金属赋存特征

根据邓肯检验，不同字母标注的显著性检验结果（$P<0.05$，a>b>c），星号（*）表示两组间存在显著差异（$P<0.05$）

3.3.2 不同开垦方式的土壤中农药蓄积特征

农田土壤和自然土壤中 4 种农药的平均含量如图 3-3 所示。结果表明，不同开垦方式表层（0～20 cm）土壤中 4 种农药的平均含量从高到低为：CP>BM>AZ>AC（NA）、CP>AC>AZ>BM（大豆和玉米）和 AC>CP>BM>AZ（水稻）。旱地（大豆和玉米）和 NA 表层土壤中 CP 的平均含量最高［NA（0.046±0.005）mg/kg］、玉米（0.039±0.001）mg/kg 和大豆（0.055±0.005）mg/kg，水稻表层土壤中 AC 的平均含量最高[水稻（0.040±0.004）mg/kg]。次表层（20～40 cm）土壤中 4 种农药的平均含量从高到低为：CP>AZ>AC>BM（NA 和大豆）、AZ>BM>CP>AC（玉米）和 CP>BM>AZ>AC（水稻）。除玉米外，其余几种开垦方式的次表层土壤中都是 CP 的平均含量最高，在（0.038±0.002）～（0.044±0.005）mg/kg。

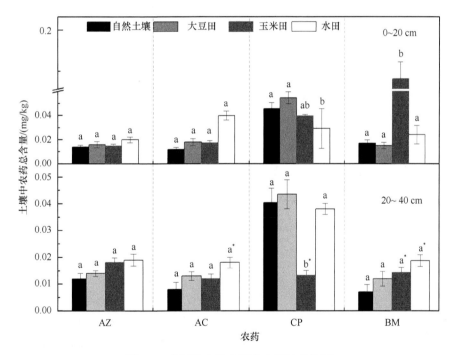

图 3-3　农田和自然土壤中农药赋存特征

根据邓肯检验，不同字母标注的显著性检验结果（$P<0.05$，a>b>c），星号（*）表示两组间存在显著差异（$P<0.05$）

不同开垦方式的表层和次表层土壤中农药分布为：玉米表层土壤中 CP 和 BM 的平均含量、水稻表层土壤中 AC 和 BM 的平均含量显著高于次表层土壤

（$P<0.05$），其余两种利用类型表层和次表层土壤中农药的平均含量之间则无显著差异（$P>0.05$）。不同开垦方式的表层土壤中，水稻表层土壤中 CP 显著低于其他三种利用类型（$P<0.05$），而玉米表层土壤中 BM 显著高于其他三种利用类型（$P<0.05$），其余几种利用类型的表层土壤中四种农药均无显著变化（$P>0.05$）；次表层土壤中，则只有玉米因次表层土壤中的 CP 显著低于其他三种利用类型。

3.3.3 集约化农业活动胁迫下土壤中重金属和农药总量之间内部联系

运用 PCA 分析土壤中重金属和农药总量之间的内部联系，结果如表 3-3 所示。可见，以特征根$\lambda>1$为标准，共筛选出四个主成分 PC1、PC2、PC3 和 PC4，分别解释了总方差变异的 32.3%、22.1%、21.1%和 13.2%，累积比例占总方差的88.7%。运用 Varimax 方差最大旋转法对因子载荷矩阵进行旋转，使系数向 0 和 1两极分化，得到旋转后的因子载荷矩阵，见表 3-2 中所示（principal components）。为了更清楚地观察数据结构，选取因子载荷值的绝对值最大和最小为坐标值，将旋转后的载荷矩阵进一步转化为二维载荷图和三维载荷空间图来观察提取成分情况，如图 3-4 所示。第一主成分 PC1 包括 Cu、Zn、Pb 和 AC，解释总方差变异的解释力最高；第二主成分 PC2 包括 Ni、AZ 和 CP；第三主成分 PC3 包括 As 和BM；第四主成分包括 Cd 和 Cr。

表 3-3 土壤中重金属和农药因子总方差分解和旋转后的因子载荷矩阵

成分	初始特征值			旋转后的因子载荷			元素	主成分（PC）			
	总计	方差百分比/%	累积方差百分比/%	总计	方差百分比/%	累积方差百分比/%		1	2	3	4
1	4.26	38.7	38.7	3.55	32.3	32.3	Zn	0.915	−0.221	0.214	0.062
2	2.76	25.1	63.8	2.43	22.1	54.4	Pb	0.914	0.116	0.289	−0.131
3	1.70	15.5	79.3	2.32	21.1	75.5	AC	−0.839	0.257	0.239	0.192
4	1.04	9.42	88.7	1.46	13.2	88.7	Cu	0.766	0.362	0.453	0.269
5	0.823	7.48	96.2				CP	0.148	−0.865	0.018	−0.261
6	0.309	2.81	99.0				AZ	−0.317	0.852	0.198	0.017
7	0.079	0.722	99.7				Ni	0.236	0.620	0.030	−0.217
8	0.032	0.294	100				BM	0.006	0.002	−0.957	0.054
9	0	0.001	100				As	0.373	0.169	0.895	−0.142
10	3.66×10^{-6}	3.33×10^{-5}	100				Cd	−0.327	−0.184	−0.380	0.811
11	1.14×10^{-6}	1.04×10^{-5}	100				Cr	0.405	0.504	0.149	0.728

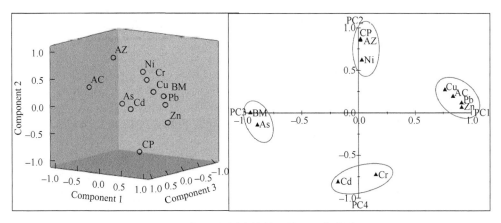

图 3-4　主成分分析-旋转后的因子载荷图

3.3.4　土壤污染风险评价

对各重金属元素的污染指数进行评价。结果如图 3-5 所示，Cd 在旱地土壤（玉米和大豆）中的污染指数均介于 1 和 2 之间，为中度污染；Cd 在水田和天然土壤中的污染指数介于 0 和 1 之间，为轻度污染；旱地土壤的污染程度高于水田，农田土壤污染程度高于自然土壤。Cr 在四种不同开垦方式土壤中的污染指数均介于

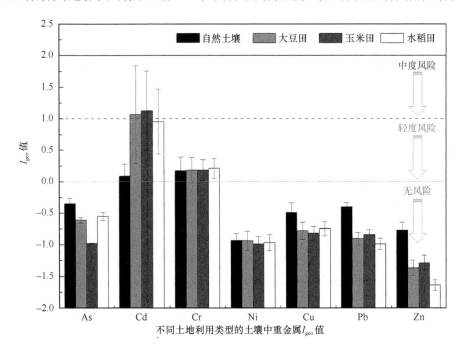

图 3-5　土壤重金属元素地质累积指数 I_{geo} 评价结果

0 和 1 之间，为轻度污染。其他五种重金属元素在不同开垦方式土壤中的污染指数均小于 0，都无污染。可见，Cd 表现出最强的污染水平，Cr 次之。

3.4　讨　　论

3.4.1　集约化农业活动胁迫下土壤中重金属和农药的内部联系与源解析

研究区第一主成分 PC1 包括 Cu、Zn、Pb 和 AC。研究区位于中国北方高纬度地区，冬季以煤炭为主的取暖方式会导致大气中 Pb 和 Zn 含量的增加，从而通过大气沉降作用进入土壤中（Sun et al.，2003）。有研究表明，在将自然用地开发为农田的过程中，必然伴随着新道路的增多和机动车的频繁运输，从而大量含 Pb 尘埃通过大气沉降进入农田中，造成农田中 Pb 的积累（Zhang et al.，2011b）。研究区是我国核心粮食产地之一，工业发展相对落后，且与俄罗斯接壤，交通路网较为稀疏，从而降低了源自工业或交通的重金属进入土壤中的可能性（Shan et al.，2013）。但是，研究区自 20 世纪 80 年代后越来越多的重型机械用于播种、施肥和收割，这也增加了农田中 Pb 自大气沉降的可能性。然而与其他研究结果不同（Micó et al.，2006），研究区农田土壤中 Pb 的平均含量显著高于天然土壤中，说明在农田土壤中 Pb 有可能流失。Zn 在土壤中的背景值很高，农田土壤中 Zn 的平均含量显著低于天然土壤，说明 Zn 在由天然用地开垦为农田后，含量降低。研究区水田灌溉水源主要来自河水和雨水，旱地则只靠雨水灌溉，且研究区河水和雨水中的重金属含量都很低（Shan et al.，2013），农田土壤中的 Cu 主要来自于硫酸铜等含 Cu 农药。研究喷洒农药的方式主要为通过飞机进行航空作业，因此，四种不同类型土壤中 Cu 的分布无显著差异，与农药 AC 相关性较大，提取为同一组。另外，在动物饲料中经常含有 Cu 和 Zn，从而导致这两种元素在动物粪肥中的含量较高，进而进入农田土壤中（Wei and Yang，2010）。同样作为铁族元素，Cu 和 Zn 常表现出相似的地学特征（Spurgeon et al.，2008）。

第二主成分 PC2 包括 Ni、AZ 和 CP。农田土壤中的 Ni 主要取决于成土母质和大气沉降，且 Ni 在肥料和农药中的含量都很低（Micó et al.，2006）。因此，Ni 在不同开垦方式土壤中的含量无显著差异。即使如此，由于研究区主要通过航空作业喷施农药，所以 Ni 和两种农药的相关性都很高，归为同一组。第三主成分 PC3 包括 As 和 BM。开垦方式是影响 As 分布的重要因素，农田土壤中 As 主要来自于化肥和农药等农业化学品（Cai et al.，2012）。因此，本研究中的 As 在不同开垦方式土壤中表现出了显著的变异性。同时，BM 也表现出了类似差异。第四主成分包括 Cd 和 Cr。农田土壤中的 Cd 来自于大气沉降、磷肥和粪肥添加，而

Cr 则主要来自于大气沉降、磷肥添加和生活污泥农用（Nicholson et al.，2003）。研究区并不存在污泥农用现象，所以 Cr 和 Cd 提取为一组，这两个元素在农田土壤中的含量都高于天然土壤。施入化肥和农药等农业化学品农业土壤重金属的重要来源（Atafar et al.，2010）。人类活动对土壤 Cd 和 Cr 的贡献中，磷肥的贡献率高于大气沉降（Nziguheba and Smolders，2008）。同时，随着磷肥和复合肥施用量增加，土壤中重金属活性不断增加，同时植物吸收重金属含量也相应增加（Su et al.，2014）。开垦方式不同，植被覆盖和耕作历史不同，农药化肥灌溉等农业管理措施也不同，导致土壤中 Cd 和 Cr 的通量也不同（Ouyang et al.，2013b；Shan et al.，2013）。有研究证明，经历开垦历史短的湿地中 Cd 的含量显著低于开垦历史长的湿地（Bai et al.，2011）。这一现象很好地说明了长期耕作过程促进了 Cd 的流失过程。本研究中 Cd 在不同开垦方式中表现出的含量差异也很好地支持了以上结论。

3.4.2　冻融农区集约化耕作模式对土壤中重金属和农药蓄积特征影响

随着农业集约化经营模式的快速推广，世界上许多地区的农田土壤中重金属和农药同时存在的现象，并且呈蓄积趋势（Amorim et al.，2012）。本研究中却只有 Cd、Cr 呈现了蓄积现象，但也只有 Cd 显著蓄积，其余五种重金属（Ni、Pb、Zn、As 和 Cu）都呈现了相反现象。需要特别指出的是，研究区所有重金属的平均含量都远低于我国和其他国家的中低纬度带小种植户型农田表层土壤（Su et al.，2014）。不同开垦方式的次表层土壤中均有农药存在，说明农药表现除了向下迁移的趋势；水田表层土壤中 CP 和玉米田表层土壤中 BM 分别显著低于和高于其他三种利用类型，说明不同耕作模式和不同农药在土壤中的赋存特征不同。产生上述现象的原因，除了由于研究区背景值含量较低外，还与研究区独特的区域性质和自然特征决定的。研究区位于中国东北高纬度地带，每年经历近 200 天的冻融期，长期的冻融过程和频繁的翻耕活动，使土壤结构被严重破坏，从而极大程度地促进了土壤侵蚀过程的发生（Jiao et al.，2014b）。同时，越来越多的重型机械被广泛应用于集约化农区的农业活动中，导致土壤压实板结现象严重，增加了土壤地表径流量（Morvan et al.，2014）。农区地表径流量和地表侵蚀量的增加，最终会导致区域面源污染物的流失负荷增加，对农区水环境安全问题带来巨大压力（Tang et al.，2010）。

同时，有研究指出，不仅受外源输入和土壤侵蚀影响外，农田土壤污染物还取决于沥滤和植物去除过程（杨洋等，2011）。已有研究表明，大量研究表明，随着农业化学品的增加，土壤中污染物活性不断增加，同时植物吸收污染物含量也相应增加（Su et al.，2014）。在长期的集约化农业耕作过程中，必然伴随着土地利用类型的转变。土地利用类型不同，植被覆盖和耕作历史不同，农药化肥灌溉等农业管理措施也不同，导致土壤中污染物通量也不同（Wang and Xu，2015）。研究区的耕地面积的扩张来源于逐年开垦湿地，耕作历史的长短不同（Jiao et al.，2014c）。因此，研究区农田土壤中重金属含量显著高于天然土壤（Pb 和 Zn 除外），且同一元素在不同作物类型土壤中含量也不同。但是，由于研究区主要通过航空作业实现农药喷施，除 BM 外，农药在不同作物类型土壤中并未表现出显著差异。

3.4.3　冻融农区集约化耕作下土壤污染环境和健康风险

由于研究区工业发展水平低，道路繁忙程度低，且当地灌溉用源污染物含量低，因此，区域土壤重金属总体上表现出比较低的污染水平，只有 Cd 和 Cr 两种重金属元素呈现轻度和中度污染，其余均无污染。但是，研究区由土壤侵蚀引起的土壤有机质和黏粒含量的流失严重，从而导致重金属流失现象十分突出，对当地水环境安全问题施加了巨大压力（Jiao et al.，2014c）。因此，如何根据当地特点，有效降低土壤侵蚀引起的重金属面源流失量，成为保护当地水环境安全的关键问题之一。

但是，在较低土壤侵蚀时，土壤侵蚀过程中形成的细小颗粒具有很强的富集能力。研究区是我国的核心商品粮基地之一，为保证全国粮食正常需求做出了重要贡献。伴随着工业和科技进步，农业化学品的添加量和种类越来越多，研究区农田土壤中的重金属虽然都低于我国对农田土壤和人体健康所规定的标准限值，但是这些重金属都在一定程度上表现出了富集现象，Cd 和 Cr 更是分别增长到了区域背景值的 2.90～3.27 倍和 1.69～1.73 倍，这将进一步增加区域重金属的健康风险。同时，由于农业化学品的过度使用和频繁翻耕，容易引起土壤酸化和水土流失等现象，使土壤重金属向作物和水环境的流失量增多，因此，科学管理农业是降低区域环境和健康风险的有效手段之一。

随着水稻技术的引进，研究区水田面积显著增加（Hao et al.，2013）。相比旱田和湿地等其他土地利用类型，水田中的非稳态重金属含量更高（Jiao et al.，2014c）。在这种情况下，不仅使重金属更易被作物吸收，而且增加了重金属的移动性，使其更易随水土运移而流失，增加了区域环境和健康的双重风险。因此，合理配置土地利用结构，对有效控制区域环境和健康风险具有重要意义。

3.4.4　代表性典型污染物选取

基于污染指数法，可以得知，在检测的 7 种重金属中，土壤中 Cd 的污染风险水平最高。镉（Cd）是一种移动性强、毒性高的重金属元素，因其对环境和人类健康产生有害影响而臭名昭著（Boparai et al.，2011）。随着输入量的持续增长，环境中的 Cd 在世界上的许多地区已经增加了数倍（Galunin et al.，2014；Yang et al.，2009)。灌溉、施药、施肥等农业耕作活动能够使土壤中的 Cd 流失到地表径流和土壤侵蚀流中，最终进入水体环境，引发水体环境风险 (He et al.，2004；McDowell，2010；Pinto et al.，2015)。在过去的二十年间，土壤面源重金属 Cd 的流失加重了人类活动对流域环境的影响 (Zhang and Shan，2008)。在人类活动密集的集约化农区，为了提高粮食产量，化肥、农药等的施用量正在逐年增加，大量的外源 Cd 源源不断地进入农田土壤中。因此，以 Cd 为代表性重金属元素，在集约化农区开展面源 Cd 流失转化特征相关研究，并提出相应的经济环保型控制措施，具有十分重要的现实和长远意义。

本研究中，毒死蜱 (CP) 在研究区不同开垦方式的土壤中的含量均较高，且在旱地中的表层土壤中达到最高。根据 PCA 分析结果，Cd 与 CP 不在同一主成分分组内，说明 CP 本身可能不含 Cd 元素，本研究也测定出其原药中 Cd 含量在检出限以外。同时，研究发现，Cd 能通过与 CP 中氮苯环上的氮结合，或与 CP 中分子微粒螯合而形成螯合物 (Chen et al.，2013)。Cd-CP 二阶交互效应时对人体肝毒性和动物神经元表现出显著的协同作用 (He et al.，2015；Xu et al.，2015)。Cd 与 CP 直接的交互效应越来越引起研究者的注意。因此，本研究在接下来的室内分析模拟分析中，选择 CP 为代表性的农药，可以较好地代表实际环境中农药施用对 Cd 迁移转化规律的影响。

3.5 小 结

本章对冻融集约化农区不同作物类型作物农田土壤和自然土壤中典型重金属和典型农药的空间和垂向分布特征进行了研究，揭示了农业胁迫活动下土壤中重金属和农药在不同开垦方式下的空间和垂向分布特征，探讨了土壤中重金属和农药内部联系和主要来源，揭示了农业活动引起的土壤污染风险。主要结论如下。

(1) 除 Cd 以外，不同开垦方式的表层土壤中的重金属含量都低于我国土壤环境质量标准 (GB 15618—1995) 中的一级标准值，Cd 含量也低于二级标准值；农田表层土壤中 Cd 和 Cr 分别是区域背景值的 2.90～3.27 倍和 1.69～1.73 倍，自然表层土壤中 Cd 和 Cr 分别增长到背景值的 1.59 和 1.69 倍，其他 5 种重金属(As、Ni、Cu、Pb 和 Zn) 的平均含量则等于或低于区域背景值；农田和自然表层土壤中 Cd 含量分别为中国背景值的 2.39～2.70 倍和 1.31 倍，其他 6 种重金属 (As、Cr、Ni、Cu、Pb 和 Zn) 的含量则等于或低于中国背景值。不同开垦方式的表层土壤中 As 的平均含量均显著高于次表层土壤；其余 6 种重金属中，则只有水稻土壤中 Cd 和 NA 土壤中 Cr 在两层土壤之间的平均含量存在显著差异。

(2) 不同开垦方式表层土壤中，旱地 (大豆和玉米) 和 NA 表层土壤中 CP

的平均含量最高，水稻表层土壤中 AC 的平均含量最高。不同开垦方式的表层土壤中，水稻表层土壤中 CP 显著低于其他三种利用类型，而玉米表层土壤中 BM 显著高于其他三种利用类型，其余几种利用类型的表层土壤中四种农药均无显著变化。玉米表层土壤中 CP 和 BM 的平均含量、水稻表层土壤中 AC 和 BM 的平均含量显著高于次表层土壤，其余两种利用类型表层和次表层土壤中农药的平均含量之间则无显著差异。

（3）集约化农业活动胁迫下土壤中重金属和农药可筛选为四个主成分 PC1、PC2、PC3 和 PC4，分别解释了总方差变异的 32.3%、22.1%、21.1% 和 13.2%，累积比例占总方差的 88.7%。第一主成分 PC1 包括 Cu、Zn、Pb 和 AC，解释总方差变异的解释力最高；第二主成分 PC2 包括 Ni、AZ 和 CP；第三主成分 PC3 包括 As 和 BM；第四主成分包括 Cd 和 Cr。

（4）土壤中的 Cd 表现出最强的污染风险水平，为中度和轻度风险污染，在旱地土壤中污染水平高于水田和天然土壤。四种不同开垦方式土壤的 Cr 都处于轻度污染风险水平，程度仅次于 Cd，其他五种重金属（As、Ni、Cu、Pb 和 Zn）则都未表现出污染风险。

第4章 不同土地开垦方式下重金属
含量与形态变异

4.1 引　言

随着全球人口压力的不断增大，持续的大面积土地开垦已成为世界上许多地区增加粮食产量的重要途径。由于农业生产过程中使用的农药、化肥等化学品含有多种重金属杂质，因此人们普遍认为将自然土地开垦为农田后势必会不同程度地加剧土壤重金属累积风险。然而事实上，任何土地利用方式的改变都会对土壤物理、化学和生物过程产生重要影响，这也会间接影响土壤中重金属的环境行为。因此，对于土地开垦后重金属地球化学变异的研究应当根据研究区的具体情况具体分析。三江平原作为我国重要的商品粮基地，自 20 世纪 50 年代开始的大规模农业开发已将大约 380 万公顷自然湿地和 120 万公顷天然林地开垦为各种耕地（Yang et al.，2012）。因此，三江平原大规模土地开垦及其引发的生态环境问题受到越来越广泛的关注。目前，相关研究仍主要集中在土地开垦后碳氮磷等营养元素的变化（Ouyang et al.，2013b），而对于重金属的含量与形态分布变异仍不是很清楚。

在本章研究中，我们选择采集了三江平原四种主要土地利用类型（自然湿地、自然林地、水田和旱田）的表层土壤样品，分析了 Pb、Cd、Cu、Zn、Cr、Ni 六种重金属的总量和化学形态分布。本研究的主要目的是：①明确自然湿地开垦为水田以及林地开垦为旱田后，土壤 Pb、Cd、Cu、Zn、Cr、Ni 的含量与形态变异；②识别在不同土地开垦过程中影响重金属变异的主要控制因子；③评价长期农业开发下土壤重金属环境和食品安全风险。

4.2　材料和方法

4.2.1　样品采集

于 2012 年 6 月在实验农场内采集了 36 个表层土壤样品（0～20 cm），其中包括 8 个自然湿地样品，8 个自然林地样品，10 个水田样品和 10 个旱田样品（图

4-1)。实验农场在整个三江农场群中具有一定代表性,长期的农业开垦导致场内天然湿地和林地面积不断萎缩,取而代之的是不断增加的耕地面积。农场土壤以白浆土分布最广,可占农场总面积的 60.7%,占耕地面积的 95% 以上。土壤样品的采集同时考虑土地利用转变方式,即在详细咨询当地农户后保证所有水田均直接开垦于自然湿地而旱田由自然林地开垦而来,且连续耕种都在 20 年以上。纵观三江平原整个农业发展历程,由于早期技术上的不成熟和限制,依据自然情况将大片湿地直接开垦为水田和将天然林地开垦为旱田仍是区域最明显和主要的土地利用变化形式。在每个采样点,根据块地面积按蛇形布点法首先采集 5~8 个子样品,而后混合均匀四分法留取 1 kg 装入洁净封口袋。

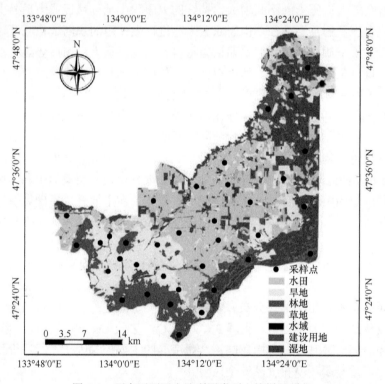

图 4-1 研究区不同土地利用类型土壤样品采集

4.2.2 样品分析

所有样品置于实验室内自然风干,剔除砾石、植物根系等杂质后玛瑙研磨过 2mm 尼龙筛。土壤 pH 在土水比 1∶2.5 的条件下直接用酸度计测定,土壤有机质(OM)含量采用重铬酸钾容量法测定,粒径分布采用激光粒度分析仪测定。

部分样品进一步研磨过 0.149 mm 尼龙筛后,经 HNO_3-HF-$HClO_4$ 法消解采用电感耦合等离子发射光谱仪（ICP-AES）测定重金属 Pb、Cd、Cu、Zn、Cr、Ni 总量。应用试剂空白、平行样品和标准物质（GBW-07402）进行全程质量控制。测定结果均在误差允许范围内，标准物质中各重金属回收率为 96.12%～104.76%。

采用欧共体标准物质署提出的 BCR 顺序法对土壤重金属进行形态提取分析，具体的提取方法和所使用试剂详见表 4-1。该种提取方法将重金属人为分为弱酸溶解态（可交换及碳酸盐结合态）、可还原态（铁锰氧化物结合态）、可氧化态（有机物及硫化物结合态）和残渣态（矿物晶体强烈结合态）四部分。每次完成提取后，在 4000×g 条件下离心 15 min 采用 ICP-AES 测定上清液中 Pb、Cd、Cu、Zn、Cr、Ni 含量。BCR 形态提取法的质量控制与总量分析相似，不过各重金属回收率为总量与四种形态之和的比，它们总体为 93.75%～104.12%。

表 4-1 重金属形态 BCR 连续提取法

形态名称	提取试剂	提取方法	土壤结合态
弱酸溶解态	40 mL 0.11 mol/L HOAc	室温下振荡提取	可交换、碳酸盐
可还原态	40 mL 0.1 mol/L NH$_2$OH HCl	pH=2.0 条件下室温提取	铁锰氧化物
可氧化态	20 mL 8.8 mol/L H$_2$O$_2$，50 mL 1 mol/L NH$_4$OAc	室温下 H$_2$O$_2$ 消化 1h 后恒温水浴（85℃）1h，冷却后用 NH$_4$OAc（pH=2.0）室温下振荡提取	有机物、硫化物
残渣态	HNO$_3$-HF-HClO$_4$	同总量提取	矿物晶体

4.2.3 统计分析

使用 SPSS 16.0 软件包进行数据的统计检验。应用单因素方差分析（ANOVA）对比土壤理化性质、重金属总量及其形态分布在不同土地利用类型间是否存在显著差异。在进行方差分析前，所有数据组均通过正态分布和齐次性检验。采用线性回归分析识别不同土地利用转变过程中（自然湿地开垦为水田、自然林地开垦为旱田）影响重金属变异的主要控制因子。

4.3 结 果

4.3.1 不同土地利用类型土壤理化性质

表 4-2 为研究区不同土地利用类型（自然湿地、自然林地、水田和旱田）土壤有机质、黏粒、粉粒和沙粒含量分布。总体而言，土壤有机质含量在不同土地利用类型间存在着明显差异。自然湿地有机质含量为 13.67%，要显著高于自然林地、旱田和水田，几乎是它们含量的 3～4 倍左右。土壤粒径分布在不同土地利用方式下也呈现出显著的差异。相比其他三种土地利用类型，自然湿地具有最高的

黏粒含量（44.41%），而水田中的含量最低。对于粉粒而言，自然林地中含量最高（47.38%），其次为旱田（45.58%）、水田（43.12%）和自然湿地（40.11%）。但是，沙粒含量的顺序却为水田（31.31%）＞旱田（24.60%）＞自然林地（19.49%）＞自然湿地（15.43%）。

表 4-2　不同土地利用类型土壤理化性质

	土壤有机质/%	黏粒/%	粉粒/%	砂粒/%
湿地	13.67±1.93[a]	44.41±1.77[a]	40.11±2.00[a]	15.43±1.37[a]
林地	4.62±0.38[b]	33.49±2.11[b]	47.38±3.11[b]	19.49±1.68[b]
水田	3.44±0.43[c]	25.57±1.90[c]	43.12±2.43[c]	31.31±2.79[c]
旱田	3.94±0.68[d]	30.27±2.41[d]	45.58±3.41[d]	24.60±2.42[d]

abcd. 不同字母代表平均值间存在显著差异（$P<0.05$）。

4.3.2　不同土地利用类型土壤重金属含量与形态组成

研究区四种土地利用类型土壤中 Pb、Cd、Cu、Zn、Cr、Ni 含量如表 4-3 所示。与三江平原背景值相比，研究区四种土地利用类型土壤 Pb、Cu、Cr 平均含量均超过背景值水平。此外，自然湿地和林地中也呈现较高的土壤 Zn 含量。但是，根据国家土壤环境质量标准，这些重金属含量仍远低于为保证农业生产和人类健康而设置的二级标准值（GB 15618—1995）。对比发现，自然湿地呈现最高的土壤重金属含量，尤其是 Cd、Cu、Zn 这三种元素，其平均含量分别是其他土地类型最低值的 2.22 倍、1.57 倍和 1.68 倍。对于 Pb 而言，它在自然湿地中含量要显著高于水田和自然林地，但与旱田中含量并没有显著差异。总体上，重金属 Cr 和 Ni 含量分布相对较为均匀，它们在四种土地利用类型间不存在明显差异。

表 4-3　不同土地利用类型土壤重金属含量

	重金属含量/（mg/kg）					
	Pb	Cd	Cu	Zn	Cr	Ni
湿地	23.66±1.77[a]	0.16±0.034[a]	39.14±5.96[a]	105.66±8.35[a]	60.63±4.69[a]	26.63±1.82[a]
林地	21.16±1.96[b]	0.073±0.041[b]	26.43±5.24[b]	77.18±6.61[b]	58.07±4.84[a]	26.25±5.87[a]
水田	21.86±0.95[bc]	0.072±0.032[b]	26.19±4.35[b]	66.86±6.22[c]	58.80±7.58[a]	25.77±3.50[a]
旱田	23.43±2.33[ac]	0.077±0.017[b]	24.88±3.84[b]	62.75±4.96[c]	56.79±6.23[a]	25.15±2.52[a]
背景值[①]	17.79	–	22.60	70.30	28.20	27.10
标准值[②]	250	0.3	50	200	150	40

abc. 不同字母代表平均值间存在显著差异（$P<0.05$）。
①三江平原土壤背景值（富德义和吴敦虎，1982）；
②国家土壤环境质量二级标准（GB 15618—1995，国家环境保护部，1995）。

利用 BCR 连续提取法对不同土地利用类型土壤重金属进行了形态分析，各重金属化学形态含量及其分布情况见表 4-4。由于重金属 Cd 的四种化学形态含量均低于方法检测限，因此没有给出它们的分析结果。总体上，土壤 Pb、Cu、Zn、Cr、Ni 五种重金属在不同土地利用类型间的形态组成没有明显差异。对于所有重金属元素而言，在四种土地利用类型中残渣态均是最主要的赋存形式（69.54%～90.98%），而其他三种化学形态含量相对较低。除残渣态外，重金属 Pb 也呈现一定比例的可还原态含量（13.44%～16.61%），而有 10.14%～13.68% 的 Cu 是以可氧化形态存在。相比其他三种土地利用类型，水田呈现最高的弱酸溶解态重金属含量，而大多数重金属在自然湿地中则具有更高的可还原态和可氧化态含量。自然林地呈现最高的残渣态重金属含量，但它们与其他土地利用类型间没有显著差异。

表 4-4　不同土地利用类型土壤重金属化学形态分布

		Pb/%	Cu/%	Zn/%	Cr/%	Ni/%
弱酸溶解态	湿地	3.01 ± 0.72^a	1.44 ± 0.45^a	4.81 ± 0.47^a	0.95 ± 0.10^a	0.72 ± 0.08^a
	林地	3.71 ± 0.64^a	1.12 ± 0.33^a	4.98 ± 0.70^a	1.16 ± 0.52^a	0.99 ± 0.13^a
	水田	7.77 ± 1.09^b	2.25 ± 0.77^b	6.81 ± 1.09^b	1.29 ± 0.31^a	1.07 ± 0.26^a
	旱田	4.77 ± 0.74^a	1.30 ± 0.24^a	5.11 ± 0.83^a	0.92 ± 0.11^a	0.95 ± 0.12^a
可还原态	湿地	16.61 ± 2.37^a	4.01 ± 1.07^a	6.61 ± 1.51^a	3.42 ± 0.86^a	3.23 ± 0.61^a
	林地	15.55 ± 2.13^a	2.63 ± 0.66^b	4.21 ± 1.00^b	2.49 ± 0.42^b	2.01 ± 0.61^b
	水田	13.44 ± 3.70^a	2.43 ± 0.48^b	5.14 ± 1.03^a	2.50 ± 0.75^b	3.36 ± 1.01^b
	旱田	15.27 ± 3.69^a	3.21 ± 0.65^{ab}	5.26 ± 1.14^a	2.90 ± 0.52^{ab}	3.88 ± 1.25^a
可氧化态	湿地	9.73 ± 1.73^a	13.68 ± 2.93^a	6.12 ± 1.36^a	6.45 ± 1.52^a	8.24 ± 1.18^a
	林地	8.37 ± 1.85^a	10.14 ± 4.23^a	5.23 ± 1.14^{ab}	5.65 ± 0.93^a	6.01 ± 1.17^b
	水田	9.23 ± 2.01^a	10.98 ± 3.31^a	4.66 ± 1.15^b	5.89 ± 0.86^a	5.42 ± 1.15^b
	旱田	9.21 ± 1.11^a	11.36 ± 2.50^a	4.74 ± 1.23^b	6.11 ± 1.34^a	6.05 ± 1.11^b
残渣态	湿地	70.64 ± 3.07^a	80.87 ± 2.56^a	82.47 ± 4.21^a	89.17 ± 4.30^a	87.80 ± 2.91^a
	林地	72.36 ± 4.95^a	86.10 ± 4.61^a	85.58 ± 3.67^a	90.68 ± 3.17^a	90.98 ± 3.43^a
	水田	69.54 ± 3.62^a	84.34 ± 4.99^a	83.38 ± 3.85^a	90.29 ± 3.72^a	90.13 ± 2.01^a
	旱田	70.73 ± 3.76^a	84.13 ± 3.61^a	84.87 ± 3.10^a	89.94 ± 2.14^a	89.12 ± 3.35^a

abc. 不同字母代表平均值间存在显著差异（$P<0.05$）。

4.3.3　不同土地开垦方式下土壤重金属含量变异

由于本研究中所采集水田均直接开垦于自然湿地而旱田由自然林地开垦而来，且连续耕种都在 20 年以上，因此通过将这些土地利用类型两两配对从而进一步分析了不同土地开垦方式下（湿地开垦为水田和林地开垦为旱田）土壤重金属的含量变化，如图 4-2 所示。

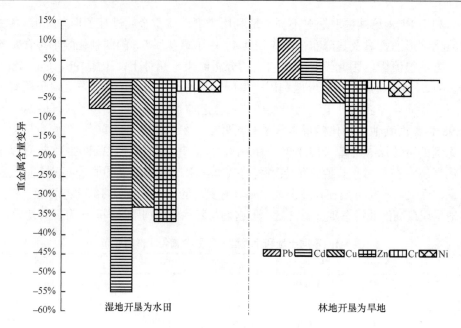

图 4-2　不同土地开垦方式下土壤重金属含量变异

　　长期的湿地开垦总体上降低了表层土壤中 Pb、Cd、Cu、Zn、Cr、Ni 的含量。与自然湿地相比，水田土壤中 Pb、Cd、Cu、Zn、Cr、Ni 平均含量分别减少了 7.61%、55.00%、33.09%、36.72%、3.02%和 3.23%。在湿地开垦为水田过程中，土壤 Cd、Cu、Zn 这三种重金属发生了明显流失。相似地，长期的自然林地开垦导致旱田土壤中 Cu、Zn、Cr、Ni 平均含量分别降低了 5.86%、18.70%、2.21%和 4.19%。不过与这些重金属明显不同，元素 Pb 和 Cd 却呈现出相反的含量变化。在自然林地开垦后，旱田表层土壤中 Pb、Cd 平均含量分别升高了 10.73%和 5.48%。可见，土地利用类型及其转变对土壤重金属地球化学行为具有深刻的影响。不同土地利用转变方式下土壤重金属会呈现出不同的变异行为，即使在同种土地利用转变过程中，也会因重金属元素的不同而存在一定差异。

4.3.4　不同土地开垦方式下土壤理化性质与重金属关系

　　为了识别在不同土地开垦过程中影响土壤重金属变异的主要控制因子，采用线性回归分析评价了不同土壤理化性质与重金属间的相互关系。由于湿地开垦为水田过程仅是导致表层土壤中 Cd、Cu、Zn 元素发生了明显流失，因此选择这三种重金属分析了它们与土壤有机质、黏粒、粉粒和沙粒含量之间的关系。如图 4-3 所示，在自然湿地开垦为水田过程中不同土壤理化性质对 Cd、Cu、Zn 含量变化的影响是不同的。总体上，土壤有机质和黏粒与这三种重金属具有一致的含量变化，而粉粒和沙粒含量却呈现出相反的变化趋势。由表 4-5 可知，土壤有机质和黏粒含量均达到极显著正相关（$P<0.01$），这表明自然湿地开垦为水田后土壤重金属 Cd、Cu、Zn 的流失与有机质和黏粒含量的降低存在密切的联系。

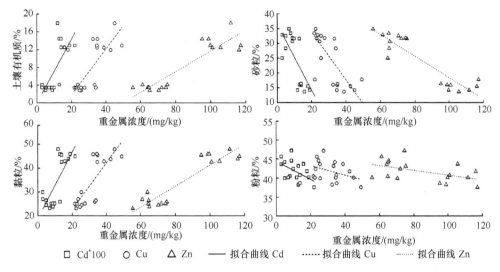

□ Cd*100　　○ Cu　　△ Zn　　—— 拟合曲线 Cd　　······ 拟合曲线 Cu　　······· 拟合曲线 Zn

图 4-3　自然湿地开垦为水田过程中土壤理化性质与重金属间关系

表 4-5　自然湿地开垦为水田过程中土壤理化性质与重金属含量的线性回归方程

土壤属性参数	重金属/（mg/kg）	方程	回归系数（R^2）	显著相关性（P）
	Cd	$y=0.845x-1.249$	0.692	$P<0.01$
土壤有机质/%	Cu	$y=0.551x-9.453$	0.664	$P<0.01$
	Zn	$y=0.240x-12.19$	0.869	$P<0.01$
	Cd	$y=1.556x+16.93$	0.709	$P<0.01$
黏粒/%	Cu	$y=1.015x+1.824$	0.680	$P<0.01$
	Zn	$y=0.443x-3.216$	0.890	$P<0.01$
	Cd	$y=-0.248x+44.50$	0.295	$P>0.05$
粉粒/%	Cu	$y=-0.162x+46.91$	0.284	$P>0.05$
	Zn	$y=-0.070x+47.71$	0.371	$P<0.05$
	Cd	$y=-1.312x+38.59$	0.691	$P<0.01$
砂粒/%	Cu	$y=-0.855x+51.32$	0.664	$P<0.01$
	Zn	$y=-0.373x+55.57$	0.868	$P<0.01$

　　自然林地开垦为旱田过程中土壤有机质、黏粒、粉粒、沙粒含量与重金属 Pb 和 Zn 的相互关系如图 4-4 所示。与自然湿地开垦相比，林地开垦过程中土壤理化性质对重金属变异的影响要更加复杂。不过，单从影响程度来看，它们整体相对

较弱。由表 4-6 可知，土壤有机质和黏粒含量仍然被识别为旱田土壤中 Zn 流失的主要影响因子。这是因为长期的林地开垦总体上降低了旱田土壤有机质和黏粒含量，导致它们与土壤 Zn 含量呈现显著正相关性（$P<0.01$）。由于林地开垦为旱田整体提升了土壤 Pb 含量，这在一定程度上削弱了土壤有机质和黏粒流失的影响。

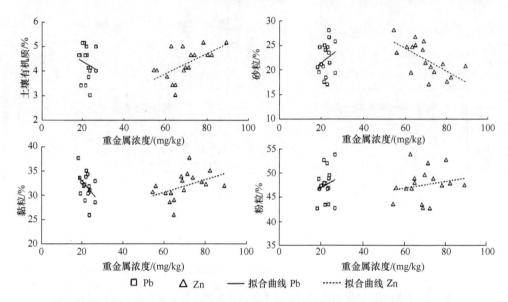

图 4-4　自然林地开垦为旱田过程中土壤理化性质与重金属间关系

表 4-6　自然林地开垦为旱田过程中土壤理化性质与重金属含量的线性回归方程

土壤性质	重金属/（mg/kg）	方程	回归系数（R^2）	显著相关性（P）
土壤有机质/%	Pb	$y=-0.088x+6.245$	0.107	$P>0.05$
	Zn	$y=0.047x+0.934$	0.538	$P<0.01$
黏粒/%	Pb	$y=-0.417x+41.18$	0.126	$P>0.05$
	Zn	$y=0.208x+17.29$	0.541	$P<0.01$
粉粒/%	Pb	$y=-0.233x+51.68$	0.030	$P>0.05$
	Zn	$y=0.162x+35.13$	0.248	$P>0.05$
砂粒/%	Pb	$y=0.662x+7.278$	0.203	$P>0.05$
	Zn	$y=-0.192x+35.54$	0.295	$P>0.05$

4.4　讨　　论

4.4.1　土地利用方式对重金属含量与形态分布的影响

伴随着农业集约化的快速发展，世界上许多地区的耕地土壤已经呈现出了重金属累积趋势（Hani and Pazira，2011）。但是，本研究却得到与之不同的结果。在长期的湿地开垦后，研究区水田土壤中 Cd、Cu、Zn 含量显著降低，这表明湿地开垦为水田导致了这些重金属的明显流失。此外，自然林地开垦为旱田后，土壤 Zn 含量也出现显著的降低。已有研究表明，持续的农业耕作活动会改变土壤众多的理化性质并影响重金属的赋存形态，从而促进土壤重金属向水环境和生物体的迁移（Portnoy，1999）。本研究发现较高的稳定结合态重金属总是出现在自然林地或湿地，这在一定程度上反映了土地利用方式对土壤重金属化学移动性和生物有效性的影响。然而，这种影响总体应当非常微弱，因为不管在何种土地利用类型中所分析重金属均主要以稳定的残渣态存在。很明显，除了重金属赋存形态的变化，还有其他因素影响耕地土壤中重金属的流失。

三江平原地处我国东北高纬度地带，在长期冻融交替作用下土壤本身会变的不稳定，同时频繁的耕种活动又极大破坏了土壤结构，从而导致土壤极易发生侵蚀（Yang et al，2003）。土壤侵蚀过程会影响包括重金属在内许多污染物的环境行为。基于六年的野外监测数据，Quinton 和 Catt（2007）证实了土壤侵蚀对农业土壤重金属的环境迁移过程具有重要影响，发现侵蚀泥沙中重金属平均含量能够达到土壤含量的 3.98 倍。因此，土壤侵蚀引起的颗粒态流失可能是研究区耕地重金属流失的主要形式。通过对比还发现，水田土壤重金属含量的降低要比旱田明显。对于重金属 Pb 和 Cd 而言，长期的自然林地开垦反而提升了它们在旱田土壤中的含量，这极有可能与旱田较高的化肥施用量有关。此外，自 20 世纪 80 年代后越来越多的重型机械用于农业播种、施肥和收割，这也增加了 Pb、Cd 大气沉降的可能性。总之，这些研究发现均表明耕地土壤中重金属的含量不仅受各种来源输入的影响，而且还与土壤侵蚀、沥滤和植物去除等过程引起的流失有关（Grant and Sheppard，2008）。不过，Bai 等（2010）同时也指出耕种时限也是影响土壤重金属累积的一个重要因素，尤其是开垦湿地中 Pb、Cu、Zn 的累积。

4.4.2　农田开垦中影响土壤重金属变异的主要因子

土壤 pH 在控制重金属溶解性和移动性方面具有极其重要的作用（Kashem and Singh，2001）。本研究区土壤平均 pH 为 5.75，这种偏酸性土壤总体上有利于土壤重金属发生迁移。由于水淹条件会增加土壤的 pH，因此研究区水田土壤随着时间的推移理论上会最终接近中性。另外，持续的尿素施用也会中和农田土壤溶液中的氢离子（Liu et al.，2007a）。不过，这种土壤 pH 变化对当地重金属环境行为的影响应该十分微弱，土壤物理侵蚀是它们流失的主要驱动力。土壤有机质是农业管理中土壤质量评价的一个最重要指标。该研究区土壤有机质具有很高的背景含量，但是长期的农业开垦导致了它们的大量流失。旱田土壤中有机质含量要高于水田，这可能与旱田较高的有机肥施用量和作物残留水平有关。线性回归分析发现耕地土壤重金属流失与有机质含量的降低密切相关。土壤有机质具有很高的重金属络合能力，这已之前许多研究中得到了证实（Dragovic et al.，2008）。除了土壤流失外，耕地土壤有机质含量的降低可能还与加速的土壤氧化作用有关。

粒径分布对土壤性质及其行为也能产生深刻的影响。一般来说，土壤颗粒越小重金属含量越高，这是因为较小的颗粒具有更大的比表面积、更高的黏土矿物和有机质含量（Qian et al.，1996）。在长期的农业开垦后，区域水田和旱田黏粒含量均呈现显著的降低，这极有可能与增加的土壤侵蚀有关。土壤侵蚀是一个高度选择过程，更倾向于运输较小的黏粒和粉粒组分（Quinton et al.，2001）。在本研究中，粉粒含量与各重金属间相关性整体较弱。因此，黏粒可能是侵蚀发生时主要的土壤流失组分。湿地和林地开垦后土壤沙粒含量明显增加，但沙粒中重金属主要来自成土母质，因此反映了背景含量水平。

4.4.3　长期农业开发下土壤重金属环境和食品安全风险

由于三江平原地区水资源丰富，当地农田灌溉用水主要来自降雨、地下水和乌苏里江引水，因此区域土壤重金属总体呈现出较低的污染水平。但是，因土壤侵蚀导致的重金属流失问题却十分严重，这对当地水环境造成了极大威胁。本研究发现，湿地和林地开垦后土壤重金属流失与有机质、黏粒含量的降低密切相关。一般来说，较低强度的土壤侵蚀仅能运输小颗粒物质，但是这些物质却拥有很高的重金属富集能力。因此，在制定区域面源重金属污染控制措施时应当既要重视高强度的土壤侵蚀，也不应忽视更为频繁的低强度侵蚀。

作为我国重要的商品粮基地，三江平原对于保证全国粮食的正常需求具有重要战略意义。随着我国寒冷地区种植技术的不断进步以及灌溉水利的逐步完善，三江平原水稻种植业发展迅速。特别是在进入新世纪以后，正在逐步向以水稻为主、玉米和大豆为辅的种植结构演变，这将进一步增加区域重金属的食品安全风险。相比旱田、林地和湿地其他三种土地利用类型，本研究发现水田呈现最高的弱酸溶解态重金属含量。水稻种植通常需要一定的水淹条件，在这种环境条件下土壤重金属极易从稳定结合形态向可交换、碳酸盐等不稳定结合形态转化，从而提高了重金属移动性并促进了它们向农作物的迁移（Han and Banin，2000）。根据RAC（Risk Assessment Code）评价标准（Singh et al.，2005），在某些水田土壤中弱酸溶解态 Pb 含量已接近中等风险水平，这极有可能与水田土壤强烈的铁锰氧化物还原作用有关（Davidson et al.，2006）。铁锰氧化物作为一种土壤主要矿物成分，其表面形成的羧基对重金属尤其是 Pb 有很强的吸附作用。此相态重金属易受土壤pH 和氧化还原条件变化的影响，而水田土壤较低的氧化还原电位整体不利于铁锰氧化物的形成。元素 Pb 是一种毒性很强的重金属，一旦进入食物链后会极大增加人类（尤其是儿童）Pb 暴露和中毒风险，从而导致血液、胃肠道和神经系统障碍（Lockitch，1993），这也是本研究重点关注元素 Pb 的原因之一。鉴于研究区某些水田土壤中弱酸溶解态 Pb 含量已接近中等风险水平，因此从食品安全角度出发，在未来研究工作中还应特别关注区域水稻 Pb 生物富集问题。

4.5　小　　结

土地利用类型及其转变对土壤重金属行为具有深刻的影响。相比林地、水田和旱田其他三种主要土地利用类型，研究区湿地土壤呈现最高的 Pb、Cd、Cu、Zn、Cr、Ni 含量，但是它们仍低于国家为保证农业生产和人类健康而设置的二级安全限值（GB 15618—1995）。所分析重金属在四种土地利用类型中均主要以稳定的残渣态存在（69.54%～90.98%），而其他形态含量相对较少。通过两两配对组合，进一步分析了不同土地利用转变方式下重金属的地球化学变异。在经过长期开垦后，水田土壤中 Pb、Cd、Cu、Zn、Cr、Ni 平均含量较自然湿地分别降低了 7.61%、55.00%、33.09%、36.72%、3.02%、3.23%。相似地，自然林地开垦为旱田也导致土壤 Cu、Zn、Cr、Ni 含量分别降低了 5.86%、18.70%、2.21%和 4.19%。由于残渣态是这些重金属主要的土壤赋存形态，因此它们在生物有效性和化学移动性方面对土地利用方式转变的响应整体十分微弱。相反地，土壤侵蚀引起的颗粒态流失被识别为耕地重金属流失的主要形式。线性回归分析进一步表明，农业开垦过程中土壤重金属流失与有机质和黏粒含量的降低存在密切联系。考虑到土壤侵蚀是一个高度选择过程，因此在制定面源重金属流失控制措施重视高强度侵蚀的同时，也不应忽视更为频繁的低强度侵蚀。此外，根据 RAC 评价标准，在某些水田土壤中弱酸溶解态 Pb 含量已接近 10%中等风险水平。因此，从区域食品安全角度考虑，在未来研究工作中应特别关注水稻 Pb 富集问题。

第 5 章　长期农业活动影响下土壤
重金属运移和分布

5.1　引　　言

通过上一章节基于土地利用转变方式开展的研究，我们证实了土壤物理侵蚀是导致耕地重金属流失的主要驱动力，但仍不明确这些流失的具体去向和水环境影响。开展农田、沟渠以及近河岸等不同景观类型土壤重金属的分布差异分析，这对于揭示三江平原长期农业活动影响下的土壤重金属运移规律以及后续基于沉积物应用的流域面源重金属污染特征研究都具有重要的理论指导意义。三江平原不仅是中国目前最大的湿地分布区，同时也是过去 50 年世界上最大的湿地开垦区域（Zhang，2010）。挖沟排水将湿地改造开垦为农田是三江平原湿地开发利用的主要方式，因此排水沟渠成为三江平原主要的景观单元之一。对于这些沟渠而言，一直以来人们更为关注的是它们在调节农区水平衡方面的功能，而对其生态环境效应和功能的研究相对不多。事实上，由于沟渠长时间积水或季节性过水，使它们具有了线性湿地特征并成为农田与下游受纳水体之间物质运移的一个重要纽带（张燕，2013）。

因此，本章研究的主要目的是：①探明农田、沟渠和近河岸不同景观类型土壤中 Pb、Cd、Cu、Zn、Cr、Ni 六种重金属的总量和形态分布差异；②评价长期农业活动影响下不同景观类型土壤重金属环境风险；③识别影响这些土壤重金属分布的控制因素。

5.2　材料和方法

5.2.1　样品采集

根据实验农场主要景观类型分布于 2012 年 6 月自由选取并采集了 38 个表层土壤样品（0～20 cm），其中包括 16 个农田土壤（水稻田或玉米地）、15 个沟渠土壤（排水沟渠）和 7 个近河岸土壤（图 5-1）。该农场具有相对较长的开发历史，因此能够反映人类长期农业活动对不同景观单元的影响。在每个采样点，应用蛇形布点法首先采集了 5 个子样品,而后混合均匀四分法留取 1 kg 装入洁净封口袋。

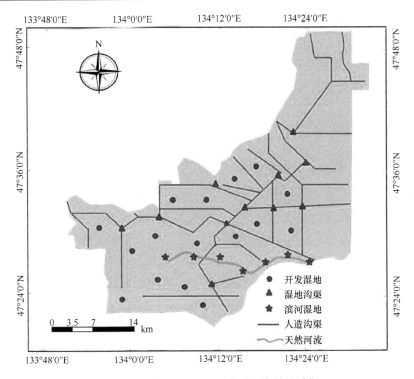

图 5-1　研究区不同景观类型土壤样品采集

5.2.2　样品分析

所有样品置于实验室内自然风干，剔除砾石、植物根系等杂质后玛瑙研磨过 2mm 尼龙筛。土壤 pH 在土水比 1∶2.5 条件下直接使用酸度计测定，土壤有机质含量采用重铬酸钾容量法测定，粒径分布采用激光粒度分析仪测定。部分样品进一步研磨过 0.149 mm 尼龙筛后，经 HNO_3-HF-$HClO_4$ 法消解采用电感耦合等离子发射光谱仪测定重金属 Pb、Cd、Cu、Zn、Cr、Ni 以及 TP 含量。应用试剂空白、平行样和标准物质（GBW-07402）进行全程质量控制。测定结果均在误差允许范围内，标准物质中各重金属回收率为 95.47%～104.65%。采用 BCR 顺序提取法对样品重金属进行形态分析，质量控制与总量分析类似，各重金属回收率（总量与四种形态之和比）总体在 94.56%～103.31% 范围内。

5.2.3　统计分析

应用 SPSS 16.0 软件包进行数据的统计检验。采用单因素方差分析（ANOVA）对比土壤理化性质、重金属总量及其形态分布在不同景观类型间是否存在显著差异。在进行方差分析前，所有数据组均通过正态分布和齐次性检验。为识别影响土壤重金属分布的控制因素，应用 Pearson 相关系数检验不同景观类型土壤理化性质和重金属间相关性大小。由于所分析土壤有机质含量不符合正态分布，因此采用 Spearman 相关系数评价其与各重金属间的相关性。应用主成分分析识别不同景观类型土壤各重金属间的关联性。

5.3　结　果

5.3.1　不同景观类型土壤理化性质

研究区农田、排水沟渠和近河岸土壤有机质含量、总磷含量和粒径分布如表 5-1 所示。总体而言，这些理化指标在各景观类型间存在显著差异。河岸土壤中有机质和总磷含量分别为 13.06% 和 891.19 mg/kg，它们均远高于沟渠土壤和农田土壤。黏粒含量也具有相似的分布规律，即河岸土壤中含量要显著高于其他两种景观类型。沟渠土壤呈现最高的粉粒含量，其次为农田土壤和河岸土壤。对于沙粒含量，其大小顺序为农田＞沟渠＞河岸。

表 5-1　不同景观类型土壤理化性质

	土壤有机质/%	总磷/（mg/kg）	黏粒/%	粉粒/%	砂粒/%
农田	5.45±0.78[a]	776.49±81.07[a]	20.11±2.29[a]	51.04±3.40[a]	28.84±2.54[a]
沟渠	6.44±0.86[b]	714.07±90.80[b]	24.82±1.70[b]	53.57±3.39[b]	21.62±3.11[b]
河岸	13.06±0.96[c]	891.19±36.01[c]	31.75±3.31[c]	49.95±3.49[c]	18.29±1.83[c]

abc. 不同字母代表平均值间存在显著差异（$P<0.05$）。

5.3.2　不同景观类型土壤重金属含量与形态组成

研究区不同景观类型土壤中 Pb、Cd、Cu、Zn、Cr、Ni 六种重金属的含量分布如表 5-2。与其他两种景观类型土壤相比，农田土壤中 Cd、Cu、Zn、Cr、Ni 含量明显较低。河岸土壤呈现最高的重金属含量，其中 Pb、Cd、Cu、Zn、Cr、Ni 平均含量分别是农田土壤的 1.23 倍、2.28 倍、1.21 倍、1.51 倍、1.18 倍和 1.57 倍。除了元素 Cu 和 Cr 之外，所有重金属在河岸土壤中含量均显著高于沟渠土壤。

表 5-2　不同景观类型土壤重金属含量

	重金属含量/（mg/kg）					
	Pb	Cd	Cu	Zn	Cr	Ni
农田	22.66±2.03[a]	0.07±0.029[a]	24.63±4.66[a]	63.49±9.81[a]	55.47±6.73[a]	22.59±3.66[a]
沟渠	23.17±1.78[a]	0.10±0.037[b]	28.55±4.40[b]	72.38±7.70[b]	62.94±2.99[b]	27.42±3.33[b]
河岸	28.01±2.01[b]	0.16±0.026[c]	29.97±3.34[b]	96.02±4.27[c]	65.86±4.59[b]	35.49±3.29[c]

abc.不同字母代表平均值间存在显著差异（$P<0.05$）。

利用 BCR 连续提取法对不同景观类型土壤重金属进行了形态分析,各重金属化学形态含量及其分布情况分别见表 5-3。由于重金属 Cd 各形态含量均低于方法检测线,因此没有给出它们的分析结果。由此可知,三种景观类型土壤中 Pb、Cu、Zn、Cr、Ni 均主要以稳定的残渣态存在(56.92%~89.61%),而其他形态含量相对较少。对于所有重金属而言,最明显的特征是农田土壤中弱酸溶解态和残渣态含量均要显著高于沟渠和河岸土壤,不过氧化态含量却远低于这两种景观类型土壤。相比农田和和河岸土壤,沟渠土壤呈现最低的弱酸溶解态重金属含量。

表 5-3　不同景观类型土壤重金属化学形态分布

重金属	景观类型	化学形态/%			
		弱酸溶解态	可还原态	可氧化态	残渣态
Pb	农田	5.28±2.30[a]	17.36±3.70[a]	7.82±1.86[a]	69.55±4.26[a]
	沟渠	0.33±0.11[b]	29.14±4.02[b]	12.74±4.19[b]	57.80±6.19[b]
	河岸	0.43±0.22[b]	25.81±1.94[c]	16.84±5.58[c]	56.92±8.05[b]
Cu	农田	2.27±1.22[a]	4.20±1.60[a b]	12.68±2.93[a]	80.86±4.50[a]
	沟渠	0.41±0.16[b]	4.37±1.50[a]	26.81±3.21[b]	68.42±4.19[b]
	河岸	0.66±0.34[b]	2.91±1.30b	23.54±3.62[c]	72.90±4.44[c]
Zn	农田	6.97±1.45[a]	5.20±1.20[a]	4.70±1.16[a]	83.13±2.89[a]
	沟渠	2.51±1.10[b]	6.79±2.59[b]	11.02±2.02[b]	79.68±4.47[b]
	河岸	4.36±1.04[c]	10.49±1.66[c]	15.28±1.88[c]	69.86±0.80[c]
Cr	农田	1.25±0.45[a]	3.05±0.64[a]	6.00±0.70[a]	89.61±0.98[a]
	沟渠	0.026±0.016[b]	1.30±0.39[b]	11.20±2.06[b]	87.48±2.28[b]
	河岸	0.04±0.017[b]	1.30±0.38[c]	14.03±1.82[c]	84.64±1.43[c]
Ni	农田	7.61±2.24[a]	7.12±2.26[a]	7.73±2.09[a]	77.53±3.59[a]
	沟渠	3.26±0.81[b]	12.43±2.60[b]	12.53±2.23[b]	71.78±4.83[b]
	河岸	5.40±0.62[c]	15.27±2.59[c]	11.85±1.75[b]	67.49±4.63[c]

abc.不同字母代表平均值间存在显著差异($P<0.05$)。

5.3.3　不同景观类型土壤重金属环境风险

利用多种沉积物质量基准评价了各景观类型土壤重金属的环境风险(表 5-4)。根据加拿大安大略省提出的沉积物质量基准,所有样品中 Cu、Cr、Ni 含量均超过最低效应浓度值(LEL),表明它们对当地生态系统可能产生负面效应。根据美国环保部制定的基准值,所有样品中 Cr 含量均达到中度污染水平,超过 50%样品呈现 Cu、Ni 的中度污染。但是,通过对比香港淡水沉积物质量基准和我国土壤环境质量标准,显示该地区土壤没有受到重金属的污染。很明显,依据不同基准获得的评价结果存在一定差异,再次强调了建立区域土壤重金属质量标准的迫切性。

表 5-4　不同国家沉积物质量基准

		重金属/（mg/kg）					
		Pb	Cd	Cu	Zn	Cr	Ni
Ontario Guidelines[①]	LEL	31	0.6	16	120	26	16
	SEL	250	10	110	820	110	75
SQGs of US EPA[②]	Non-polluted	<40	—	<25	<90	<25	<20
	Moderate-	40~60	—	25~50	90~200	25~75	20~50
	Heavily-	>60	>6	>50	>200	>75	>50
Hong Kong ISQVs[③]	ISQV-low	75	1.5	65	200	80	40
	ISQV-high	218	9.6	270	410	370	—
SQTs of China SEPA[④]	Limit	250	0.3	50	200	150	40

① MOE，1993；
② Pekey et al.，2004；
③ Chapman et al.，1999；
④ 国家环境保护部，1995。

　　此外，采用 RAC 评价标准对三种景观类型土壤中 Pb、Cu、Zn、Cr、Ni 进行了环境风险评价。此标准是根据弱酸溶解态百分含量，评价土壤重金属向其他环境单元迁移的风险。若弱酸溶解态含量<1%，表明没有风险；1%~10%，低风险；11%~30%，中等风险；31%~50%，高风险；>50%，极高风险（Singh et al.，2005）。如图 5-2 所示，所有重金属的弱酸溶解态平均含量均低于 10%，表明它们对当地环境的影响十分微弱。但是在某些农田土壤中，弱酸溶解态 Pb 和 Zn 含量超过了 10%，达到中等风险水平。总体上，农田土壤呈现最高的重金属环境迁移风险，其次是河岸土壤和沟渠土壤。

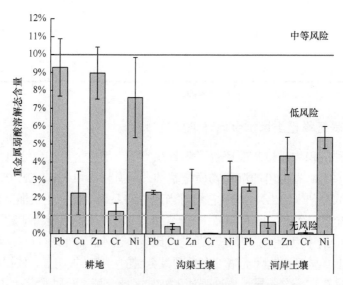

图 5-2　不同景观类型土壤重金属弱酸溶解态含量

5.3.4　土壤重金属多元统计分析

为更准确地识别影响农场土壤重金属分布的控制因素，本研究对常量金属元素 Fe 和 Al 也同样进行了统计分析。这两种元素均是岩石和土壤风化的主要成份，在环境中基本不发生迁移。研究区土壤重金属的主成分分析及其旋转后因子载荷矩阵结果见表 5-5。由表可知，以特征值 $\lambda > 1$ 为标准最终选出两个主成分 PC1 和 PC2，它们分别占总方差的 62.476% 和 15.279%，累积方差达到 77.755%。因此，本研究中所分析的这些重金属元素均可由这两种主成分表达。

表 5-5　土壤重金属主成分分析及其旋转后因子载荷矩阵

| | 初始特征值 | | | 元素 | 旋转因子载荷矩阵 | |
	总计	方差百分比/%	累积方差百分比/%		PC1	PC2
	总方差解释				因子载荷矩阵	
1	4.998	62.476	62.476	Pb	0.131	0.839
2	1.222	15.279	77.755	Cd	0.132	0.785
3	0.662	8.269	86.024	Cu	0.766	0.164
4	0.565	7.065	93.089	Zn	0.466	0.770
5	0.298	3.728	96.816	Cr	0.963	0.011
6	0.156	1.944	98.761	Ni	0.608	0.585
7	0.098	1.226	99.987	Al	0.912	0.145
8	0.001	0.013	100.00	Fe	0.904	0.237

因子载荷如图 5-3 所示，是将载荷矩阵进一步转化所得。据此可以明显看出第一主成分 PC1 中具有很高的 Fe、Al、Cu、Cr 载荷，而重金属 Pb、Cd、Zn 在第二主成分 PC2 中呈现最大的载荷。对于元素 Ni，它在两个主成分中的载荷几乎均等，表现出与其他几种重金属明显不同的分布特征。

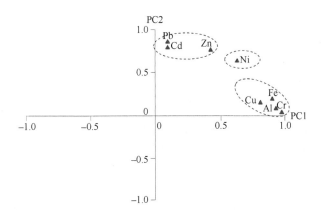

图 5-3　研究区土壤重金属因子载荷

研究区土壤重金属与理化参数之间的相关性矩阵如表 5-6 所示。由表可知，土壤有机质含量与 Cd、Cu、Cr、Ni、Pb、Zn 间呈现显著的正相关关系（$P < 0.01$）。土壤黏粒含量与 Fe、Al 显著正相关（$P < 0.05$），而与 Cd、Zn（$P < 0.01$）和 Pb（$P < 0.05$）呈现显著的负相关性。此外，沙粒含量与 Cd、Zn、Al 显著正相关（$P < 0.05$），总磷含量与 Cd、Zn（$P < 0.01$）和 Pb（$P < 0.05$）间也存在显著正相关性。不过，土壤粉粒与各重金属含量间没有明显相关性。

表 5-6　土壤重金属与理化性质间相关性矩阵

	土壤有机质	黏料	粉料	砂料	总磷
Pb	0.439**	−0.392*	0.250	0.146	0.335*
Cd	0.563**	−0.432**	−0.122	0.376*	0.586**
Cu	0.679**	0.266	0.108	0.210	−0.028
Zn	0.518**	−0.465**	−0.161	0.387*	0.472**
Cr	0.628**	0.303	0.245	0.177	−0.275
Ni	0.632**	−0.173	0.276	0.236	0.169
Fe	0.074	0.392*	0.293	0.275	0.151
Al	0.209	0.383*	0.305	0.390*	−0.144

* 显著性水平为 $P < 0.05$；

** 显著性水平为 $P < 0.01$。

5.4　讨　　论

5.4.1　长期农业活动影响下土壤重金属运移和分布

已有研究表明，土壤侵蚀、沥滤、植物吸收和收割等均会导致土壤重金属的流失（Bai et al., 2011）。本研究表明长期的耕种活动总体上降低了农田土壤中 Pb、Cd、Cu、Zn、Cr、Ni 的含量，但是却促进了它们在沟渠和河岸土壤中的累积。对比发现，河岸土壤中 Pb、Cd、Zn、Ni 含量要显著高于沟渠土壤，土壤重金属总体呈现出向水环境逐渐迁移的趋势。地形差异是造成这两种景观类型土壤重金属含量分布不同的主要原因（du Laing et al., 2009），此外，河岸地区通常具有较高的植物密度，这在一定程度上也降低了水流速度从而促进了悬浮物和重金属的沉积（Zhang et al., 2012）。虽然开垦时限也是影响土壤重金属含量分布的一个重要因素，但从长期看这种逐渐向水环境迁移的规律应该是一定的。

三江平原长期高强度的农业活动已改变了许多土壤原有理化性质，并因此影响重金属的形态分布及其环境行为（Pan et al., 2011）。研究区土壤总体偏酸性（平均 pH 为 5.75），可促进重金属由稳定结合态向不稳定结合形态转化，从而有利于它们发生迁移。但是，这种土壤 pH 的影响应当十分微弱，因为所分析重金属在三种景观类型土壤中均主要以稳定的残渣态存在。与沟渠和河岸土壤相比，农田土壤呈现最高的弱酸溶解态重金属含量。由于人为来源重金属主要是可交换态和碳酸盐结合态（Singh et al.，2005），因此农田土壤中较高的弱酸溶解态重金属含量极有可能与长期的农业活动输入有关。不过，这些人为来源重金属在土壤中也会随时间慢慢向稳定结合形态转化，即出现"老化"现象。已有研究指出，重金属在刚进入土壤时通常具有最高的生物可利用性，之后随着时间推移可利用性逐渐变小（Jalali and Khanlari，2008）。此外，在三种景观类型中农田土壤重金属呈现最低的可氧化态含量，这应与耕种土地强烈的有机质氧化作用有关。长期的农业耕种会增加土壤的氧气输入和二氧化碳输出，在这种条件下土壤有机质将逐渐被降解，导致溶解态重金属的释放（Reicosky and Lindstrom，1993）。

5.4.2　面源重金属污染过程阻控

通过与多种环境质量标准进行对比，沟渠和河岸土壤中 Cr、Cu、Ni 三种重金属被识别为主要的污染物。但是根据 RAC 形态评价结果，这些重金属均呈现低、甚至无环境迁移风险。相反，在某些无污染农田土壤中重金属 Pb、Zn 却呈现出中等环境迁移风险。这些结果再次反映了目前关于使用重金属总量作为土壤污染评价指标的合理性争论（Keller and Hammer，2004）。我们认为在进行土壤重金属环境影响评价时必须同时考虑总量指标和化学形态分级。这对于农业开垦区尤为必要，因为所施用化肥、农药中的重金属含量很低，一般需要很长时间才能使土壤重金属含量显著高于背景值。

长期以来三江平原湿地开发利用的主要方式是挖沟排水将其改造开垦为农田，因此人工沟渠成为三江平原的主要景观之一。据统计，三江平原仅排水干渠总长度就达到 10 045 km，平均每公里有 189 m（刘庆艳，2013）。三江平原水渠的增加打破了区域原有景观结构，但同时它还具有线性湿地特征，因此能够调节水文、净化水体和控制农业面源污染（王莉霞等，2011）。沉积在沟渠中的悬浮物质实际反映了周围高强度耕作土壤的污染状况。通过对比发现，沟渠土壤中 Cd、Cu、Zn、Cr、Ni 含量均显著高于农田土壤，这极有可能与土壤侵蚀引起的泥沙富集效应有关。Quinton 和 Catt（2007）研究表明农田发生土壤侵蚀时重金属会大量富集在悬浮物表面，其含量水平超过了许多沉积物基准。根据化学形态分析结果，在三种景观类型中沟渠土壤呈现最低的重金属环境迁移风险。这些研究发现均表明人工沟渠可以作为农垦区重金属环境迁移过程中的一个临时储存库。定期的沟渠清淤可以有效削减面源重金属污染物向河流系统的输入，从而降低对区域水环境的威胁。

5.4.3　土壤重金属分布控制因素

　　根据主成分分析结果，研究区土壤重金属分布可能具有不同的来源和控制因素。由于 Fe 和 Al 属于典型的成土元素（Acevedo-Figueroa et al.，2006），因此第一主成分 PC1 可定义为受控于成土母质的天然成分，而第二主成分 PC2 受人为影响较大。与其他重金属不同，元素 Ni 几乎均等地分配在两个成分中，说明其含量分布同时受土壤母质和人为活动的双重影响。相关性分析进一步证实了主成分分析结果。土壤黏粒含量与 Fe、Al 显著正相关而与 Cd、Zn 和 Pb 显著负相关。此外，TP 含量也与 Cd、Zn、Pb 呈显著正相关性。王起超和麻壮伟（2004）通过分析我国施用的主要化肥样品，发现氮肥和钾肥中重金属含量较低，而磷肥含量相对较高。因此，长期的农用化学品施用，尤其是磷肥的施用可能是影响当地土壤 Cd、Zn、Pb 含量分布的重要人为因素。此外，自从 20 世纪 80 年代后越来越多的重型机械被用于农业播种、施肥和收割，因此也不排除含铅汽油燃烧等大气沉降输入的影响。

5.5　小　　结

　　长期的农业开发活动总体上降低了农田土壤中 Pb、Cd、Cu、Zn、Cr、Ni 的含量，但是却促进了它们在沟渠和河岸土壤中的累积，这些重金属总体呈现出向水环境逐渐迁移的趋势。与农田土壤相比，河岸土壤中 Pb、Cd、Cu、Zn、Cr、Ni 平均含量分别增加了 23.61%、128.57%、21.68%、51.24%、18.73%和57.10%。相比其他两种景观类型，农田土壤重金属呈现最高的弱酸溶解态和最低的可氧化态，但残渣态仍是三种景观类型土壤重金属的主要赋存形态。通过与多种环境质量标准进行对比，发现沟渠和河岸土壤中 Cr、Cu、Ni 为主要的重金属污染物。但是根据 RAC 形态评价结果，这些重金属均呈现低、甚至无环境迁移风险。多元统计分析进一步表明研究区土壤 Cu、Cr 含量与当地成土母质密切相关，而 Pb、Cd、Zn 分布受农业活动影响较大。由于人工沟渠可以作为农垦区重金属环境迁移过程中的一个临时储存库，定期的沟渠清淤可以有效削减面源重金属污染物向河流系统的输入，从而降低对区域水环境的威胁。

第6章 基于沉积物磷定量关系的流域土壤重金属流失负荷模拟

6.1 引 言

通过前述开展的研究，发现三江平原长期的农业开发已导致了某些土壤重金属的明显流失，并且呈现逐渐向水环境迁移的趋势。可见，在重视三江平原农业面源氮、磷污染的同时，也必须考虑土壤重金属流失所引起的水环境问题。以流域为基本控制单元对水资源和水环境实行统一管理是目前国际上公认的科学原则，而面源污染的负荷估算对于制定有效的流域水管理策略具有重要指导意义。在过去几十年中相关学者通过应用各种水质模型已对流域营养盐流失开展了广泛研究，深入探讨了面源污染负荷与土地利用方式间的响应关系，这极大改善了水体富营养化控制（Kemanian et al.，2011）。然而，类似流域尺度上的土壤重金属流失研究却不多见。其中，一个重要的原因是目前已有的众多水质模型大都是针对氮、磷和农药开发设计的，缺乏重金属模拟版块。直到最近，Velleux 等（2008）开发了一款名叫 TREX（two-dimensional，runoff，erosion and export）的物理分布式模型，并在美国 California Gulch 流域成功模拟了土壤重金属迁移过程。但是运行此模型需要极高的数据支持，从而限制了它在其他资料缺乏地区的推广和应用。事实上，常规监测数据不足正是我国许多地区在开展面源污染研究时所面临的主要困难和瓶颈。

由于土壤中重金属强烈吸附在胶体和有机质上，因此它们的流失主要以颗粒态发生，并随后逐渐累积在下游水体沉积物中（Tipping et al.，2003）。已有报道指出，河流中颗粒态重金属能够占到总负荷的 90%以上（Miller，1997）。目前，基于河流沉积物已开展了大量重金属污染评价研究，在不同空间尺度分析了自然和人类活动的影响（Varol，2011）。根据重金属在柱状沉积物中的含量分布，还可对流域污染进行长期历史评价（Yuan et al，2011）。综上所述，河流沉积物分析能够提供极其丰富的环境指示信息，包括流域土壤重金属的流失特征。

在本章研究中，我们将 SWAT 模拟和沉积物化学分析相结合，尝试开展了流域尺度颗粒态 Pb、Cu、Cr、Ni 流失负荷的时空变异研究。本研究的主要目的是：①分析长期农业开发过程中河流沉积物中重金属的垂直变化规律；②识别土地利用方式转变对流域面源重金属流失负荷的影响；③探讨流域面源重金属污染模拟的不确定性。

6.2　材料和方法

6.2.1　研究框架

本研究过程中涉及河流柱状沉积物采集、土壤网格布点采集、SWAT 模型模拟、ArcGIS 空间插值等，通过多种方法和技术的结合从而在流域尺度实现土壤重金属流失负荷的时空变异分析。具体研究框架和思路如图 6-1 所示。

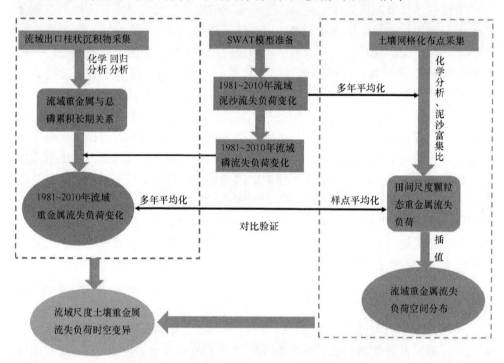

图 6-1　流域尺度土壤重金属流失模拟研究框架

6.2.2　样品采集和分析

在实验农场内选择阿布胶河小流域，于 2012 年 6 月采用 1.5 km 网格化布点采集了 47 个表层土壤样品（0～20 cm）。为保证土壤样品的代表性，在每个网格中间位置附近 100 m 范围内进行 3～5 处多点采集，混合均匀后四分法留取 1 kg 土样装入洁净封口袋。此外，在流域出口处使用自制柱状采样器（直径 7.5 cm 的

PVC 管）采集了 30 cm 深柱状沉积物。在沉积物采集过程中，采样器缓缓压入水底从而保证尽可能避免沉积物-水界面的扰动。沉积物收集后，现场用塑料刀按 1 cm 厚度进行分割装袋。

所有样品运回实验室后自然风干，剔除砾石、植物根系等杂质后玛瑙研磨过 0.149 mm 尼龙筛。样品经 HNO_3-HF-$HClO_4$ 法消解后，采用电感耦合等离子发射光谱仪（ICP-AES）测定重金属 Pb、Cu、Cr、Ni 以及 TP 含量。应用试剂空白、平行样和标准物质（GBW-07401、GBW-07402）进行全程质量控制。测定结果均在误差允许范围内，标准物质中各重金属及总磷回收率整体在 96.34%～102.78% 范围内。

6.2.3　SWAT 模拟流域泥沙、磷流失负荷

应用 SWAT（soil water assessment tool）模型计算了 1981～2010 年期间阿布胶河流域泥沙和颗粒磷流失负荷。SWAT 是农业面源污染研究中最为常用的流域模型之一，它集成了地理信息系统（GIS）和遥感技术（RS）能对流域内多种水文循环物理过程进行长时段模拟，输出时间步长可选择为年、月、日。流域内泥沙、氮、磷等营养物的产生与迁移模拟均是建立在此基础之上。SWAT 模拟的流域水循环过程包括陆面（产流和坡面汇流）和水面两部分（河道汇流），其中陆面过程控制着每个子流域内主河道水、沙、营养盐等物质的输入量，而河道汇流过程决定了这些物质从河网向流域出口的运移。整个 SWAT 模拟计算涉及降水、地表径流、地下水、土壤水、蒸散、河道汇流等，具体模型结构见图 6-2。

为了运行 SWAT，首先构建了包括流域地形、土地利用、土壤类型、气象、农业管理信息等基础资料的数据库。其中流域数字高程(DEM)采用全国 1∶250,000 DEM 图，土壤数据输入为南京土壤所提供的 1∶1,000,000 土壤类型图，土地利用通过遥感解译 2009 年流域 Landset TM 影像获得，实验农场建设有长期气象站，可提供日降水量、最高/最低温度、相对湿度、风速等历史数据。根据获得的数字高程图（DEM），最终将全流域划分为 44 个子流域。由于 SWAT 运行涉及大量的参数，所以若要准确确定所有相关参数的取值非常困难。通常情况下，首先采用敏感性分析从中选出对 SWAT 模拟影响最大的参数，然后再进行率定。针对本研究的土壤重金属流失负荷模拟，一个重要的方面是流域泥沙形成和运输过程。SWAT 通过修正土壤侵蚀方程计算每个子流域的泥沙负荷，在模拟泥沙运输时同时考虑了沉降和衰减两个过程（Oeurng et al.，2011）。结合当地的实际环境特征，最终选择并确定了 SPCON、SPEXP 和 USLE-P3 三个敏感参数，它们对 SWAT 泥沙模拟影响最大。采用专门的 SWAT 率定程序-SWATCUP 对这些参数进行率定，其率定值分别为 0.05、1.16 和 0.14。基于连续两年的实测数据，使用 Pearson 系数（R^2）

和 Nash-Suttclife 模拟效率系数（E_{ns}）又作了进一步验证，结果显示验证期内 R^2 和 E_{ns} 值分别为 0.854 和 0.731，表明模型模拟效果整体可以接受。关于 SWAT 模型在此流域的适用性，我们在早期开展的研究中已进行了具体说明（Ouyang et al.，2012）。

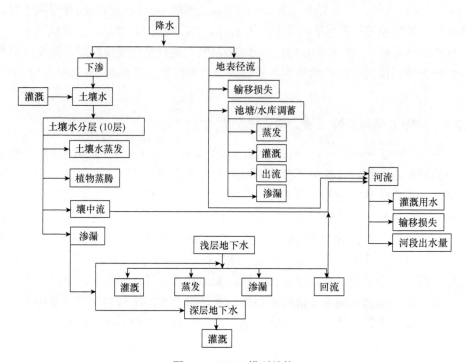

图 6-2　SWAT 模型结构

6.2.4　田间尺度土壤颗粒态重金属流失估算

土壤侵蚀过程更倾向于运移细颗粒物质，因此地表径流中泥沙通常要比源土壤富集更多的重金属（Quinton et al.，2011）。基于泥沙富集概率这个概念，每个土壤样点的颗粒态重金属流失负荷可通过以下公式计算获得：

$$L = C \cdot \delta \cdot Q \tag{6-1}$$

式中，L 为土壤颗粒态重金属流失负荷（g/ha）；C 为土壤重金属含量（mg/kg）；δ 为泥沙中重金属含量与土壤中含量之比；Q 为泥沙负荷（t/ha）。由于缺乏直接可利用的数据，通过参考 Quinton 和 Catt（2007）研究成果确定 Pb、Cu、Cr、Ni 的泥沙富集概率分别为 3.27、3.98、2.10 和 3.01。对于每个样点的泥沙负荷，本研究中将其假定为所在各子流域 SWAT 模拟的多年平均值。

6.2.5　统计和空间分析

基于 1.5 km 网格采样，采用单因素方差分析（ANOVA）对比了流域土壤重金属含量在不同土地利用类型间是否存在显著差异。应用线性回归分析建立了柱状沉积物中各重金属与总磷含量的长期定量关系。为了识别流域主要侵蚀区域，将 SWAT 模拟得到的各子流域 1981～2010 年间泥沙负荷进行了多年平均化处理。根据获得的 47 个土壤采样点流失负荷，应用 ArcGIS 软件中的普通 Kriging 实现了颗粒态 Pb、Cu、Cr、Ni 流失负荷的全流域空间插值。

6.3　结　　果

6.3.1　流域不同土地利用类型土壤重金属含量

该流域的主要土地利用方式为湿地、林地、水田和旱田，四种土地利用类型土壤 Pb、Cu、Cr、Ni 含量情况见表 6-1。通过对比三江平原土壤背景值，发现当地长期的农业开发总体上提升流域土壤 Pb、Cu、Cr 的含量，其平均值分别为 20.40 mg/kg、24.60 mg/kg 和 52.52 mg/kg。但是，它们仍均远低于国家土壤环境质量标准中为保证农业生产和人类健康而设置的二级标准值（GB 15618—1995）。

表 6-1　流域不同土地利用类型重金属含量

	重金属含量/（mg/kg）			
	Pb	Cu	Cr	Ni
湿地	23.66±1.11[a]	31.42±1.02[a]	60.70±1.39[a]	26.17±0.68[a]
林地	21.27±1.56[b]	26.70±1.82[b]	55.13±1.66[b]	24.21±0.62[b]
水田	17.58±1.78[c]	22.55±1.61[c]	50.11±1.95[c]	20.40±1.05[c]
旱田	20.59±1.33[b]	20.15±1.60[d]	47.07±1.09[d]	18.52±0.53[d]
背景值[①]	17.79	22.60	28.20	27.10
标准值[②]	250	50	150	40

abcd. 不同字母代表平均值间存在显著差异（$P < 0.05$）。
①三江平原土壤背景值（富德义和吴敦虎，1982）；
②国家土壤环境质量二级标准（GB 15618—1995，国家环境保护部，1995）。

总体来说，流域四种土壤重金属含量在不同土地利用类型间存在着显著差异。相比水田和旱田，天然湿地和林地土壤具有更高的 Pb、Cu、Cr、Ni 含量。在有持续农业输入的情况下，水田和旱田中较低的含量表明长期频繁的耕作活动导致了大量重金属流失。通过对比还发现，水田土壤中 Cu、Cr、Ni 含量要显著高于旱田，旱田在流域四种土地利用类型中呈现最低的重金属含量。不过对于重金属

Pb 而言，它在旱田土壤中含量要显著高于水田。

6.3.2　流域出口沉积物中重金属含量垂直分布

流域出口处柱状沉积物中 Pb、Cu、Cr、Ni 四种重金属含量的垂直分布如图 6-3。由图可知，随着沉积深度的增加这些重金属含量整体呈现波动变化，但最高值均出现在表层沉积物而底部沉积物具有最低值。在 0~3 cm 深度内，Pb 含量从 26.85 mg/kg 快速降至 22.97 mg/kg，而后呈现出缓慢的波动变化。重金属 Cu、Cr、Ni 的平均含量分别为 26.58 mg/kg、63.62 mg/kg 和 28.30 mg/kg，它们在 0~3 cm 和 19~23 cm 两个深度范围内均呈现明显的降低趋势。总体上，这些重金属在柱状沉积物中的含量垂直变化反映了该流域长期农业发展影响。此外，通过对比还发现沉积物中 Pb、Cu、Cr、Ni 四种重金属含量的垂直分布与 TP 极为相似。这种近似的垂直变化趋势表明它们可能有着相似的流域流失和沉积输入历史。

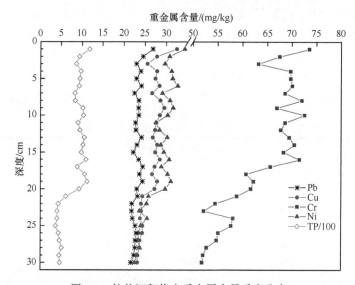

图 6-3　柱状沉积物中重金属含量垂直分布

6.3.3　流域出口沉积物中重金属与总磷含量关系

由于流域出口柱状沉积物中 TP 和 Pb、Cu、Cr、Ni 四种重金属含量有着相似的垂直变化趋势，因此应用线性回归分析进一步评价了它们之间长期的定量关系。由图 6-4 可知，沉积物中 TP 与 Pb、Cu、Cr、Ni 含量间存在很好的相关性，其 R^2 值分别为 0.451、0.792、0.732 和 0.843。基于获得的这些定量关系式，本研究中便可通过 SWAT 模拟得到的流域磷负荷进而计算颗粒态 Pb、Cu、Cr、Ni 的长期流失负荷。

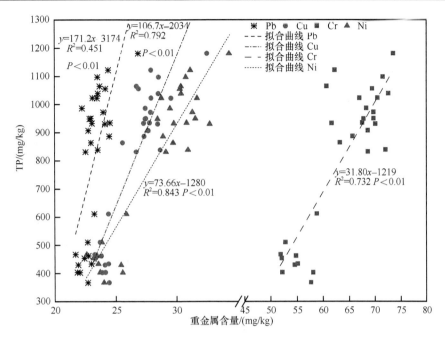

图 6-4　柱状沉积物中总磷与重金属含量关系

6.3.4　流域颗粒态重金属流失负荷长期估算

根据 SWAT 模拟得到的流域磷负荷和上述定量关系，计算了 1981~2010 年间流域颗粒态 Pb、Cu、Cr、Ni 的流失负荷。由图 6-5 可知，在整个模拟期内流域颗粒态重金属流失负荷呈现很大的变异。颗粒态 Pb 流失负荷为 18.85~21.81 g/ha，其平均值为 20.21 g/ha；Cu 流失负荷为 19.57~24.32 g/ha，平均值为 21.75 g/ha；Cr 流失负荷为 40.03~55.96 g/ha，平均值为 47.35 g/ha；Ni 流失负荷为 18.11~24.99 g/ha，平均值为 21.27 g/ha。相比其他三种重金属，元素 Cr 具有更高的流失负荷，因此它被识别为该流域主要的面源重金属污染物。

由于缺乏长期的实测数据，本研究无法对模拟的流域四种颗粒态重金属流失负荷直接进行验证。为此，将这些模拟值与计算的田间尺度颗粒态重金属流失负荷进行了比对。根据式（5-1），流域所有 47 个土壤采样点的颗粒态 Pb、Cu、Ni 平均负荷分别为 17.17 g/ha、24.03 g/ha 和 16.73 g/ha，它们与模拟的流域年均值相近。由于重金属 Cr 的泥沙富集比率较低，导致估算的田间尺度颗粒态流失负荷平均值（27.90 g/ha）远低于它的流域模拟值，不过它们仍然在同一个数量级内。

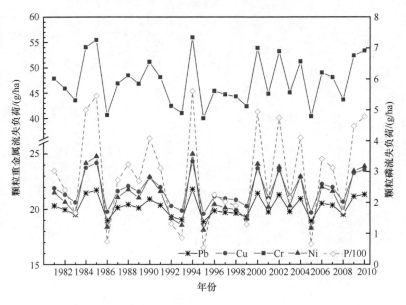

图 6-5　1981~2010 年流域颗粒态 Pb、Cu、Cr、Ni 流失负荷

6.3.5　流域颗粒态重金属流失关键源区识别

为识别流域主要的土壤侵蚀源区，对 SWAT 模拟得到的各子流域 1981~2010 年间泥沙负荷进行了多年平均化处理。图 6-6 为流域土壤流失空间分布。由图可知，该流域土壤流失总体上呈现出明显的空间差异，平均流失负荷为 0.31 t/ha。在所划分的 44 个子流域中，第 21、23、25、27、28、33、34 和 35 号子流域被识别为高风险土壤侵蚀区域，这些子流域的土壤流失负荷均高于 0.35 t/ha。

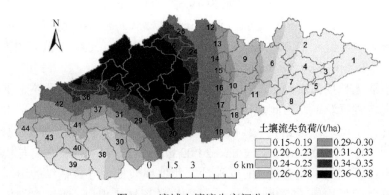

图 6-6　流域土壤流失空间分布

根据估算的流域 47 个土壤采样点流失负荷，应用 ArcGIS 软件中的普通 Kriging 实现了颗粒态 Pb、Cu、Cr、Ni 流失负荷在全流域的空间插值。由图 6-7

可知，流域四种重金属的颗粒态流失负荷分布规律基本一致，高值区主要集中在流域中部。通过对比图 6-6，发现它们与流域土壤流失的空间分布非常相似。如果考虑土地利用类型，发现流域旱田和水田区域呈现较高的颗粒态重金属流失负荷。因此，该流域面源重金属流失主要来自这两种土地利用类型区，它们可以占到流域总负荷的 70%以上。相比其他三种土地利用类型区，旱田呈现最高的颗粒态重金属流失负荷，这应与旱田较高强度的土壤侵蚀有关，因为所识别的流域高风险土壤侵蚀区基本都属于这种土地利用类型。

根据 5.3.1 节已有的研究结果，流域土壤 Pb、Cu、Cr、Ni 四种重金属含量在不同土地利用类型间存在显著差异。相比水田和旱田，天然湿地和林地中具有更高的土壤重金属含量。因此，如果与土壤重金属含量分布相比，颗粒态重金属流失整体呈现一个相反的空间分布趋势。

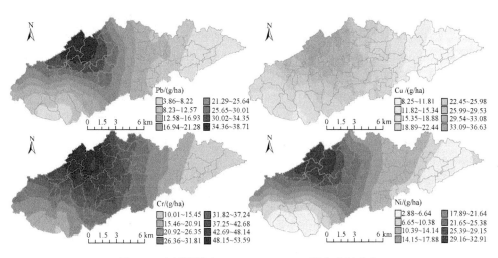

图 6-7　流域颗粒态 Pb、Cu、Cr、Ni 流失空间分布

6.4　讨　　论

6.4.1　流域沉积物重金属累积变化

因高强度农业开发引起的土壤侵蚀和营养盐流失已成为世界范围内许多流域的主要环境问题（Guo et al.，2014）。本研究借助采集的流域出口处柱状沉积物样品，定量评价了长期农业发展对流域重金属流失负荷的影响。研究发现柱状沉积物中 Pb、Cu、Cr、Ni 含量随深度的增加整体呈现波动变化，但最高值均出现在表层而底部沉积物具有最低值。相似的垂直分布规律也出现在其他农业流域报道中（Zhang and Shan，2008）。较高的表层沉积物重金属含量表明近几年该流域土

壤重金属流失负荷在不断增加，本研究模拟结果也很好地证明了这一点。2008 年流域颗粒态 Pb、Cu、Cr、Ni 流失负荷分别为 19.53 g/ha、20.66 g/ha、43.68 g/ha 和 19.69 g/ha，它们在随后的几年快速增加，在 2010 年分别达到 21.33 g/ha、23.54 g/ha、53.36 g/ha 和 23.87 g/ha。总体上，颗粒态重金属流失负荷在整个模拟期内呈现很大的变异。这种变异应主要归功于年际水文波动，因为它直接影响流域泥沙的形成和运输。该流域年均泥沙模拟负荷为 0.31 t/ha，其要远低于报道的洪水泛滥流域（Lopez-Tarazon et al.，2009）。

此外，研究还发现重金属 Cr 在柱状沉积物中具有最高含量，且呈现很大变异。这些结果均表明在长期流域农业发展过程中，更多的人为来源 Cr 进入了当地水环境。重金属 Cr 是磷肥中一种常见的污染物。伴随着区域农业的快速发展，该地区磷肥施用量增加显著，在 2010 年达到 87 kg P/ha。已有研究指出，仅有 10%～15% 的施用磷肥被农作物吸收，而剩余部分会最终流失（Bulut and Aksoy，2008）。根据美国环保部提出的沉积物质量基准（Pekey et al.，2004），该流域表层沉积物中 Cr 含量已接近严重污染水平值（75 mg/kg）。这需要引起足够的重视，因为沉积物不仅是各种污染物的"汇"还是潜在的二次释放来源。在受到人为扰动或环境条件发生改变时，累积在沉积物中的重金属有可能会再次释放，从而对水环境生态安全造成威胁。

6.4.2 土地利用方式转换对流域面源重金属流失负荷的影响

不同土地利用方式下土壤具有各自特殊的水文、生物和物理化学特征（Ouyang et al.，2013b）。因此，长期的农业开垦和土地利用方式转换将对流域土壤重金属流失负荷产生极大的影响。根据该流域 2009 年土地利用分布，发现位于流域中部的水田和旱田区域呈现最高的土壤重金属流失负荷。这与之前已报道的该流域关于农业面源磷污染的分布一致（Ouyang et al.，2012）。前述第 3 章中通过分析不同土地利用转变方式下土壤理化性质与重金属间相互关系，我们已证实了三江平原地区土地开垦后重金属的流失与土壤有机质和黏粒含量的降低密切相关。

对比发现，旱田较水田呈现更高的土壤重金属流失负荷。地势可能是造成这两种土地利用类型面源重金属流失差异的主要原因。在一定程度上，水田较低的地势能够降低土壤侵蚀潜力，从而促进了重金属在土壤中的累积（du Laing et al，2009）。本研究也发现流域水田土壤中 Cu、Cr、Ni 含量均要高于旱田。不过，重金属 Pb 却呈现出相反的分布趋势，这极有可能与水田土壤强烈的 Fe-Mn 氧化物还原作用有关（Davidson et al，2006）。伴随着我国粮食需求的不断增加，三江平原地区大面积的旱田被改造成水田，旱改水逐渐成为该区域主要的土地利用转变方式。由于水稻种植需要一定量的灌水，在这种环境条件下土壤重金属极易由稳定结合形态向不稳定结合形态转化，从而促进了溶解态重金属的释放（Han and Banin，2000）。虽然土壤重金属流失主要是以颗粒态形式发生，但是水溶态重金属被认为具有更高的生物有效性，它们可通过饮用水供给和食物链对人类健康产生巨大威胁。

6.4.3　流域面源重金属污染模拟的不确定性

由于涉及复杂的土地利用方式转换，因此相比点源污染流域面源污染模拟与控制要困难得多。此外土壤侵蚀是一个高度选择过程，这也要求需要在不同侵蚀强度下开展研究分析。较高强度的侵蚀通常会运移更多的土壤颗粒物质，而低强度侵蚀倾向于运移较小但富集更多重金属的颗粒（Quinton and Catt，2007）。在本研究中，流域颗粒态重金属流失负荷与土壤重金属含量整体呈现相反的空间分布趋势。不过它们却与土壤流失分布非常相似。这表明与土壤重金属含量和泥沙富集效应相比，泥沙产量在控制流域面源重金属流失负荷分布方面起更大的作用。Gozzard 等（2011）的研究也很好地支持了此结论，他们通过调查 River West Allen 流域高水位和低水位条件下的面源 Zn 污染，发现只有在高强度降雨时流域面源 Zn 流失负荷才会显著增加。

在开展面源重金属污染研究时，准确估算其流域流失负荷能够帮助决策者更好地制定污染控制和管理措施。通过应用释放因子和区域统计的方法，Vink and Peters（2003）成功估算了 Elbe 流域面源重金属的污染负荷。虽然他们考虑了众多污染来源，但获得的年均 Pb、Cu 负荷（11.40 g/ha 和 15.35 g/ha）仍远低于本研究流域的模拟值。一个可能的原因是虽然 Elbe 流域具有很高的污染负荷总量，但流域面积（148 268 km²）远大于本研究流域，从而呈现出一个相对较低的单位面积负荷。在本章研究中，我们首先通过分析流域出口柱状沉积物中重金属与总磷含量间的定量关系，从而基于 SWAT 模拟得到流域磷负荷计算了颗粒态 Pb、Cu、Cr、Ni 的长期流失负荷。但是不得不指出，基于此方法得到的流域颗粒态重金属流失负荷是略高于实际值的。这是因为 SWAT 在模拟过程中假设所有的泥沙负荷均会到达附近水域，并没有考虑它们在运移过程中可能发生的沉降过程（Oeurng et al.，2011）。此外，本研究中通过参考国外已有成果确定了 Pb、Cu、Cr、Ni 四种重金属的泥沙富集比率，从而计算了它们在流域各土壤采样点的流失负荷。对于无资料观测区，尤其是利用模型在开展模拟研究时，引用其他相似地区或经验参数值是广泛使用的一种解决方法（Panagopoulos et al.，2011）。通过参考这些重金属富集系数，国内学者林钟荣等（2012）也开展了类似方法探索研究。由于重金属的泥沙富集过程在很大程度上受地域气候、土壤属性等因素的影响，这种直接引用的方式还是存在一定不确定性。不过，从时空变异分析的角度来看，本研究成果整体还是可以接受的。由于缺乏特定的模型和必要的基础数据，导致针对流域面源重金属流失的研究相对滞后。本研究中所使用的主要技术方法可为其他类似地区，尤其是资料缺乏流域，制定有效的面源重金属污染控制策略提供新思路。

6.5 小　　结

为实现流域尺度面源重金属流失负荷评价，将沉积物化学分析和 SWAT 模拟相结合是一种切实可行的方法。通过分析阿布胶河流域出口柱状沉积物样品，发现 Pb、Cu、Cr、Ni 四种重金属含量的垂直分布与 TP 极为相似，表明它们有着相似的流域流失和沉积输入历史。因此，应用线性回归分析进一步评价了它们之间的长期定量关系。基于获得的这些定量关系式，便可以通过 SWAT 模拟得到的流域磷负荷进而计算颗粒态 Pb、Cu、Cr、Ni 的长期流失负荷。在 1981～2010 年整个模拟期内流域土壤颗粒态重金属流失变化显著，且近几年呈现不断增加的趋势。颗粒态 Pb 模拟负荷为 18.85～21.81 g/ha，其年平均值为 20.21 g/ha；Cu 负荷为 19.57～24.32 g/ha，年平均值为 21.75 g/ha；Cr 负荷为 40.03～55.96 g/ha，年平均值为 47.35 g/ha；Ni 负荷为 18.11～24.99 g/ha，年平均值为 21.27 g/ha。因此，元素 Cr 为该流域主要的面源重金属污染物。对比发现，上述模拟值总体与估算的田间尺度颗粒态重金属流失平均负荷相近。通过对估算的田间尺度负荷进行空间插值，发现流域面源重金属流失主要来自水田和旱田区域，能够占到流域总负荷的70%以上。流域颗粒态重金属流失负荷与土壤重金属含量整体呈现相反的空间分布趋势，但却与土壤流失分布非常相似，这表明泥沙产量在控制流域面源重金属流失负荷分布方面起主要作用。虽然本研究所使用方法仍存在一定局限性，不过我们还是在流域尺度对土壤颗粒态 Pb、Cu、Cr、Ni 流失成功进行了时空变异分析，这可为其他类似资料缺乏流域制定有效的面源重金属污染控制策略提供新思路。

第 7 章　基于沉积物应用的流域面源重金属流失历史反演

7.1　引　言

长期高强度的农业开发活动会加速流域土壤侵蚀，从而导致氮、磷、重金属等污染物流失进入水环境。如何高效快速地实现流域尺度长时段面源污染分析是我国水环境管理中面临的主要问题。通过上一章节的研究工作，我们进一步证实了沉积物在流域农业面源污染特征研究中的应用价值。作为流域物质迁移的"汇"，河流沉积物一方面能够弥补历史观测资料的不足，还可以连续、高分辨率地记录土壤侵蚀信息（Shotyk et al.，2004）。流域土壤侵蚀与农业面源污染息息相关，它们是一对密不可分的共生现象。基于沉积物分析的土壤侵蚀研究，目前主要有放射性同位素法、环境磁学法、粒度分析法等（吕明辉等，2007）。通过采集柱状沉积物、计算沉积速率并建立年代序列，可以探讨一定时间尺度上自然和人为因素对地表过程的综合影响，从而帮助揭示流域土壤侵蚀的动态变化和面源污染历史。在沉积物测年研究中，放射性同位素技术得到了广泛应用并取得了巨大成功，常用的放射性同位素主要有 ^{210}Pb、^{137}Cs 和 ^{7}Be（Xia et al.，2011）。其中，^{210}Pb 同位素的半衰期是 22.3 年，因此它可很好地用于反演流域近百年来的沉积历史。目前，^{210}Pb 同位素测年方法已被广泛应用于各种沉积环境，包括湿地、湖泊、水库、冲积平原、河口和海岸等（Mabit et al.，2014）。

在本章研究中，我们基于获得的流域出口附近柱状沉积物，采用 ^{210}Pb 同位素定年技术开展了三江平原挠力河流域面源重金属流失历史反演研究。本研究的主要目的是：①建立挠力河流域沉积年代序列；②明确长期农业开发过程中该流域土壤侵蚀的动态变化；③反演流域面源重金属 Pb、Cd、Cu、Zn、Cr、Ni 的流失历史。

7.2　材料和方法

7.2.1　样品采集与处理

于 2013 年 7 月，在挠力河流域出口上游 3 km 处使用自制柱状采样器获得长度 40 cm 的沉积物柱芯。挠力河流域地势整体较为低平（平均海拔 60 m），地表径流缓慢，因此出口处相对稳定的沉积过程可以很好地反映整个流域环境演变。在开展较大区域或流域尺度研究时，利用采自河口处的沉积物开展分析是普遍接受的一种方法（Sun et al.，2011）。在前期全流域 SWAT 侵蚀模拟的基础上，经现场实地徒步考察后，最终选择流域出口上游 3 km 处作为理想的采样地点。该点自然条件维持良好，两岸植被茂密，基本能够保证连续稳定地接受沉积。针对本研究中样点选取是否合理及其后续所建立沉积年代序列的可靠性,我们在 6.3.4 节又进一步作了验证。在采集过程中，将采样器缓缓压入水底，从而尽可能避免沉积物-水界面的扰动。完成沉积物采集后，现场用塑料刀按 1 cm 厚度进行分割装袋。所有样品运回实验室自然风干，剔除砾石、植物根系等杂质后玛瑙研磨过 0.149 mm 尼龙筛。

7.2.2 ^{210}Pb 活度分析

采用高纯锗低本底 γ 能谱仪测定沉积物样品 ^{210}Pb 活度。沉积物中 ^{210}Pb 主要有两种来源：一是来自原位 ^{226}Ra 的衰变，这部分可被认为是本底值（^{210}Pb$_{su}$）；二是来自大气沉降（Krishnaswamy et al.，1971）。因此，沉积物中 ^{210}Pb 的总活度（^{210}Pb$_{tot}$）其实是本底 ^{210}Pb$_{su}$ 和大气沉降来源 ^{210}Pb 活度的总和。其中，后者又被称为 ^{210}Pb$_{ex}$，可由沉积物样品中 ^{210}Pb$_{tot}$ 活度减去与 ^{226}Ra 达到平衡后的 ^{210}Pb$_{su}$ 获得（San Miguel et al.，2004）。在实际测试分析过程中为保证 ^{226}Ra 达到衰变平衡，样品首先在密封容器内存放 1 个月，而后分别利用 46.5-keVγ 射线测定 ^{210}Pb$_{tot}$ 活度、95.2-keV 和 351.9-keVγ 射线测定 ^{226}Ra 活度。此种方法的分析准确性通常高于 10%。

7.2.3 沉积速率测定

在沉积物定年研究中,基于放射性 ^{210}Pb 法已发展了许多沉积速率计算模型,比较常见的主要有 CIC（Constant Initial Concentration）模型、CRS（Constant Rate Supply）模型和 CFCS（Constant Flux：Constant Sedimentation rate）等。在实际应用中到底选择采用何种模型，通常取决于研究流域的具体沉积环境。其中，CRS 模型假定大气沉降 ^{210}Pb$_{ex}$ 速率恒定,但沉积物累积随时间发生变化（Appleby and Oldfield，1978），这种假设基本符合挠力河流域的实际情况。因此，本研究中最终选用该模型计算了挠力河流域沉积速率并建立沉积年代序列。根据 CRS 模型，由沉积柱中 ^{210}Pb$_{ex}$ 累积量和活度得到质量沉积速率，其计算公式如下：

$$R = \frac{\lambda I(Z)}{A(Z)} \tag{7-1}$$

式中，R 为质量沉积速率（mg/cm^2·a）；$I(Z)$ 为一定深度 Z 以下各沉积 $^{210}Pb_{ex}$ 累积量（Bg/cm^2）；$A(Z)$ 为深度 Z 沉积层中 $^{210}Pb_{ex}$ 活度（Bg/kg）；λ 为 ^{210}Pb 的衰变常数（0.031 14/a）。

根据上述获得的质量速率，计算线性沉积速率如下：

$$S = \frac{R}{\rho} \tag{7-2}$$

式中，S 为线性沉积速率（cm/a）；R 为每层质量沉积速率 [mg/（cm^2·a）]；ρ 为每层沉积物干密度（mg/cm^3）。

7.2.4　重金属含量分析

样品经 HNO$_3$-HF-HClO$_4$ 法消解后，采用电感耦合等离子发射光谱仪（ICP-AES）测定重金属 Pb、Cd、Cu、Zn、Cr、Ni 的含量。应用试剂空白、平行样和标准物质（GBW-07401）进行全程质量控制，测定结果均在误差允许范围内，标准物质中各重金属元素回收率为 96.74%～105.22%。

7.3　结　　果

7.3.1　流域沉积年代序列建立

表 7-1 为挠力河流域出口柱状沉积物不同深度样品中 $^{210}Pb_{tot}$、$^{210}Pb_{su}$、$^{210}Pb_{ex}$ 活度以及 CRS 模拟的沉积速率，其中 $^{210}Pb_{ex}$ 活度和沉积物质量累积速率随深度的变化见图 7-1。总体上，沉积物中 $^{210}Pb_{tot}$ 活度变化显著（16.97～28.64 Bg/kg），平均值为 21.41 Bg/kg，且基本呈现一个随深度增加活度不断降低的趋势。不过，作为本底值的 $^{210}Pb_{su}$ 活度相对稳定（13.30～16.97 Bg/kg）。根据每层沉积物样品中 $^{210}Pb_{tot}$ 与 $^{210}Pb_{su}$ 之间的差值获得 $^{210}Pb_{ex}$ 活度，其活度范围为 1.81～14.19 Bg/kg。$^{210}Pb_{ex}$ 活度最大值出现在表层沉积物且随深度的增加持续降低，这种分布趋势说明所采集的柱状沉积物基本未受到明显的人为扰动。

表 7-1　柱状沉积物 $^{210}Pb_{tot}$、$^{210}Pb_{su}$、$^{210}Pb_{ex}$ 活度以及 CRS 模拟的沉积速率

Depth /cm	$^{210}Pb_{tot}$ /（Bg/kg）	$^{210}Pb_{su}$ /（Bg/kg）	$^{210}Pb_{ex}$ /（Bg/kg）	质量累积速率 / [mg/（cm^2·a）]	线性沉积速率 /（cm/a）
0～1	28.56	14.37	14.19	497.71	0.62
1～2	28.64	14.89	13.75	488.18	0.60
2～3	27.34	14.75	12.59	504.82	0.60
3～4	26.38	13.95	12.43	484.76	0.55
4～5	27.49	16.25	11.24	506.16	0.60
5～6	25.68	15.01	10.67	504.71	0.58

Depth /cm	$^{210}Pb_{tot}$ /（Bg/kg）	$^{210}Pb_{su}$ /（Bg/kg）	$^{210}Pb_{ex}$ /（Bg/kg）	质量累积速率 /［mg/（cm²·a）］	线性沉积速率 /（cm/a）
6～7	24.17	14.42	9.75	523.15	0.59
7～8	24.30	14.72	9.58	504.16	0.59
8～9	23.59	14.54	9.05	505.47	0.60
9～10	21.70	13.31	8.39	516.41	0.61
10～11	24.02	15.82	8.20	501.66	0.58
11～12	21.21	13.69	7.52	519.00	0.61
12～13	22.69	15.40	7.29	506.34	0.57
13～14	21.52	14.12	7.40	472.15	0.53
14～15	21.03	14.02	7.01	469.77	0.53
15～16	23.21	16.43	6.78	453.36	0.48
16～17	22.02	15.61	6.41	452.50	0.49
17～18	22.71	16.41	6.30	430.03	0.45
18～19	19.68	13.79	5.89	427.52	0.44
19～20	20.29	15.11	5.18	449.13	0.47
20～21	21.91	16.97	4.94	444.86	0.46
21～22	21.04	16.13	4.91	419.44	0.42
22～23	19.39	14.80	4.59	412.94	0.41
23～24	20.50	16.31	4.19	415.20	0.42
24～25	18.90	14.80	4.10	394.95	0.39
25～26	20.12	16.11	4.01	373.68	0.36
26～27	20.28	16.31	3.97	342.54	0.32
27～28	18.58	14.78	3.80	319.59	0.31
28～29	18.56	15.25	3.31	330.27	0.32
29～30	18.97	15.56	3.41	293.08	0.26
30～31	18.50	15.61	2.89	300.66	0.27
31～32	19.00	16.21	2.79	278.04	0.25
32～33	18.20	15.52	2.68	253.73	0.22
33～34	19.18	16.68	2.50	236.66	0.20
34～35	18.51	16.00	2.51	199.30	0.17
35～36	18.80	16.58	2.22	184.01	0.16
36～37	17.83	15.92	1.91	163.04	0.12
37～38	16.97	14.97	2.00	124.56	0.09
38～39	17.52	15.68	1.84	112.70	0.06
39～40	17.43	15.62	1.81	145.86	0.11

根据式（7-1），计算得到挠力河流域 CRS 模拟的沉积物质量累积速率，其范围为 112.70～523.15 mg/（cm²·a）。由图 7-1 可知，该流域沉积物质量累积速率有着明显的深度变化：在底部至 27 cm 深度范围增加明显，但之后逐渐变缓并在 13 cm

深度内基本保持不变。根据沉积物质量累积速率，应用式（7-2）进一步计算得到挠力河流域平均线性沉积速率为 0.40 cm/a。如果假设此速率是恒定不变的，那么本研究所采集的 40 cm 长柱状沉积物可实际反映自 1913 年以来的挠力河流域沉积历史。

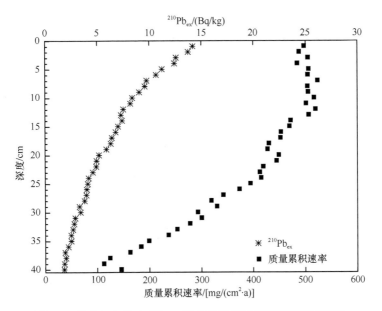

图 7-1　柱状沉积物中 $^{210}Pb_{ex}$ 活度及其质量累积速率垂直变化

7.3.2　流域沉积物重金属含量历史变化

根据建立的沉积年代序列，本研究进一步分析了挠力河流域沉积物重金属含量随时间的变化趋势。考虑到三江平原地区大规模农业开发始于 20 世纪 50 年代，因此给出了这段时期内 Pb、Cd、Cu、Zn、Cr、Ni 六种重金属含量的历史变化。由图 7-2 可知，1948～2013 年期间内挠力河流域沉积物中各重金属含量并没呈现出明显的变化规律，且最大值也基本出现在不同年份。通过前述第 3、4 章的研究，我们发现区域土壤重金属均主要以稳定的残渣形态存在，因此可以初步判定发生侵蚀后它们在沉积物中也应整体呈现出一个相对稳定的性质，不会发生明显的化学迁移。其中一个比较可能的原因是，在长期农业发展过程中流域水土流失或土地资源开发对挠力河沉积物中的污染物产生了稀释作用，从而导致仅研究重金属浓度含量难以准确表征它们的沉积历史。总体上，挠力河流域沉积物中重金属 Zn 具有最高的含量，其次为 Cr、Ni、Cu、Pb 和 Cd。具体来说，Cd 含量为 0.12～0.31 mg/kg，其平均值为 0.20 mg/kg，最大值出现在 1998 年左右；Pb 含量为 16.13～19.73 mg/kg，平均值为 17.93 mg/kg，最大值出现在 1968 年附近；Cu 含量为 15.98～21.98 mg/kg，平均值为 19.38 mg/kg，最大值也出现在 1998 年附近；Ni 含量为 20.92～31.86 mg/kg，平均值为 25.76 mg/kg，最大值出现在 1950 年左右；Cr 含量为 48.26～62.21 mg/kg，平均值为 54.52 mg/kg，最大值出现在 1948 年附近；Zn 含量为 64.24～90.24 mg/kg，平均值为 72.79 mg/kg，最大值出现在 1953 年附近。

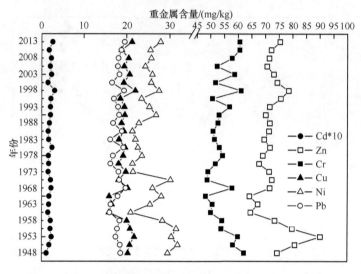

图 7-2　柱状沉积物中重金属含量历史变化（1948～2013 年）

7.3.3　流域重金属沉积通量历史变化

"沉积通量"这一概念考虑到了沉积物在时间尺度上可能发生的变化，因此可以用来更加准确地评价挠力河流域重金属流失和沉积输入历史。根据获得的不同深度层重金属含量和沉积物质量累积速率，将两者相乘进一步计算了挠力河流域 Pb、Cd、Cu、Zn、Cr、Ni 六种重金属的沉积通量，其历史变化见图 7-3。由图可知，与重金属浓度含量相比，1948～2013 年间挠力河流域重金属沉积通量虽仍有波动，但整体较为明显地呈现出持续增加的趋势。具体来说，重金属 Cd 沉积通量为 0.04～0.16 μg/（cm²·a），其平均值为 0.09 μg/（cm²·a）；Pb 沉积通量为 6.38～10.14 μg/(cm²·a)，平均值为 8.31 μg/(cm²·a)；Cu 沉积通量 6.70～11.50 μg/(cm²·a)，平均值为 8.99 μg/（cm²·a）；Ni 沉积通量 8.78～14.40 μg/（cm²·a），平均值为 11.87 μg/(cm²·a)；Cr 沉积通量 21.00～31.99 μg/(cm²·a)，平均值为 25.26 μg/(cm²·a)；Zn 沉积通量 25.50～41.11 μg/（cm²·a），平均值为 33.69 μg/（cm²·a）。对于所有重金属而言，流域最高沉积通量均出现在 1998 年左右，这表明它们有着相似的沉积历史。

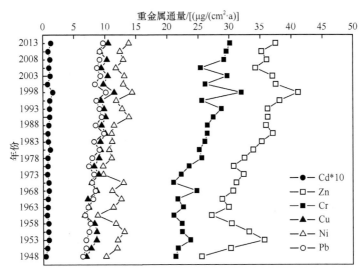

图 7-3　柱状沉积物中重金属通量历史变化（1948～2013 年）

7.3.4　流域沉积年代序列验证

基于 ^{210}Pb 法建立的沉积年代序列,本研究分析了挠力河流域沉积物重金属累积的历史变化。但是需要指出的是，我们尚没有对所获得的年代序列进行任何验证，这在沉积物测年研究中十分有必要。在一般定年研究中，比较常见的做法是采用独立的 ^{137}Cs 时标法对其补充和印证。放射性核素 ^{137}Cs 的半衰期是 30.17 年，它主要来自 20 世纪 50 年代开始的大气层人工核试验。在北半球 ^{137}Cs 沉降的最高峰值出现在 1963～1964 年，之后前苏联切尔诺贝利核事故导致它在 1986 年再次出现一个峰值（柴社立等，2013）。因此，沉积物中 ^{137}Cs 剖面蓄积峰的位置可作为理想的时间标记。然而由于测试周期和费用方面的限制，本研究最终选择利用 SWAT 模型计算了挠力河流域长期面源氮、磷污染负荷，它同样可以提供所需要的计年时标功能。通过更新课题组已有数据库，1977～2013 年间挠力河流域面源 TN、TP 污染模拟负荷见图 7-4。由图可知，虽然整个模拟期内流域 TN 和 TP 污染负荷变异较大，但均在 1998 年达到最大峰值而最小值出现在 1982 年，这可作为明显的时标特征。同理，根据不同深度沉积物浓度含量和质量累积速率，获得挠力河流域 TN 和 TP 的沉积通量历史变化（图 7-5）。与重金属沉积通量变化相似，1948～2013 年间挠力河流域 TN 和 TP 沉积通量总体呈现波动增加的趋势。其中，它们最大值均出现在 1998 年附近，这与 SWAT 模拟的结果相一致。由于方法局限性我们不能获得柱状沉积物所对应 1982 年处 TN 和 TP 的具体沉积通量值，但发现它们在 1983～1978 年段均呈下降趋势，也间接表明了这期间内流域负荷有过明显的降低。

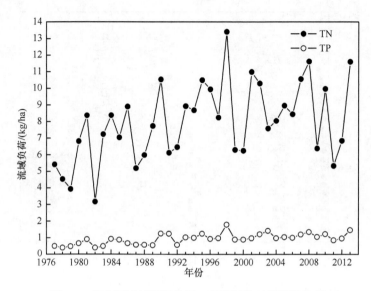

图 7-4　挠力河流域面源总氮、总磷污染长期模拟负荷

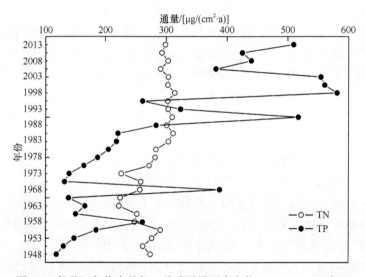

图 7-5　柱状沉积物中总氮、总磷通量历史变化（1948～2013 年）

　　基于获得的 TN 和 TP 八个年度沉积通量值（2013 年、2008 年、2003 年、1998 年、1993 年、1988 年、1983 年、1978 年），应用线性回归进一步分析了它们与流域面源负荷之间的相互关系。根据相关系数的大小，也可对所建立挠力河流域沉积时序的可靠性进行评价。由图 7-6 可知，TN 沉积通量与流域面源负荷整体呈现

出显著的正相关性，相关系数为 0.464。与 TN 沉积通量相比，流域 TP 沉积对面源污染负荷的响应要更为强烈，相关系数达到了 0.943。对于 TP 而言，流域面源污染主要以颗粒态发生，因此其沉积通量能更好地反映面源污染负荷的变化。综上所述，作为一种相对独立的验证方法，根据 SWAT 模拟的挠力河流域面源氮、磷污染负荷及其与沉积通量间的对应关系可初步判定本研究利用 ^{210}Pb 法建立的年代时序至少在柱状沉积物上部是较为合理可信的。

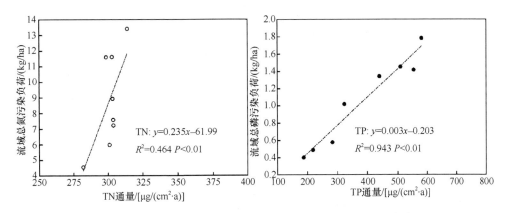

图 7-6　流域面源总氮、总磷污染负荷与沉积通量间相互关系

研究还发现流域重金属沉积通量与面源氮、磷污染负荷间也存在十分显著的响应关系（图 7-7，表 7-2）。相比 TN 指标，重金属 Pb、Cd、Cu、Zn、Cr、Ni 沉积通量与流域面源 TN 负荷间具有更高的相关性系数，其分别为 0.807、0.797、0.778、0.708、0.783 和 0.796。虽然 TP 沉积通量与流域面源负荷间呈现很高的相关性，但它仍然低于重金属 Cu、Cr 和 Ni。这三种元素的相关系数分别为 0.955、0.980 和 0.965，均高于 TP 指标的 0.943。因此，除了指示自身污染外，沉积物中

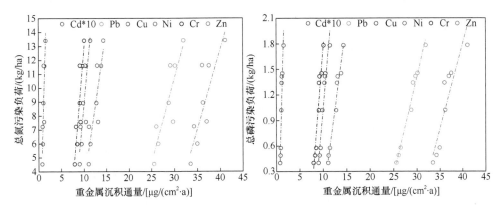

图 7-7　流域面源总氮、总磷污染负荷与重金属沉积通量间相互关系

重金属由于具有相对稳定的性质还可用于评价流域面源营养盐污染。在所分析的六种重金属中，元素 Pb 和 Cr 具有最高的相关系数，它们因此可作为理想的指标分别用于评价该流域农业面源氮、磷污染。这对于资料缺乏、模型应用困难的流域，似乎是一种更为简便可行的方法，值得今后作进一步深入的研究。

表 7-2　流域面源总氮、总磷污染负荷与重金属沉积通量的线性回归方程

沉积通量/[μg/(cm²·a)]	流域负荷/(kg/ha)	方程	回归系数（R^2）	显著相关性（P）
Pb	TN 负荷	$y=3.702x-24.47$	0.807	$P<0.01$
	TP 负荷	$y=0.669x-4.970$	0.942	$P<0.01$
Cd	TN 负荷	$y=10.17x-2.412$	0.797	$P<0.01$
	TP 负荷	$y=1.822x-0.959$	0.913	$P<0.01$
Cu	TN 负荷	$y=3.319x-24.50$	0.778	$P<0.01$
	TP 负荷	$y=0.615x-5.127$	0.955	$P<0.01$
Zn	TN 负荷	$y=1.099x-31.09$	0.708	$P<0.01$
	TP 负荷	$y=0.199x-6.197$	0.833	$P<0.01$
Cr	TN 负荷	$y=1.212x-25.68$	0.783	$P<0.01$
	TP 负荷	$y=0.227x-5.406$	0.980	$P<0.01$
Ni	TN 负荷	$y=2.187x-18.70$	0.796	$P<0.01$
	TP 负荷	$y=0.403x-4.020$	0.965	$P<0.01$

7.4　讨　　论

7.4.1　挠力河流域土壤侵蚀动态变化

由于三江平原地势整体较为平缓，因此人们过去对该地区土壤侵蚀一直存在偏激乐观的认识。然而事实证明，伴随着区域农业大开发和土地开垦的持续进行，三江平原地区侵蚀面积一直处于增加趋势并且强度不断在加重。其中，挠力河流域的侵蚀面积增加幅度最大（张树文等，2008）。基于 SWAT 模型宋凯宇（2011）模拟了挠力河流域 1977～1982 年、1983～1994 年、1995～2002 年、2003～2007年四个时期的土壤侵蚀过程，发现随着时间推移该流域土壤侵蚀量增加了 34.9%，它们主要分布在西部和东部的山区。本研究我们没有计算具体的土壤侵蚀量，但是通过分析沉积速率历史变化同样可以对流域土壤侵蚀过程进行一个大致的判断。一般来说，较高的流域沉积速率反映了更多的土壤侵蚀量（Du and Walling，2012）。根据不同深度样品的沉积速率值，大体可将其分为 0～13 cm、13～27 cm、27～40 cm 三个层次，分别对应于 20 世纪 80 年代至今、新中国成立之初至 80 年代和新中国成立前时期。三个时期内挠力河流域沉积过程发生了显著变化，平均

质量累积速率分别为 504.81 mg/(cm²·a)、425.57 mg/(cm²·a)和 226.03 mg/(cm²·a)，说明流域土壤侵蚀及其导致的水土流失在不断加剧。

　　挠力河流域乃至整个三江平原同时期土地利用方式的变化与土壤侵蚀发展过程紧密相关。三江平原垦殖率在建国初期仅为 7.5%，且农耕地大都分布在地势较为平坦的漫滩和台地上，对土壤侵蚀造成的影响整体不大。自 20 世纪 50 年代国家开始对三江平原地区的开荒建设给予高度重视，陆续创建了多处国营农场并组织大批转业官兵、农民和知识青年到此垦荒扩耕。由于三江平原地区的开发是按着先岗地后平原顺序、沿松花江上游从西南到东北方向逐步推进的，致使早期对林地和草地的开发面积较大，后期才逐步转向沼泽湿地（张树文等，2008）。也正因如此，20 世纪 80 年代以前区域土壤侵蚀量增加明显，反而在 80 年代以后增加缓慢。通过分析三个时期挠力河流域沉积速率的变化，也很好地印证了这一点。相比新中国成立前，新中国成立初至 80 年代期间流域沉积物平均质量累积速率升高了 88.08%，而在 80 年代后仅比之前升高了 18.62%。同时需要特别说明的是，挠力河流域沉积速率在 6～7 cm 深度达到最大值，所对应时序为 1998 年左右，这极有可能与当年发生的特大洪水有关。1998 年夏天，在我国长江、松花江等主要江河流域发生了严重洪涝灾害，受灾面积 3.18 亿亩，直接经济损失达 1666 亿元。其中，松花江流域洪水为 20 世纪至今第一位大洪水。受灾期间，暴雨强度大、雨量集中，能在较短时间内汇流产生较大冲刷力，从而形成严重的水力侵蚀（李勋贵和魏霞，2011）。

7.4.2　挠力河流域面源重金属流失历史

　　由于不存在工业废水直排的情况，因此降雨-径流过程中土壤重金属的流失可认为是导致挠力河流域水体污染的主要原因。目前，国内关于面源重金属流失的定量研究为数尚少，通过建立负荷量与产流、产沙量之间的经验关系仍是主要的研究方法（郭青海等，2007）。在上一章节研究中，我们将 SWAT 模拟和沉积物化学分析相结合在流域尺度成功分析了土壤颗粒态 Pb、Cu、Cr、Ni 流失负荷的时空变异。但是由于选择的流域面积毕竟太小，它仅是一个尝试性的方法研究。当实际面临较大流域时，大量基础数据的获取仍是最需要解决的问题，也是一个困难。在本章研究中，根据挠力河流域出口处重金属沉积通量的历史变化，可以很好地反演该流域面源重金属流失特征。1948～2013 年间挠力河流域 Pb、Cd、Cu、Zn、Cr、Ni 六种重金属的沉积通量虽有波动，但它们总体呈现出持续增加的趋势，表明这段时期内流域重金属流失在不断加剧。对比发现，1948～1988 年间各重金属沉积通量的增幅均明显高于后期，这基本与流域沉积物质量累积速率变化一致。可见，流域土壤侵蚀量的迅速增加是导致这段时期面源重金属流失明显加剧的主要原因。对于所有重金属而言,最高沉积通量均出现在 1998 年左右。之后它们逐渐降低,在最近几年又呈现出升高的趋势。近几年流域重金属流失负荷的加剧,应与人为活动输入有关。这主要是因为流域表层各沉积物的质量累积速率整体并没有发生明显变化,而其中重金属浓度含量却在持续增加。由于区域可垦土地已变得十分有限,三江平原现有农业发展模式把增加农用化学品使用量作为提高区域粮食产量的主要技术手段。因此,虽然该区域已实施了一系列水土保持措施,但如不能科学合理地施用化肥农药等农用化学品,仍无法在根本上有效控制面源重金属污染。

此外,研究还发现这些重金属的沉积通量与流域面源总氮、总磷负荷也均呈显著正相关。这种高相关性明确表明除能指示自身流失外,重金属沉积通量还可用于评价流域面源营养盐污染。事实上,由于重金属具有生物不可降解和相对稳定的性质,已有学者将它们作为重要的指标用于环境污染与风险评价工作中(Poggio et al., 2009)。在本研究所分析的六种沉积物重金属,元素 Pb 和 Cr 超过 TN、TP 具有最高的相关系数,它们因此可作为理想的指标分别用于评价流域农业面源氮、磷污染。这对于资料缺乏、模型应用困难的流域,应该说是一种更为简便可行的方法,值得今后进一步深入的研究。

7.5　小　　结

利用沉积物 ^{210}Pb 同位素定年技术开展了挠力河流域面源重金属流失历史反演研究。结果显示,1948～2013 年间挠力河流域 Pb、Cd、Cu、Zn、Cr、Ni 六种重金属的沉积通量虽有波动,但它们总体呈现出持续增加的趋势,表明自农业大开发以来流域重金属流失在不断加剧。对比发现,1948～1988 年间各重金属沉积通量的增幅均明显高于后期,该时期流域土壤侵蚀量的迅速增加是导致面源重金属流失加剧的主要原因。相比新中国成立前,新中国成立之初至 80 年代期间该流域沉积物平均质量累积速率升高了 88.08%,而在 80 年代后仅比之前升高了18.62%。挠力河流域乃至整个三江平原同时期土地利用方式的变化与土壤侵蚀发展过程紧密相关。此外,由于历史特大洪水的影响挠力河流域四种重金属的沉积通量均在 1998 年附近达到最大值,之后逐渐降低,但在最近几年又呈现出升高趋势。考虑到挠力河流域表层各沉积物的质量累积速率并没有发生显著变化,不过沉积物中重金属浓度含量却增加明显,因此可以断定大量化肥、农药的不合理施用等其他人为输入是导致近些年挠力河流域重金属流失负荷加剧的主要原因。

第8章 冻融集约化农区农田土壤中面源镉流失特征

8.1 引　言

为了满足人们日益增长的粮食需求，人们往往通过大量施用化肥、农药等农用化学品实现粮食的高产，从而导致土壤中普遍存在重金属与农药的共存现象，而且这一现象在集约化农区尤其常见（Pinto et al.，2015）。土壤中的农药可以通过静电交互和氢键结合等过程，与重金属竞争同意结合位点（Broerse and van Gestel，2010）。同时，农药能够显著影响土壤的 pH、有机质、微生物活性等物理化学和生物学性质（Giesy et al.，2014），进而影响土壤中重金属的环境行为（Wang et al.，2014）。农药对土壤中重金属环境行为的影响因土地利用方式和农药水平的不同而呈现不同的结果（Wiesmeier et al.，2015）。因此，在研究农业系统中农田土壤面源重金属的流失特征时，十分有必要将农药对该特征的影响作用考虑进来。

在中高纬农区，季节性冻融（FT）也可能显著影响面源重金属流失过程。首先，冻融过程能够使土壤侵蚀和地表径流量增加（Ferrick and Gatto，2005）。土壤侵蚀和地表径流是颗粒态重金属自土壤向水体运输的重要驱动力之一（Quinton and Catt，2007）。其次，冻融过程是影响土壤性质的重要因素之一。冻融过程能够破坏土壤团聚体，从而加速铁锰氧化物和溶解性有机质的释放过程（Campbell et al.，2014），进而促进溶解性重金属络合物的形成（McIntyre and Guéguen，2013）。与此同时，溶解性有机质表面 H^+ 的吸附位点数量也相应改变，引起土壤 pH 的增减，从而显著影响土壤重金属的环境行为（Wang et al.，2014）。可见，在位于中高纬度带的冻融集约化农区中，由气候和人为因素综合影响而引起的面源重金属流失现象尤为普遍。然而，迄今为止，研究冻融集约化农区土壤中重金属方面的相关报道，多集中在其分布特征、风险评价和来源解析等方面（Shan et al.，2013），研究面源流失的相关报道也多集中于水土流失、氮磷和农药流失等方面（Ouyang et al.，2016a），聚焦于面源重金属流失方面的相关报道极为有限。

与其他重金属相比，镉（Cd）具有强移动性和高毒性等特点，由于其能够对环境和人类健康产生有害影响而臭名昭著（Boparai et al.，2011）。随着输入量的持续增长，环境中的 Cd 在世界上的许多地区已经增加了数倍（Galunin et al.，2014）。近几十年来，相较于自然过程，人类活动导致了更高的土壤 Cd 的输入量（Qishlaqi et al.，2009）。灌溉、施药和施肥等农业耕作活动能够使土壤中的 Cd 流失到地表径流和土壤侵蚀流中，最终进入水体环境，引发水体环境风险（Pinto et al.，2015）。在过去的二十年间，土壤面源重金属 Cd 的流失加重了人类活动对流域环境的影响（Zhang and Shan，2008）。因此，农业活动作为环境中 Cd 面源污染的主要来源而被报道（Tang et al.，2010）。由长期农业活动引起的 Cd 环境问题成为了近年来的研究焦点之一（Chrastný et al.，2012）。由本研究第 3 章结论可知，研究区土壤中的 Cd 不仅表现出最高的风险水平，而且与人为因素表现出较高的相关性。而且，阿布胶河流域地面坡度较小，地表径流缓慢，因而流域出口处相对稳定的沉积过程可以很好地反映整个流域环境演变（Jiao et al.，2014a）。因此，本研究选取 Cd 为代表性重金属，通过以下方面研究冻融集约化农区面源重金属的流失特征：①34 年开垦历史后，农田土壤和自然土壤中 Cd 的空间和垂向分布特征；②农田、人工沟渠、近河岸土壤中 Cd 的赋存特征；③基于 ^{210}Pb 法建立沉积年代序列，分析农区河流域出口处沉积物中 Cd 累积历史变化。

8.2　材料和方法

8.2.1　样品采集

研究区土地利用类型和采样点分布如图 8-1 所示。作为中国核心商品粮生产基地，研究区已有 50 余年的耕作历史（Ouyang et al.，2013b）。经过长期开垦历史后，2013 年研究区主要有以下 5 种土地利用类型：水田（paddy land）、旱地（dryland）、自然土壤（natural land）、水域（water）和居住用地（residence）。随着工业技术和科学革新的迅速发展，尤其是在 20 世纪 70 年代末期，研究区引进水稻种植技术，耕地面积开始迅速扩张（Hao et al.，2013）。在 1979~2013 年间，约 17.5%和 30.4%的自然土壤分别被开垦为旱地和水田，接近 22.5%的旱地转变为水田。截至 2013 年，水田面积从 1979 年的 0 扩张到 435.2 km^2，几乎贯穿研究区东部地区，也是整个研究区面积变化最大的类型。如 2.2.1 小节所述，研究区多年平均温度为 2.9℃，最低和最高温度分别为一月的–19.3℃和七月的 21.6℃；冻融过程接近 200 天，最高冻层深度约为 141 cm；在春季融雪和夏季暴雨季，研究区尤其容易发生土壤径流和侵蚀。研究区内主要河流为阿布胶河，位于研究区南部，自西向东流经研究主要土壤类型，流域总面积为 141.5 km^2。

研究区农田和自然土壤（主要为湿地）采集，选用网格法随机采样。采样时，避开田埂、路边、居住区等易受人为扰动的土壤后，共设置了 148 个采样点。在每一采样点，划定 1 m 的正方形网格，去除石子、落叶、朵草等表层杂物后，按照"W"形状分两层（0～20 cm 和 20～40 cm）分别采取 5 个重复样品。混匀后，对角线四分法将土壤装入塑封袋中。根据实验人工排水沟渠（artificial ditch）分布特征，选取 18 个采样点采集表层沟渠土壤（0～20 cm），收集过程同农田土壤。沿阿布胶河（Abujiao river）流域，采集 9 个表层（0～20 cm）河岸土壤（riparian soil），收集过程亦同农田土壤。在流域出口上游 3 km 处用柱状采样器采集 30 cm 深的柱状沉积物（sediment）样品，并注意尽可能避免沉积物-水界面的扰动。采样点位置自然条件维持良好，两岸植被茂密，基本能够保证连续稳定地接受沉积。现场用塑料刀平均切割沉积物后（每层厚度为 1 cm），分别装入自封袋中。采样时间为 2014 年 7～8 月。

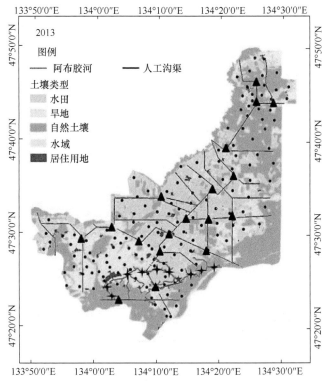

图 8-1　研究区土地利用类型和采样点位置

8.2.2　样品分析

将所有固体样品置于实验室内自然风干，剔除砾石、植物根系等杂物后，研钵磨碎。部分样品过 100 目筛后，经 HF-HNO$_3$-HClO$_4$ 混合酸微波消解，过滤后定容待测，以获得总 Cd 含量（Shan et al.，2013）。部分样品过 16 目筛后，经 0.11 mol/L CH₃COOH 溶液振荡 16 h 提取后，离心过滤待测，以获得弱酸态 Cd 含量（Jiao et al.，2014a）。将沉积物样品在密封容器内存放 1 个月，以保证 ^{226}Ra 达到衰变平衡。

采用高纯锗低本底 γ 能谱仪（HPGe GWL series，ORTEC，USA），分别利用 46.5-keV γ 射线测定 ^{210}Pb$_{tot}$ 活度、95.2 -keV 和 351.9 -keV 射线测定 ^{226}Ra 活度后，应用 CRS 模型得到沉积物沉积速率并建立沉积年代序列（Xia et al.，2015）。沉积物中 ^{210}Pb 主要来自原位 ^{226}Ra 衰变和大气沉降，前者常被认为是本底值，即 ^{210}Pb$_{su}$，后者常以 ^{210}Pb$_{ex}$ 表示（Appleby，1978）。可见，沉积物中 ^{210}Pb 的总活度其实是本底 ^{210}Pb$_{su}$ 和 ^{210}Pb$_{ex}$ 活度的总和。因此，将沉积物样品中 ^{210}Pb$_{tot}$ 活度减去与 ^{226}Ra 达到平衡后的 ^{210}Pb$_{su}$ 活度即可获得 ^{210}Pb$_{ex}$ 活度。CRS 模型假定 ^{210}Pb$_{ex}$ 沉降速率恒定，但沉积物累积随时间发生变化，与阿布胶河流域实际情况基本相符，且方法准确度高于 10%（Jiao et al.，2015）。因此，在本研究中选用该模型计算阿布胶河流域沉积速率并建立沉积年代序列。

采用电感耦合等离子发射光谱仪（ICP-OES，IRIS Intrepid II XSP，Thermo Electron，USA）测定 Cd 含量。每批样品都采用标准物质（GBW-07402，中国计量科学院）4 次重复的平均值作为参考。运行空白进行背景校正并识别其他误差来源。每隔 20 个样品设置 1 个近似浓度的标准溶液进行校正。方法测定 Cd 回收率为 97.3%±0.04%，检出限为 0.003 mg/kg，相对标准偏差均低于 5%。试验中所用的各种试剂和药品均为分析纯以上，所有玻璃器皿和离心管均用 10% HNO₃ 浸泡过夜处理，用去离子水充分冲洗晾干使用。

8.2.3　统计分析

数据分析通过 ExcCEL 2010、SPSS v.16.0 和 Origin v.8.0 软件实现，以平均值±标准差（S.D.）表示。选用 one-way ANOVA 中邓肯检验（Duncan's test）进行差异显著性分析，显著性水平为 0.05。通过 ArcGIS v.9.2 运用克里格（Kriging）插值法（Goovaerts，1999）预测未设置采样点土壤中 Cd 的分布，评价区域农田土壤中 Cd 的空间分布。

8.3　结　　果

8.3.1　冻融集约化农区土壤中镉空间分布特征

研究区两层土壤中的金属含量空间分布结果如图 8-2 所示。表层和次表层土壤中，Cd 的含量分别为 0.08～0.38 mg/kg 和 0.10～0.34 mg/kg，极大多数高于当地土壤背景值（0.09 mg/kg）。表层土壤中，Cd 的分布自西南向东北逐渐递减，且呈带状分布。但是在研究区的东北部凸起部分，虽然土壤中 Cd 也呈带状分布，却逐渐增加。次表层土壤中，Cd 的分布不如表层土壤中分布特征规则，具有非匀质性。虽然如此，在研究区中部，也是水田分布最集中的区域（图 8-2），次表层土壤中的 Cd 含量既显著高于其他区域，又显著高于表层土壤。总体来说，不

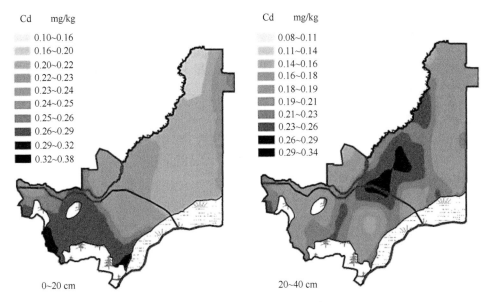

图 8-2　土壤中 Cd 的空间分布特征

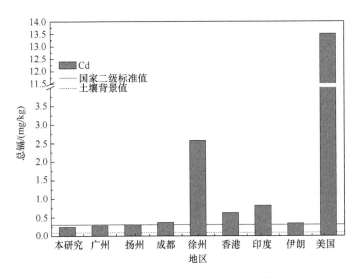

图 8-3　研究区域低纬度地区土壤中总 Cd 平均含量比较（Su et al.，2014）

同土地利用类型土壤中，Cd 的分布遵循以下规律：旱地＞水田＞自然土壤，极大多数旱地土壤中 Cd 含量高于国家二级标准值（GB 15618—1995，0.30 mg/kg）。同时，如图 8-3 所示，研究区的表层土壤中的总 Cd 含量平均值为 0.24 mg/kg，低于国家二级标准值，却明显低于其他工业或低纬度地区。

8.3.2　冻融集约化农区农田土壤面源镉流失特征

研究区农田、沟渠和河岸等不同景观类型土壤中 Cd 含量分布如图 8-4 所示。通过显著性分析检验可知，Cd 含量遵循以下规律：农田＜沟渠＜河岸，且不同景观类型两两之间差异显著（$P<0.05$）。其中，沟渠和河岸土壤中 Cd 平均含量分别是农田土壤的 1.13 倍和 1.33 倍。可见，农田土壤中 Cd 表现出了沿沟渠向河岸运移流失的趋势。

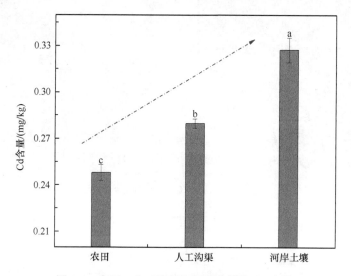

图 8-4　农田、人工沟渠和河岸土壤中 Cd 含量

8.3.3　冻融集约化农区流域面源镉流失历史反演

为了研究农田土壤中 Cd 向水体环境流失的趋势，本研究分析了研究区内流域出口处的沉积物中 Cd 垂向分布特征，应用 ^{210}Pb 同位素分析技术建立了年代序列，进而探明流域出口沉积物中 Cd 含量的时间变化趋势。如图 8-5 所示，沉积物中 Cd 的平均含量为 0.14～0.24 mg/kg，且各层之间差距不明显，且在表层（0～1 cm）沉积物样品中 Cd 的平均含量最高。在 1970～2013 年间，沉积物中 Cd 分布呈现出明显的波动趋势，但总体上表现出增加的趋势。其中，在 1983 年之前，Cd 含量明显表现出增加趋势；在 1984 年、1998 年和 2005 年左右，Cd

含量均出现最大值。

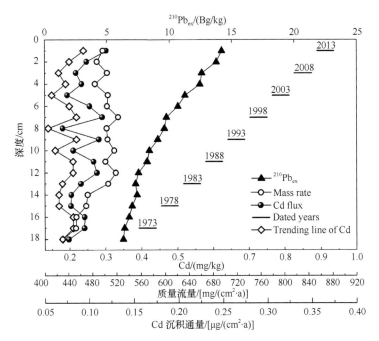

图 8-5　沉积物中 Cd 垂向分布、沉积通量和 ^{210}Pb 定年特征

为了在考虑到沉积物在时间尺度上可能发生变化的基础上，更加准确地评价研究区内 Cd 流失和沉积输入历史特征，本研究基于 CRS 模型，进一步对 Cd 的沉积通量进行了分析。如图 8-5 所示，1970~2013 年间，沉积物中 Cd 沉积通量的波动范围为 0.07~0.12 μg/（cm²·a），其变化趋势与 Cd 的平均含量相似，也在总体上呈现出增加的趋势。同样，在 1984 年、1998 年和 2005 年左右，Cd 的沉积通量也均出现最大值。有趣的是，沉积物中 Cd 含量和沉积通量变化趋势类似，且在沉积速率变化后，在接下来的几年，也会呈现相应变化，具有明显的滞后效应。

8.4　讨　　论

8.4.1　长期集约化耕作和冻融过程对土壤中镉空间分布影响

研究区表层土壤中 Cd 极大多数超过了背景值含量、部分超过了国家二级标准值，说明 Cd 有蓄积的趋势。导致研究区农田土壤中 Cd 蓄积的主要因素是大量含 Cd 化学品的施用，如农药、化肥、塑料薄膜等，并且这一过程与土地利用类型和耕作历史息息相关（Ouyang et al.，2013a）。同时，研究表明，土地利用类型不同，地表覆盖指数不同，地表径流和土壤侵蚀量也很有可能不同（Morvan et al.，2014）。以上原因也解释了研究区不同土地利用类型表层土壤中 Cd 分布差异。尽管研究区表层土壤中 Cd 呈现出蓄积趋势，但是远低于低纬度工业地区。这是因为研究区工业发展和道路设施比较落后，从而大大降低了大气沉降、矿业活动和城市生活垃圾中的 Cd 进入土壤的可能性（Shan et al.，2013）。除此之外，还与研究区独特的自然和人为活动特征相关。

不同于以家庭为单位的个体种植为主的农区，研究区农业种植方式为集约化经营。50 余年的集约化经营方式，使研究区土地利用方式发生了巨大改变，从而大大影响了土壤中二氧化碳的释放（Ouyang et al.，2013b；Wiesmeier et al.，2015）。首先，这一过程能够进一步影响土壤中碳酸盐的缓冲作用，促进土壤中 Cd 碳酸盐、氢氧化物等沉淀物、络合物和二次产物的酸化过程（Wang et al.，2014）。这一过程最终导致土壤中 Cd 的移动性增强，因而促使土壤中的 Cd 更易流失。其次，大型农业机械常常会参与到农业耕作中来，极易致使农田土壤硬化板结，导致土壤密度增加、孔隙和渗透率降低，进而会使土壤径流和侵蚀量增加，从而使颗粒态的 Cd 流失（Ouyang et al.，2015）。再次，频繁的翻耕和农田灌溉过程也会增加土壤径流和侵蚀量（McDowell，2010）。最后，与自然土壤相比，研究区农田土壤呼吸速率较高，土壤中有机质含量因流失而较低，因而使结合在有机质表面的 Cd 也随之流失（Qishlaqi et al.，2009）。

不同于低纬度地区，研究区冻融现象往往频繁发生。研究证实，冻融现象和持续冻土都会使土壤沉积流失和侵蚀量大为增加（Ferrick and Gatto，2005）。这一过程会使土壤中的 Cd 以颗粒态大量流失（Jiao et al.，2014c）。而且，冻融过程能够促进频繁翻耕时碳和氮的释放过程（Campbell et al.，2014）。而初始有机质含量较高的土壤也使这一释放过程在研究区更为显著。这一过程中，有机质分解，碳和氮释放，有机质吸附的 Cd 就被释放到土壤液相中，Cd 的运移能力也相应增强。另外，冻土条件下，微生物活动受到抑制（Jefferies et al.，2010），导致深层腐殖质中有机物增多（Ouyang et al.，2013b），从而使与有机质络合的 Cd 也向土壤深层迁移。

8.4.2　长期集约化耕作对农田土壤镉流失的影响

农田土壤中的重金属可以通过地表径流、土壤侵蚀、沥滤、作物吸收等方式流失（Bai et al.，2011）。本研究发现，长期集约化耕作过程中，农田土壤中 Cd 表现出了沿沟渠向河岸运移流失的趋势，从而导致其在河岸土壤中蓄积。农田土壤中的 Cd 易因作物收割而随秸秆流失。而且，在农业活动中，一方面，农作物往往规则覆盖于土壤表层，且垄间普遍存在裸露浅沟，使田间地表径流量和土壤侵蚀量显著增加，从而使 Cd 更易流失；另一方面，人们将田间的杂草、秸秆等含 Cd 植物残体堆积十沟渠中，随着植物残体的降解而将其释放到沟渠环境中。沟渠土壤表层植物密度较农田土壤更为密集，河岸土壤更甚，从而在降低水流速度的同时，促进了悬浮物和 Cd 的累积（Zhang et al.，2012）。

　　研究区农田土壤中较高的弱酸溶解态 Cd 含量（Jiao et al.，2014b），且农田土壤中的 Cd 的主要来源于长期农业活动（Shan et al.，2013），说明人为活动输入农田土壤中的 Cd 主要为活性态，这一结论与 Singh 等研究结论相符（Singh et al.，2005）。值得注意的是，研究区近河岸土壤中有机质和黏粒含量均高于农田或沟渠土壤，且河岸和沟渠土壤 pH 均高于农田土壤（Jiao et al.，2014）。研究发现，土壤 pH、有机质和黏粒含量是影响土壤中 Cd 环境行为的重要因素（Padmavathiamma and Li，2010）。交换态和有机结合态 Cd 分别与土壤 pH 呈显著负相关和正相关（Wang et al.，2014）。土壤 pH 能够通过调控有机质和氧化黏土矿物表面上的阳离子交换位点数量，控制土壤中 Cd 的溶解或沉淀反应过程，从而支配 Cd 的环境行为（Adriano et al.，2004）。因此，研究区农田土壤中 Cd 非稳定态增加，沟渠和河岸土壤理化性质促使 Cd 在土壤中的固定，从而有利于农田土壤中 Cd，一方面以活性态随水流流失，另一方面以稳定态和络合态随悬浮物和泥沙流失，最终导致河岸土壤中 Cd 的蓄积。

8.4.3　长期集约化耕作对水体环境污染风险影响

　　基于 ^{210}Pb 法建立的沉积年代序列被广泛用来分析河流沉积物污染物累积的历史变化，并且该方法得到了 ^{137}Cs 时标法的印证（Xia et al.，2015b）。农田面源污染物从农田土壤流失到水体环境的输入量与人类农业活动、地表径流量和土壤侵蚀量高度相关（Ouyang et al.，2015）。研究表明，河流沉积物沉积速率可以很好地评价流域尺度水体环境污染物输入量的变异情况（Xia et al.，2015b）。本研究发现，在农业大开发过程中，长期集约化耕作使河流沉积物中 Cd 浓度、沉积通量和沉积速率在总体上呈现增加趋势。这是由于在长期农业开发过程中，水稻技术的引入使大面积的自然用地和部分旱地被集中开垦为水田（Ouyang et al.，2013a）。1970～1983 年间沉积物中 Cd 浓度和沉积速率的显著增加趋势也反映了这一现象。与此同时，随着水田面积的增多，研究区农田灌溉水利设施也相应增多。研究区在 1984 年、1995 年和 2005 年左右，研究区改建和增建了大量农田灌溉水利设施。本研究发现，在 1984 年、1995 年和 2005 年左右，Cd 浓度和沉积速率均出现最大峰值。沉积物中 Cd 含量和沉积通量峰值对沉积速率的峰值存在滞后效应，其可能原因是在长期农业发展过程中流域水土流失或农业大开发对研究区河流沉积物中的污染物产生了稀释作用。

本研究河流沉积物中 Cd 的最大浓度在表层，说明近年来研究区内流域尺度 Cd 流失负荷大量增加（Tang et al.，2010）。同时，该 Cd 最大浓度超过了生态效应临界值（0.60 mg/kg）。加拿大环保部指出，沉积物中 Cd 含量低于生态效应临界值时，有害生物效应会很少发生（Yang et al.，2009）。研究区处于中俄两国交界处，并且工业发展水平相对落后，使得沉积物中 Cd 来源于大气沉降和工业污染的可能性大为减少（Shan et al.，2013）。因此，本研究沉积物中的 Cd 主要来源于农业活动。这一结论与已有研究结果相符，说明长期集约化耕作活动极可能使水体环境污染风险增加（Tang et al.，2010）。有研究通过验证长期农业大开发过程中沉积物中重金属沉积通量与总氮、总磷的相关关系，也证实了这一结论（Jiao et al.，2014a）。

8.5 小 结

本章以 3S 技术（理信息系统技术、遥感技术和全球定位技术）和铅同位素同步分析技术为手段，分析了 34 年开垦历史后，研究区农田土壤和自然土壤中 Cd 的空间和垂向分布特征、面源流失特征和流域出口处沉积物中 Cd 时空分布特征。主要结论如下所述。

（1）表层土壤中，Cd 的分布自西南向东北逐渐递减，且呈带状分布；次表层土壤中，Cd 的分布具有非匀质性。不同土地利用类型表层土壤中 Cd 的分布遵循以下规律：旱地＞水田＞自然土壤，总体上表现出蓄积趋势，却明显低于其他工业或低纬度地区。

（2）研究区农田、沟渠和河岸等表层土壤中 Cd 含量分布遵循以下规律：农田＜沟渠＜河岸，农田土壤中 Cd 表现出了沿沟渠向河岸运移流失的趋势。

（3）在 1970～2013 年间的长期农业大开发过程中，长期集约化耕作使河流沉积物中 Cd 浓度、沉积通量和沉积速率在总体上呈现增加趋势。长期集约化耕作活动极可能使水体环境污染风险增加。

第9章　冻融作用下农药施用对土壤中
镉等温吸附-解吸特性影响

9.1 引　　言

镉（Cd）是一种移动性强、毒性高的重金属元素，因其对环境和人类健康产生的有害影响而广受关注（Boparai et al.，2011）。近几十年来，由于人类活动的干扰，远高于自然过程 Cd 进入土壤（Qishlaqi et al.，2009），使其在世界上许多地区土壤中的 Cd 含量增加了数倍（Galunin et al.，2014）。其中，灌溉、施药、施肥等农业耕作活动又能够使土壤中的 Cd 随着地表径流和土壤侵蚀大面积流失，并进入水体环境，形成面源污染，引发水体环境风险（Pinto et al.，2015）。在过去的二十年间，土壤面源重金属 Cd 的流失加重了人类活动对流域环境的影响（Zhang and Shan，2008）。国内外研究开始聚焦于由农业活动引起的环境中 Cd 面源流失问题对水体环境安全的影响（Tang et al.，2010）。因此，研究 Cd 在农田土壤中的流失行为特征具有十分重要的意义。

毒死蜱（chlorpyrifos，CP）是一种广谱性有机磷和有机氯农药，其制剂可以有效控制农田和室内害虫毒害，在世界范围内被广泛应用（He et al.，2015）。仅在 2002~2006 年间，全球 CP 的年均施用量的有效成分（AI）就已达 2.46×10^7 kg（Eaton et al.，2008）。而在农田土壤中，重金属与农药往往同时存在（Amorim et al.，2012）。结合本书中第 3 章可知，研究区农田土壤中也能同时检测到重金属与农药。其中，重金属以 Cd 的污染水平最高，农药则以 CP 含量最为突出。当 CP 与 Cd 共存时，Cd 能通过与 CP 中氮苯环上的氮结合，或与 CP 中分子微粒螯合形成螯合物，而表现出更强的毒性效应（Chen et al.，2013）。已有研究证实，一旦 Cd 与 CP 同时进入人体内，二者的交互效应对人体肝毒性和动物神经元表现出显著的协同作用（Xu et al.，2015）。因此，在研究农田土壤中 Cd 向水体环境流失过程时，很有必要考虑 CP 的影响。但是，有关于 CP 对土壤中 Cd 流失行为影响的研究迄今仍鲜见报道。

更为重要的是，相较于污染物之间的交互效应，环境因素能够使污染物之间的交互效应发生改变，使其变得更加复杂（Holmstrup et al.，2010）。冻融过程是一种从低温到高温逐渐循环变化的过程，是一种在中高纬度带相当常见的气候现象（Hao et al.，2013）。FT 不但对土壤物理化学和生物学性质有重要影响（Campbell et al.，2014），而且能够影响地表径流量和土壤侵蚀量（Ouyang et al.，2015）。土壤性质是影响土壤中污染物流失行为的重要因素（Bolan et al.，2013），土壤侵蚀和地表径流是颗粒态重金属和农药自土壤向水体运输的重要驱动力之一（Ouyang et al.，2016a）。这就导致了重金属和农药不仅共存于土壤中，而且很有可能共存于自土壤和水体运输的整个面源扩散过程。可见，在 FT 过程的影响下，很有可能使得 CP 对土壤中 Cd 流失行为的作用过程更为复杂。在全球气候变暖的重要时期，气候变化的加剧会增加 FT 过程发生的频率和区域范围（de Kock et al.，2015）。因此，在冻融区研究 CP 对土壤中 Cd 的流失行为时，十分有必要考虑 FT 这一环境因素的影响，聚焦于这一主题的研究工作亟待开展。

土壤对 Cd 的吸附行为是影响土壤中 Cd 所有相关环境行为（包括流失过程）的主要因素（Zhao et al.，2014）。因此，本章节目标是研究在 FT 作用下、CP 施用后：①农田土壤中 Cd 等温吸附-解吸特性的响应；②基于 Freundlich 和 Langmuir 模型模拟分析，探讨其响应机理。

9.2　材料和方法

9.2.1　样品的采集和理化性质分析

1. 样品采集和预处理

研究区地理位置、自然环境信息和农业活动状况如第 2 章所述。自然采样点位置如图 9-1 所示，坐标为北纬 47°24′和东经 134°05′。根据第 3 章和第 4 章的研究结果，该采样点位于未种植任何作物的农田内，且该点总镉含量最低，既能有效避免过高浓度的重金属元素和农用化合物的干扰，又能保证实施了相同耕作制度，同时避开了道路和田埂等易受人为干扰的地区。自然环境和人为活动如 2.2 节和 2.3 节所述。以采样点为中心，按照"W"形收集表层土壤样品。收集深度为 0～20 cm（去除表层覆盖的石子、落叶、杂草等）。将 5 个土壤样品混匀后，装入自封袋运回试验室。将土样一部分自然风干磨碎后，过 60 目筛备用。采样方法、土壤预处理方法和重金属总量分析同 3.2.1 小节和 3.2.2 小节所述方法。另外，将部分装有原状土的环刀置于低温避光环境中，运回实验室备用。

2. 土壤理化性质分析

将经过预处理的部分样品按照 Song 等（2013）、Shan 等（2013）和 du Laing 等（2008）所述方法测定土壤初始理化性质。测定指标为：土壤溶解性有机碳（dissolved organic cabon，DOC）采用 TOC 自动分析法（vario TOC，Elementar，

Germany）测定；十壤质地（texture）采用比重法测定；土壤 pH 用复合电极测定
（土：去二氧化碳水，1：2.5）；土壤氧化还原电位（Eh）采用电位法测定；土壤
阳离子交换量（CEC）采用乙酸铵交换法测定；田间最大持水量（MWHC）采用
毛细吸渗法测定；土壤容重（bulk density，Db）以及土壤总孔隙度（total porosity，
Pt）和毛管孔隙度（capillary porosity，Pc）采用称重法测定。土壤初始基本理化
性质如表 9-1 所示。

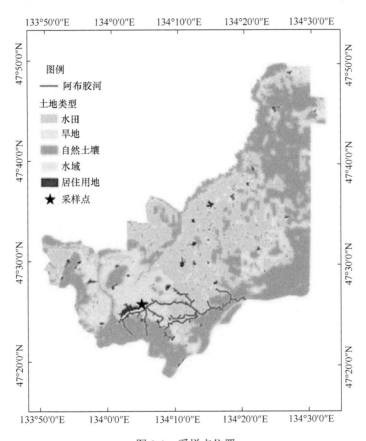

图 9-1　采样点位置

表 9-1　土壤基本理化性质

| | pH | Eh | DOC | CEC | 组织 | | | Bd | Pt | Pc | 总 CP | 总 Cd |
					黏粒	砂粒	粉粒					
单位	—	mV	g/kg	cmol/kg		%		g/cm^3	%	%	mg/kg	mg/kg
平均	5.57	592	8.17	16.3	21.8	36.7	41.2	1.40	47.3	31.6	0.04	0.01
方差	0.08	9.64	0.35	0.46	0.17	0.11	0.95	0.04	1.35	0.76	0.01	0.001

9.2.2　试验设计

1. 冻融试验

按照 Song 等（2013）在文献中所述的方法，计算得出试验土壤田间最大持水量为 41.2%。分别称取 1 g 筛分后的土样至样品袋中，按照田间最大持水量添加离子水到试验土壤中，密封避光放置过夜，使其达到平衡。将样品袋放入冰箱中培养 24 h，再放入恒温培养箱中培养 24 h，设为一个冻融循环周期，进行冻融试验。考虑到田间环境中，表层土壤开始结冰时的温度往往比气温高 5～10℃（Henry，2007），结合当地实际环境（见 2.2.2 小节），本研究中冷冻和融化培养温度分别为–10℃和 20℃。冻融循环周期数为 1、3、6、9，分别记为 F1、F3、F6、F9；同时设置对照土壤样品一直置于恒温培养箱中，即冻融循环周期为 0，记为 F0。

2. 农药处理对冻融处理土壤的镉等温吸附试验

将经过冻融循环处理过的土样转移至 50 mL 离心管中，并分为两组。在两组的离心管中分别加入 20 mL 含 Cd^{2+} 的 0.01 mol/L $CaCl_2$ 溶液，两组溶液分别含 0 mg/L 和 5 mg/L 毒死蜱稀甲醇溶液（CP0 和 CP1，不同 FT 频率的 CP1 处理的土壤组合系列记为 P0、P1、P3、P6 和 P9），称重，记为 m_0。其中，Cd^{2+} 系列浓度（C_0）为 0 mg/L、5 mg/L、10 mg/L、20 mg/L、30 mg/L、50 mg/L、80 mg/L、100 mg/L（pH=5）。将离心管密封后，置于恒温振荡器中，于 20℃避光环境中振荡 2 h，静置 24 h 后离心分离（8000 rpm，10 min），测定上清液 pH 后，将离心上清液过 0.45 μm 滤膜，测定滤液中 Cd^{2+} 含量（C_1）。

9.2.3　质量控制和上清滤液中镉含量分析

采用电感耦合等离子发射光谱仪（ICP-OES，IRIS Intrepid II XSP，Thermo Electron，USA）测定滤液中 Cd 含量。测定时，运行空白进行背景校正并识别其他误差来源。每隔 20 个样品设置 1 个近似浓度的标准溶液进行校正。方法测定 Cd 回收率为 98.6%±0.07%，检出限为 0.003 mg/kg，相对标准偏差均低于 5%。试验中所用的各种试剂和药品均为分析纯以上，所有玻璃器皿和离心管均用 10% HNO_3 浸泡过夜处理，用去离子水充分冲洗晾干使用。

9.2.4　统计分析方法

数据分析通过 Excel 2010、SPSS v.16.0 和 Origin v.8.0 软件实现，以平均值 ± 标准差（S.D.）表示。

1. 冻融作用下农药处理土壤对镉离子的吸附-解吸量计算

用差减法计算冻融和农药处理土壤对 Cd^{2+} 的吸附量 Q_e，计算公式如式（9-1）所示。土壤对 Cd^{2+} 的吸附率 R_s 可由计算公式（9-2）获得。

$$Q_e = \frac{C_0 - C_1}{M} \times 20 \tag{9-1}$$

$$R_s = \frac{C_0 - C_1}{C_0} \times 100 \tag{9-2}$$

式中，Q_e 为达到平衡时，土壤对 Cd^{2+} 的吸附量（mg/kg）；C_0 为配制的 $CaCl_2$ 溶液中 Cd^{2+} 的初始浓度（mg/L）；C_1 为达到平衡时，上清过滤液中 Cd^{2+} 的浓度（mg/L）；M 为土壤初始重量（g）；R_s 为达到平衡后，土壤对 Cd^{2+} 的吸附率（%）。

同样用差减法计算冻融和农药处理土壤对 Cd^{2+} 的吸附量 Q_d，计算公式如式（9-3）所示。

$$Q_d = \frac{C_2 \times 20 - C_1 \times [20 - (m_0 - m_1)]}{M} \tag{9-3}$$

式中，Q_d 为 $CaCl_2$ 溶液提取后，过滤后剩余土壤中 Cd 的吸附量（mg/kg）；C_2 为提取过滤后土壤中 Cd 的 $CaCl_2$ 溶液中 Cd^{2+} 的浓度（mg/L）；m_0 为加入初始溶液后，土壤和离心管初始总重量（g）；m_2 为将上清液转移后，土壤和离心管总重量（g）。

土壤对 Cd^{2+} 的吸附率 R_s 可由计算公式（9-4）获得。

$$R_d = \frac{Q_d - Q_e}{Q_d} \times 100 \tag{9-4}$$

式中，R_d 为 $CaCl_2$ 溶液提取的土壤中 Cd 的吸附率（%）。

2. 冻融作用下农药处理土壤对镉的等温吸附模型模拟

为了评价 FT 和 CP 处理对土壤中 Cd 吸附行为的影响，利用 Freundlich 和 Langmuir 这两种常用的吸附模型对等温吸附平衡实验数据进行模拟分析。

1）Freundlich

Freundlich 是经验主义吸附模型，假设吸附剂具有异质性的表面，公式如式（9-5）和式（9-6）所示：

$$Q_e = K_F C_e^n \tag{9-5}$$

$$\ln Q_e = n \ln C_e + \ln K_F \tag{9-6}$$

式中，Q_e 为达到吸附平衡时土壤中 Cd 含量（mg/kg）；C_e 为达到吸附平衡时上清液中 Cd 的浓度（mg/L）；K_F 为与土壤吸附能力相关的 Freundlich 吸附参数 $[(mg/kg) \times (mg/L)^{-n}]$；$n$ 为吸附等温线的非线性指数，与吸附强度和表面异质性相关，$n=1$ 时等温吸附线为线性吸附，n 值越小等温吸附线非线性程度越大，无量纲。

2）Langmuir

Langmuir 模型是基于吸附剂表面为均质且有确定的吸附位点的假设。Langmuir 模型的相关方程式如式（9-7）、式（9-8）和式（9-9）所示：

$$Q_e = \frac{Q_{max} K_L C_e}{1 + K_L C_e} \tag{9-7}$$

即

$$\frac{C_e}{Q_e} = \frac{1}{Q_{max} K_L} + \frac{C_e}{Q_{max}} \tag{9-8}$$

式中，Q_{max} 为最大表观吸附量（mg/kg）；K_L 为 Langmuir 吸附常数，表示 Langmuir 吸附方程与吸附自由能相关的特性，单位为（L/mg）。

$$R_L = \frac{1}{1 + K_L C_0} \tag{9-9}$$

式中，C_0 为为溶液的初始最高浓度（mg/L）；R_L 为分离系数，无量纲，是 Langmuir 等温吸附中重要的参数。

$R_L=0$ 时，吸附过程是不可逆的；$0<R_L<1$ 时，吸附过程是自发的；$R_L=1$ 时，吸附过程是线性的；当 $R_L>1$ 时，吸附过程是不利的。

9.3　结　果

9.3.1　冻融作用下农药施用对土壤等温吸附镉特征影响

1. 冻融作用下农药处理对土壤吸附镉含量的影响

不同 FT 频率作用下，不同 CP 施用水平处理的土壤中 Cd 吸附量如表 9-2 所示。在不含 CP 土壤中，当平衡溶液的初始 Cd 浓度为 5 mg/L 时，不同 FT 频率处理的土壤中 Cd 吸附量均低于未冻融土壤，降低量为 1.02～7.68 mg/kg，降低率为 1.44%～10.9%；而当平衡溶液的初始 Cd 浓度为 80 mg/L 时，不同 FT 频率处理的土壤中 Cd 吸附量均高于未冻融土壤，增加量为 2.20～69.5 mg/kg，增加率为 0.23%～7.36%；由 FT 导致的降低量（率）或增加量（率）随着 FT 频率的增加而波动。而当平衡溶液中的 Cd 浓度在 10 mg/L、20 mg/L、30 mg/L、50 mg/L 和 100 mg/L 时，与未冻融土壤相比，随着 FT 频率的增加，土壤中 Cd 的吸附量呈现波动式变化，变化量分别为 0.48～6.79 mg/kg、1.17～28.1 mg/kg、40.2～69.3 mg/kg、35.8～120 mg/kg 和 12.7～52.4 mg/kg，变化率分别为 0.36%～5.09%、0.43%～10.2%、9.47%～16.3%、6.15%～20.7% 和 1.09%～4.52%。

表 9-2　冻融作用下农药施用土壤中镉吸附量的变化

FT 频率	1		3		6		9	
	CP0	CP1	CP0	CP1	CP0	CP1	CP0	CP1
C_0	增量/(mg/kg)	减量/(mg/kg)	增量/(mg/kg)	减量/(mg/kg)	增量/(mg/kg)	减量/(mg/kg)	增量/(mg/kg)	减量/(mg/kg)
5	−1.02	−0.03	0.99	−7.68	−3.91	3.78	−4.96	−2.23	2.73	−5.30	−1.32	3.98
10	6.79	−0.59	6.20	−1.88	−1.32	0.56	0.48	12.2	−11.7	−1.28	10.4	−9.15
20	1.17	−0.68	0.49	−11.3	10.9	0.36	−16.9	15.1	1.83	−28.1	27.5	0.57
30	−40.2	−3.53	36.7	−69.3	59.9	9.45	−44.1	81.8	−37.7	−49.4	83.5	−34.0
50	35.8	−3.00	32.8	−120	65.3	55.2	52.7	116	−63.1	43.8	119	−74.7
80	10.1	−1.23	8.84	2.20	70.4	−68.2	69.5	129	−59.3	55.3	133	−78.0
100	12.7	−3.26	9.40	−52.4	89.2	−36.8	−27.7	43.3	−15.6	−18.8	2.41	16.4
C_0	增加百分率		降低率	增加百分率		降低率	增加百分率		降低率	增加百分率		降低率
5	−1.44%	−0.05%	96.7%	−10.9%	−5.64%	49.2%	−7.01%	−3.22%	55.1%	−7.49%	−1.91%	75.1%
10	5.09%	−0.48%	913%	−1.41%	−1.06%	29.6%	0.36%	9.78%	−2454%	−0.96%	8.37%	−716%
20	0.43%	−0.28%	42.1%	−4.11%	4.57%	3.22%	−6.15%	6.30%	10.8%	−10.2%	11.5%	2.01%
30	−9.47%	−1.16%	91.2%	−16.3%	19.7%	13.6%	−10.4%	26.9%	−85.6%	−11.7%	27.4%	−68.8%
50	6.15%	−0.57%	91.6%	−20.7%	12.4%	45.8%	9.07%	22.0%	−120%	7.54%	22.5%	−171%
80	1.07%	−0.14%	87.8%	0.23%	7.82%	−3105%	7.36%	14.3%	−85.3%	5.85%	14.8%	−141%
100	1.09%	−0.29%	74.3%	−4.52%	7.89%	−70.3%	−2.39%	3.83%	−56.2%	−1.63%	0.21%	87.2%

添加 CP 后，与不含 CP 土壤类似，当初始 Cd 浓度为 5 mg/L 时，不同 FT 频率处理的土壤中 Cd 的吸附量均低于未冻融土壤，降低量为 1.02～7.68 mg/kg，降低率为 0.05%～5.64%，CP 施用使 FT 引起的变化量（率）降低了 49.2%～96.7%。而当初始 Cd 浓度为 10 mg/L、20 mg/L、30 mg/L、50 mg/L、80 mg/L 和 100 mg/L 时，与未冻融土壤相比，随着 FT 频率的增加，土壤中 Cd 的吸附量呈现波动式变化，变化量分别为 0.59～12.2 mg/kg、0.68～27.5 mg/kg、3.53～83.5 mg/kg、3.00～119 mg/kg、1.23～133 mg/kg 和 2.41～89.2 mg/kg，变化率分别为 0.48%～9.78%、0.28%～11.5%、1.16%～27.4%、0.57%～22.5%、0.14%～14.8%和 0.21%～7.89%；CP 施用使 FT 导致的变化量（率）在 F1 时降低了 42.1%～96.7%，之后随着 FT 频率的增加，CP 施用使 FT 的变化量（率）在 Cd 初始溶液浓度为 10 mg/L、20 mg/L、30 mg/L、50 mg/L、80 mg/L 和 100 mg/L 时，分别改变了 29.6%～2454%、2.01%～10.8%、13.6%～85.6%、45.8%～171%、85.3%～3105%、56.2%～87.2%，但并未表现出明显的规律。

不同 FT 周期作用下，CP 施用后土壤对 Cd^{2+} 吸附率的影响如图 9-2 所示。总体上，不同处理组的土壤对 Cd^{2+} 吸附率介于 45.6%～70.0%，随着 Cd^{2+} 初始浓度的增加，土壤对 Cd^{2+} 吸附率逐渐下降，在 Cd^{2+} 初始浓度高于 30 mg/L 后，下降趋势减缓。在 FT 频率为 0 和 1 时，CP 施用使土壤对 Cd^{2+} 吸附率分别平均下降了 9.87% 和 2.77% 左右；在 FT 频率为 3、6 和 9 时，CP 施用使土壤对 Cd^{2+} 吸附率分别平均增加了 3.97%、1.46% 和 3.35%。在不含 CP 土壤中，FT 处理土壤对 Cd^{2+} 的平均吸附率较未冻融土壤下降了 3.27%；添加 CP 后，FT 处理土壤对 Cd^{2+} 的平均吸附率较未冻融土壤则增加了 8.87%。FT 作用下，CP 施用对土壤中 Cd^{2+} 吸附率的作用程度发生了改变；CP 施用后，也使 FT 作用于土壤对 Cd^{2+} 吸附率的作用程度发生了改变。

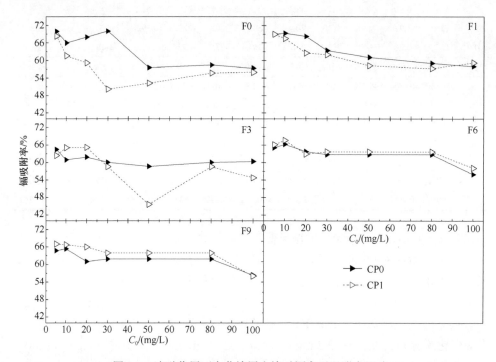

图 9-2　冻融作用下农药施用土壤对镉离子吸附率影响

　　可见，在相同 FT 频率和同一 CP 浓度处理下，初始 Cd 溶液的浓度不同时，土壤中 Cd 吸附量的变化程度也不同；在同一初始 Cd 溶液浓度，不同 FT 频率和不同 CP 水平引起的土壤中 Cd 吸附的变化程度也不同；FT 能够影响 CP 对土壤中 Cd 吸附量的作用，CP 存在时，FT 对土壤中 Cd 吸附量的作用程度也发生变化。为了进一步分析初始 Cd 溶液浓度在 0～100 mg/L 范围内时，土壤中 Cd 吸附量对 FT 和 CP 处理的总体响应趋势及其机制，研究者在接着对土壤中 Cd 的等温吸附过程进行了模拟分析。

2. 冻融作用下农药施用对土壤中镉的等温吸附过程影响

1）Freundlich 吸附模型拟合

不同 FT 循环周期作用下，农药施用后土壤中 Cd 的 Freundlich 吸附等温线如图 9-3 所示。可见，随着 FT 频率的增加，CP 施用使土壤对 Cd 的吸附量呈现波动式变化，具体表现为：在 FT 频率为 0、1 和 6 时，CP 施用使土壤对 Cd 的吸附量减少；而在 FT 频率为 3 和 9 时，CP 施用使土壤对 Cd 的吸附量增加，但后者的增量较低。

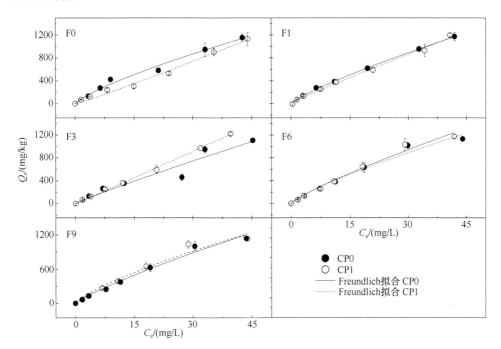

图 9-3　冻融作用下农药施用土壤对镉的 Freundlich 吸附等温线

Freundlich 模型拟合参数 K_F、n 和相关系数 R^2 如表 9-3 所示。K_F、n 和 R^2 的

表 9-3　Freundlich 等温吸附模型参数

处理组	K_F [（mg/kg）×（mg/L）$^{-n}$]	n	R^2	处理组	K_F [（mg/kg）×（mg/L）$^{-n}$]	n	R^2
F0	61.8	0.78	0.986	P0	18.5	1.08	0.989
F1	55.2	0.82	0.998	P1	37.6	0.92	0.993
F3	32.6	0.92	0.928	P3	29.2	1.01	0.998
F6	61.2	0.79	0.977	P6	57.0	0.83	0.983
F9	52.2	0.83	0.984	P9	69.7	0.76	0.970

取值范围分别为：18.5～69.7（mg/kg）×（mg/L）$^{-n}$、0.76～1.08 和 0.928～0.998。随着 FT 频率的增加，K_F 和 n 值均呈现波动式变化。添加 CP 后，n 值变大（F9除外）。Freundlich 模型拟合的相关系数 R^2 均大于 0.92，说明 Freundlich 模型对土壤中 Cd 的吸附行为的拟合效果较好。

2）Langmuir 吸附模型拟合

不同 FT 循环周期作用下，农药施用后土壤对 Cd 的 Langmuir 吸附等温线如图 9-4 所示。可见，随着 FT 频率的增加，CP 施用使土壤对 Cd 吸附量呈现波动式变化，具体表现为：在 FT 频率为 0 和 1 时，CP 施用使土壤对 Cd 的吸附量减少；而在 FT 频率为 3、6 和 9 时，CP 施用使土壤对 Cd 的吸附量增加，但在 F6和 F9 时的增量较低。

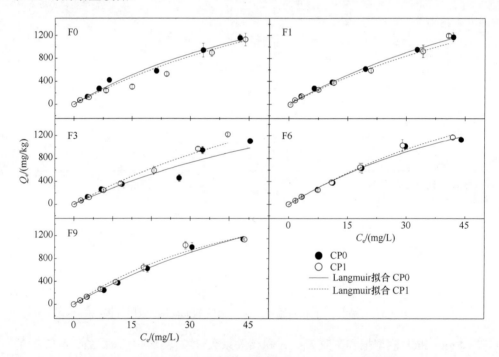

图 9-4　冻融作用下农药施用土壤对镉的 Langmuir 吸附等温线

Langmuir 模型拟合参数 Q_{max}、K_L、R_L 和相关系数 R^2 如表 9-4 所示。Q_{max}、K_L、R_L 和 R^2 的取值范围分别为：2751～3797 mg/kg、0.010～0.017 L/mg、0.370～0.500 和 0.809～0.997。在不含 CP 土壤中，Q_{max}、K_L 和 R_L 均随 FT 频率的增加而呈现波动式变化。添加 CP 后，随着 FT 频率的增加，Q_{max} 先是逐渐增加，在 P3达到最大值后开始逐渐降低；K_L 和 R_L 在 P3 之前保持恒定，之后 K_L 逐渐增加，R_L 则逐渐降低。Langmuir 模型拟合的相关系数 R^2 均大于 0.80，说明 Langmuir 模

型也可以很好地模拟土壤对 Cd 的吸附行为，但拟合效果低于 Freundlich 模型。

表 9-4　Langmuir 等温吸附模型参数

处理组	Q_{max}/(mg/kg)	K_L/(L/mg)	R_L	R^2
F0	3 137	0.013	0.435	0.980
F1	3 797	0.010	0.500	0.997
F3	3 162	0.010	0.500	0.819
F6	3 074	0.014	0.417	0.986
F9	3 762	0.011	0.476	0.990
P0	3 638	0.010	0.500	0.937
P1	3 661	0.010	0.500	0.809
P3	3 776	0.010	0.500	0.818
P6	3 760	0.011	0.476	0.989
P9	2 751	0.017	0.370	0.983

9.3.2　冻融作用下农药施用对土壤镉解吸特征影响

1. 冻融作用下农药处理对土壤镉解吸含量的影响

不同 FT 频率作用下，不同 CP 施用水平的土壤中 Cd 解吸量如表 9-5 所示。

表 9-5　冻融作用下农药施用土壤中镉解吸量的变化

FT频率	1			3			6			9		
	CP0	CP1		CP0	CP1		CP0	CP1		CP0	CP1	
C_0	增量/(mg/kg)	增量/(mg/kg)	减量/(mg/kg)	增量/(mg/kg)	增量/(mg/kg)	减量/(mg/kg)	增量/(mg/kg)	增量/(mg/kg)	减量/(mg/kg)	增量/(mg/kg)	增量/(mg/kg)	减量/(mg/kg)
5	0.19	3.04	2.85	−1.64	4.86	3.22	2.01	0.15	−1.89	0.31	0.16	−0.15
10	5.43	16.6	11.1	0.78	19.7	18.9	9.42	22.9	13.4	4.48	9.37	4.89
20	10.6	20.6	9.93	1.13	29.4	28.3	17.1	22.9	5.81	9.26	26.8	17.5
30	−30.1	31.9	1.78	−29.8	28.0	−1.77	3.46	−0.63	−2.82	−31.9	−3.20	−28.7
50	−65.2	48.3	−16.9	−54.3	183	129	−17.2	125	108	94.3	151	56.4
80	−6.11	99.5	93.4	−39.5	225	185	24.8	124	98.8	112	219	107
100	27.0	142	115	−47.8	279	231	24.7	121	96.4	117	242	125
C_0	增加百分率	增加百分率	降低率	增加百分率	增加百分率	降低率	增加百分率	增加百分率	降低率	增加百分率	增加百分率	降低率
5	2.13%	31.1%	29.0%	−18.8%	49.8%	31.0%	23.1%	1.50%	−21.6%	3.54%	1.65%	−1.90%
10	37.5%	204%	167%	5.40%	243%	238%	65.1%	282%	217%	31.0%	115%	84.5%
20	37.9%	195%	157%	4.01%	279%	275%	60.9%	217%	157%	33.0%	254%	221%
30	−42.2%	72.7%	30.5%	−41.8%	63.9%	22.2%	4.84%	−1.44%	−3.40%	−44.7%	−7.29%	−37.4%
50	−58.4%	87.3%	28.8%	−48.7%	331%	282%	−15.4%	226%	210%	84.5%	272%	188%
80	−4.26%	147%	143%	−27.6%	333%	305%	17.3%	183%	165%	77.8%	323%	245%
100	16.4%	188%	172%	−28.9%	369%	340%	15.0%	160%	145%	70.9%	319%	249%

在不含 CP 土壤中,除了 Cd 初始浓度为 5 mg/L 和 100 mg/L 的土壤中 Cd 的解吸量在 F3 时分别降低了 1.64 mg/kg 和 47.8 mg/kg 之外,在初始 Cd 溶液浓度为 5 mg/L、10 mg/L、20 mg/L 和 100 mg/L 时,随着 FT 频率的增加,土壤中 Cd 的解吸量均表现出增加的趋势,增加量为 0.19~117 mg/kg,增加率为 2.13%~70.8%;除了 Cd 初始浓度为 30 mg/L 和 50 mg/L 的土壤中 Cd 的解吸量在 F6 和 F9 时分别增加了 3.46 mg/kg 和 94.3 mg/kg 之外,初始 Cd 溶液浓度为 30 mg/L 和 50 mg/L 时,随着 FT 频率的增加,土壤中 Cd 的解吸量均表现出降低的趋势,降低量为 17.2~65.2 mg/kg,降低率为 15.4%~58.4%;当平衡溶液的初始 Cd 浓度为 80 mg/L 时,随着 FT 频率的增加,土壤中 Cd 解吸量先降低,在 F3 时降低了 39.5 mg/kg(27.6%)后则开始增加,在 FT 循环结束后,增加了 112 mg/kg(77.8%)。

添加 CP 后,与冻融土壤相比,随 FT 频率的增加,除了 Cd 初始浓度为 30 mg/L 是在 F6 和 F9 时分别降低了 0.63 mg/kg 和 3.20 mg/kg(1.44% 和 7.29%)之外,FT 处理土壤中 Cd 解吸量均呈现波动式增加的趋势,即 FT 处理土壤中 Cd 解吸量均增加,但增加幅度不同,增加量为 0.15~242 mg/kg,变化率为 1.50%~367%。在 Cd 初始浓度为 5 mg/L 时,CP 施用使 FT 引起的变化量先增加,在 F3 时增加至 3.22 mg/kg(31.0%)之后开始减少,在 F6 和 F9 时减少量分别为 1.87 mg/kg 和 0.15 mg/kg(21.6% 和 1.90%);在 Cd 初始浓度为 10 mg/L、20 mg/L、80 mg/L 和 100 mg/L 时,CP 施用使 FT 引起的变化量均有所增加,增加范围为 4.89~231 mg/kg,增加率为 28.8%~340%;在 Cd 初始浓度为 50 mg/L 时,CP 施用使其在 F1 时由 FT 引起的变化量减少了 16.9 mg/kg,但却使 FT 引起的变化率增加了 28.8%,之后随着 FT 频率的增加,CP 施用使 FT 引起的变化量和变化率均有所增加,增加范围分别为 56.4~129 mg/kg 和 188%~282%。

不同 FT 频率作用下,CP 施用后土壤对 Cd^{2+} 解吸率如图 9-5 所示。总体上,不同 FT 频率和不同 CP 浓度处理土壤对 Cd^{2+} 解吸率为 4.41%~40.2%,随着 Cd^{2+} 初始浓度的增加,土壤对 Cd^{2+} 解吸率并未呈现规则变化。在未冻融土壤中,CP 施用使土壤对 Cd^{2+} 解吸率平均下降了 35.1%;经 FT 处理后,在 FT 频率为 1、3、6 和 9 时,CP 施用使土壤对 Cd^{2+} 解吸率分别平均增加了 36.3%、126%、4.59% 和 1.90%。在不含 CP 和添加 CP 土壤中,与未冻融土壤相比,FT 处理土壤对 Cd^{2+} 的平均解吸率分别增加了 7.82% 和 1.21 倍。FT 改变了 CP 施用对土壤中 Cd^{2+} 解吸率的作用程度,CP 的施用,使 FT 作用于土壤对 Cd^{2+} 解吸率的作用程度增强。

2. 冻融作用下农药施用对土壤镉解吸过程的影响

利用 Freundlich 模型对不同 FT 频率作用下,农药施用对土壤中 Cd 等温解吸过程进行模拟分析,结果如图 9-6 所示。可见,随着 FT 频率的增加,CP 施用对

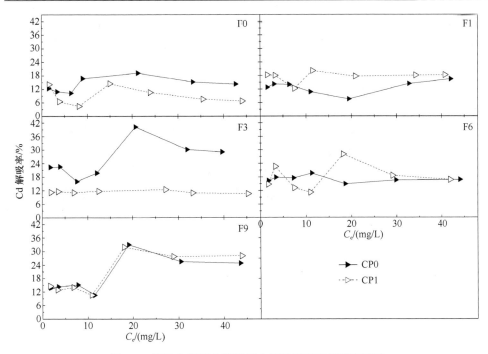

图 9-5 冻融作用下农药施用土壤对镉离子解吸率影响

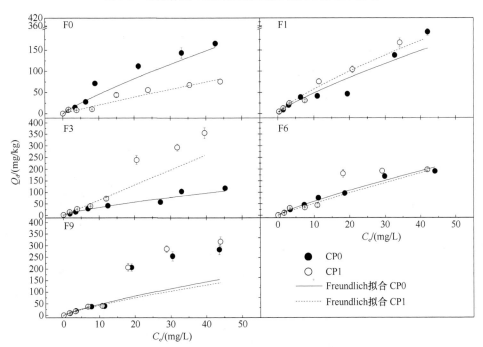

图 9-6 冻融作用下农药施用土壤中镉的 Freundlich 解吸方程

土壤中 Cd 解吸量的影响呈现波动式变化，具体表现为：在 FT 频率为 1 和 3 时，CP 施用使土壤对 Cd 的解吸量增加；而在 FT 频率为 0、6 和 9 时，CP 施用使土壤对 Cd 的解吸量增加，但在 F3 和 F9 时，其增量较低。

　　Freundlich 模型拟合参数 K_F、n 和相关系数 R^2 如表 9-6 所示。K_F、n、和 R^2 的取值范围分别为：$2.37 \sim 9.38$（mg/kg）$\times$（mg/L）$^{-n}$、$0.74 \sim 0.99$ 和 $0.739 \sim 0.985$。Freundlich 模型拟合的相关系数 R^2 均大于 0.700，说明 Freundlich 模型能够较好地模拟土壤中 Cd 的解析过程。在不含 CP 土壤中，随着 FT 频率的增加，K_F 和 n 值均呈现波动式变化，变化方向与等温吸附方程相应参数相反。添加 CP 后，随着 FT 频率的增加，K_F 和 n 值也呈现波动式变化，但 FT 引起的 K_F 和 n 值改变均受到影响，但并未呈现规律变化。

表 9-6　Freundlich 模型模拟解吸过程参数

处理组	K_F [（mg/kg）$\times$（mg/L）$^{-n}$]	n	R^2	处理组	K_F [（mg/kg）$\times$（mg/L）$^{-n}$]	n	R^2
F0	6.43	0.85	0.934	P0	2.37	0.74	0.739
F1	7.57	0.81	0.923	P1	9.38	0.79	0.931
F3	6.19	0.74	0.900	P3	6.71	0.99	0.878
F6	8.91	0.83	0.985	P6	6.11	0.92	0.953
F9	7.45	0.80	0.858	P9	6.94	0.79	0.954

9.4　讨　　论

9.4.1　冻融作用下农药施用对土壤中镉的等温吸附-解吸特性影响

　　Freundlich 模型拟合等温吸附方程中的非线性指数 n 值越小，吸附介质异质性越强的吸附区域越多，高能量吸附点位越多（Sarmah et al.，2010）。因此，n 值可以用来评估土壤对 Cd^{2+} 的吸附作用的强度，其值越小，土壤对 Cd^{2+} 的吸附能力越强。n 值随着 FT 的增加呈现波动式变化，说明随着 FT 的增加，土壤对 Cd^{2+} 的吸附能力也是强弱波动。添加 CP 后，n 值增加，说明 CP 施用促进了土壤对 Cd^{2+} 的吸附。在 Freundlich 模型拟合等温解吸方程中，n 值的变化方向与解吸过程相反，说明土壤对 Cd^{2+} 的吸附能力弱时，解吸量增加。Langmuir 模型拟合等温吸附方程中的 Q_{max} 代表土壤对 Cd^{2+} 的最大表观吸附量，在不含 CP 土壤中，其值随着 FT 频率的增加呈现波动式变化，说明土壤对 Cd^{2+} 的最大表观吸附量也随着 FT 频率的增加而呈波动式变化，但添加 CP 后，土壤对 Cd^{2+} 的最大表观吸附量减少。Langmuir 模型拟合方程中的 K_L 值为强度因子，其值越大，说明土壤与 Cd^{2+} 的结合能力越强。在不含 CP 土壤中，K_L 随 FT 频率的增加而呈现波动式变化，添加 CP 后，随着 FT 频率的增加，K_L 和先是保持恒定，之后逐渐增加，说明不含 CP

时，土壤与的结合能力随着 FT 频率的增加而波动，添加 CP 后，土壤与 Cd^{2+} 的结合能力先保持恒定，后逐渐增强。R_L 值均远远小于 1，说明 Cd 在土壤中的吸附是自发的，且是非线性的，Freundlich 模型的拟合相关系数高于 Langmuir 模型也证明了这一点，同时说明土壤对镉离子的表观吸附可能主要以非均质性为主。

9.4.2　冻融作用下农药对农业面源镉流失的影响

环境中自然或人为因子变化使土壤中重金属的吸附平衡被打破，土壤所吸附的重金属将被释放（Covelo et al.，2007）。通过静电交互和氢键结合作用，土壤中 CP 能够与 Cd 竞争吸附位点（Shen et al.，2007）。同时，CP 的初级生物转化产物一氧化氯吡硫磷（chlorpyrifosoxon）能够显著抑制土壤酶活性，或者显著降低土壤缓冲容量（Giesy et al.，2014；Williams et al.，2014）。随后，土壤有机质和 pH 发生显著变化，进而影响土壤中 Cd 的释放。FT 过程能够破坏土壤团聚体。FT 在破坏土壤团聚体的过程中，土壤中 DOC 增加，铁锰氧化物也可以被释放出来（Campbell et al.，2014；Wang et al.，2015a）。DOC 与铁锰氧化物可以与土壤吸附的 Cd 形成溶解性络合物，从而增加了土壤中 Cd 的释放量（Beesley et al.，2014）。DOC 的增加可以降低土壤可逆吸附态的 Cd 向不可逆吸附形态的转化速率，而该转化速率随着温度的增加而增加（Almås et al.，2000）。FT 可以极易通过降低土壤 pH 和 游离铁氧化物含量，以促进 DOC 吸附的 Cd 的解吸（Ming et al.，2014）。更为重要的是，随着 FT 频率的增加，FT 的作用强度被作用时间和冻融温度强烈支配（Wang et al.，2015a）。研究表明，当 pH 为 4.0～7.7 时，土壤 pH 每增加 1 个单位，土壤镉的解吸量相应地降低 16%左右，随着土壤 pH 的增加，土壤的电动电势更多地表现为负电性，由于土壤表面电荷的存在，土壤中镉的专性吸附增强；土壤有机质和/或水合铁铝氧化物对羟基-镉基团的选择性吸附能力也可能增强，镉更易形成不溶性氢氧化物沉淀（Yuan et al.，2007），土壤吸附容量能够增加 3 倍左右（Kabata and Pendias，2001）。同样不可忽略的是，土壤中的微生物结构和功能对土壤湿度和温度极为敏感 （Jefferies et al.，2010）。这是因为土壤冻结过程可以引起土壤中游离氨基酸和糖分增加，土壤呼吸作用和脱氢酶活性增强（Ivarson and Sowden，1970）。相应地，土壤 pH 降低，DOC 含量增多。在低 pH 状态下，土壤中 Cd 极易与土壤中有机质络合（Song et al.，2015）。但是，DOC 的增多，又可以反过来使土壤 pH 和 CEC 增多，从而限制了 Cd 与有机质的络合过程（Ming et al.，2014）。因此，本研究中，在相同 FT 频率和同一 CP 浓度处理下，Cd 的初始溶液不同时，土壤中 Cd 吸附-解吸量的变化程度也不同；在同一 Cd 初始平衡液浓度，不同 FT 频率作用下，CP 施用水平不同引起的土壤中 Cd 的等温吸附-解吸特性变化程度也不同；FT 能够影响 CP 施用对土壤中 Cd 吸附-解吸量的作用程度，CP 施用后，FT 对土壤中 Cd 等温吸附-解吸量的作用程度也发生改变。

农业面源污染物从农田土壤流失到水体环境的输入量与人类农业活动、地表径流量和土壤侵蚀量高度相关（Ouyang et al., 2015）。随着农业集约化经营活动的快速推广，世界上许多地区的农田土壤中重金属和农药同时存在的现象，并且呈蓄积趋势（Amorim et al., 2012; Marković et al., 2010）。农药可以通过与重金属之间的交互作用影响重金属的环境行为过程及其引发的许多生态和健康风险问题（Amorim et al., 2012）。FT 能够显著地影响地表径流量和土壤侵蚀量（Ferrick and Gatto, 2005; Ouyang et al., 2015）。因此 FT 和农药之间的交互效应能够通过影响 Cd 的等温吸附-解吸过程，一方面使农田土壤中 Cd 吸附在固体颗粒物随地表径流和土壤侵蚀流失，另一方面固体颗粒物吸附的 Cd 也可以被释放而随水流流失。

9.5 小　　结

本章通过室内模拟分析实验，研究不同冻融频率和不同农药水平下，土壤对镉离子吸附-解吸过程的变化，主要结论如下。

（1）在 FT 频率为 0 和 1 时，CP 施用使土壤对 Cd^{2+} 吸附率分别平均下降了 9.87% 和 2.77% 左右；在 FT 频率为 3、6 和 9 时，CP 施用使土壤对 Cd^{2+} 吸附率分别平均增加了 3.97%、1.46% 和 3.35%。在不含 CP 土壤中，FT 处理土壤对 Cd^{2+} 的平均吸附率较未冻融土壤下降了 3.27%；添加 CP 后，FT 处理土壤对 Cd^{2+} 的平均吸附率较冻融土壤则增加了 8.87%。FT 改变了 CP 施用对土壤中 Cd^{2+} 吸附率的作用程度，CP 的施用，也使 FT 作用于土壤对 Cd^{2+} 吸附率的作用程度发生了改变。

（2）Freundlich 和 Langmuir 模型均能很好地模拟不同冻融和农药处理土壤中 Cd 的吸附等温线，Freundlich 模型模拟效果强于 Langmuir 模型。随着 FT 频率的增加，CP 施用对 Freundlich 和 Langmuir 模型模拟土壤中 Cd 吸附量的影响呈现波动式变化；Freundlich 和 Langmuir 吸附等温线中，在 FT 频率为 0 和 1 时，CP 施用使土壤对 Cd 的吸附量减少，而在 FT 频率为 3 和 9 时，CP 使土壤对 Cd 的吸附量增加。不含 CP 时，随着 FT 频率的增加，土壤对 Cd^{2+} 的吸附和结合能力均呈强弱波动；添加 CP 后，促进了土壤对 Cd^{2+} 的吸附，土壤与 Cd^{2+} 的结合能力先保持恒定，后逐渐增强。Cd 在土壤中的吸附是自发的，且是非线性的，土壤对 Cd^{2+} 的表观吸附可能主要以非均质性为主。

（3）在未冻融土壤中，CP 施用使土壤对 Cd^{2+} 解吸率平均下降了 35.1%；经

FT 处理后,在 FT 频率为 1、3、6 和 9 时,CP 施用使土壤对 Cd^{2+} 解吸率分别平均增加了 36.3%、1.26 倍、4.59% 和 1.90%。与未冻融土壤相比,在不含 CP 和 CP 施用土壤中,FT 处理土壤对 Cd^{2+} 的平均解吸率分别增加了 7.82% 和 1.21 倍。FT 改变了 CP 施用对土壤中 Cd^{2+} 解吸率的作用程度,CP 的施用,使 FT 作用于土壤对 Cd^{2+} 解吸率的作用程度增强。

（4）Freundlich 模型能够较好地模拟土壤中 Cd 的解吸过程。在不含 CP 土壤中,随着 FT 频率的增加,K_F 和 n 值均呈现波动式变化,变化方向与等温吸附方程相应参数相反。添加 CP 后,随着 FT 频率的增加,K_F 和 n 值也呈现波动式变化,但 FT 引起的 K_F 和 n 值改变均受到影响,但并未呈现规律变化。

第 10 章　冻融作用下农药施用对土壤中镉释放和形态转化特征影响

10.1　引　言

集约化农区是重要的食品生产基地，随着粮食需求的增加，集约化农区化肥、农药等农用化学品施用量也急剧增加，越来越多的外源重金属和农药进入土壤环境中（Amorim et al.，2012）。重金属和农药复合时，二者可以通过竞争吸附位点，发生化学反应（络合、氧化还原和沉淀等）和微生物过程产生交互作用（卢欢亮等，2013）。例如，草甘膦也能与铜（Morillo et al.，2002）、镉（Zhou et al.，2004）、锌和铅（Kobyłecka et al.，2000）等重金属离子形成络合物。一些重金属还能与农药作用而导致有机化（卢欢亮等，2013；王金花，2007）。而在镍-毒死蜱复合体系中，毒死蜱的存在使镍的毒性效应降低，表现为拮抗作用（Broerse and van Gestel，2010）；苄氯菊酯-镉复合时，二者对海底无脊椎生物 *Chironomus dilutus* 的联合毒性也始终表现为明显的拮抗作用（Chen et al.，2015b）。可见，在研究农田土壤中重金属向水体环境流失过程时，很有必要考虑农药的影响。

冻融过程（FT）是在冻融集约化农区开展环境和生态风险研究时不可或缺的一个方面。因为 FT 不但对土壤物理化学和生物学性质有重要影响（Campbell et al.，2014），而且能够影响地表径流量和土壤侵蚀量（Ouyang et al.，2015）。研究表明，土壤温度与气温有关（Ouyang et al.，2013d），即使是对气温的微小变化也极其敏感（Grossi et al.，2007）。在全球气候变暖的重要时期，气候变化的加剧会增加冻融循环过程发生的频率和区域范围（de Kock et al.，2015）。土壤性质是影响土壤中污染物流失行为的重要因素（Bolan et al.，2013），土壤侵蚀和地表径流是颗粒态重金属和农药自土壤向水体运输的重要驱动力之一（Ouyang et al.，2016b）。这就导致了重金属和农药不仅共存于土壤中，而且很有可能共存于自土壤和水体运输的整个面源扩散过程。更为重要的是，FT 过程很有可能与农药产生交互作用，使得农药对重金属面源流失行为的影响过程更为复杂。聚焦于这一主题的研究亟待开展。

农业系统中重金属面源的流失行为不仅与其在土壤中的浓度有关，而且还与其在土壤中的形态以及其从土壤固相向液相的释放通量有关。农田土壤中重金属的释放与环境因子密切相关。农药的大量施用又可以直接杀死土壤生物，土壤种群多样性降低，严重影响土壤活性，从而影响镉的固定与释放（Qishlaqi et al.，2009）。土壤 pH（Strobel et al.，2005）、溶解性有机质（Veselý et al.，2012）、氧化还原电位（du Laing et al.，2008）、质地（Aoun et al.，2010）、土壤阳离子交换量（Wang et al.，2014）和温度（Shoaei et al.，2014）等性质在至少一种因子变化时，都能显著影响土壤中重金属的释放。以往研究主要集中在土壤理化或者生物学性质对土壤中重金属释放特征的影响，关于 FT 对土壤中重金属释放特征的研究较少，综合考虑 FT 和农药二阶交互效应的研究更是鲜有报道。且在研究土壤中重金属释放时，将其与重金属形态联系起来的报道也极为有限。

镉（Cd）是一种移动性强、毒性高的重金属元素，因其对环境和人类健康产生有害影响而臭名昭著（Boparai et al.，2011）。随着输入量的持续增长，环境中的 Cd 在世界上的许多地区已经增加了数倍（Galunin et al.，2014）。灌溉、施药、施肥等农业耕作活动能够使土壤中的 Cd 流失到地表径流和土壤侵蚀流中，最终进入水体环境，引发水体环境风险（Pinto et al.，2015）。在过去的二十年间，土壤面源重金属 Cd 的流失加重了人类活动对流域环境的影响（Zhang and Shan，2008）。本研究第 2 章研究结果表明，Cd 和毒死蜱（CP）在研究区不同开垦方式的土壤中的含量均较高，且 Cd 具有最强的风险水平。而且，Cd 能通过与 CP 中氮苯环上的氮结合，或与毒死蜱中分子微粒螯合而形成螯合物（Chen et al.，2013）。Cd-CP 二阶交互效应时对人体肝毒性和动物神经元表现出显著的协同作用（He et al.，2015）。因此，本研究选取 Cd 和 CP 为代表性重金属和农药，拟实现以下目的：①通过室内模拟试验，研究 FT 和 CP 的二阶交互效应对农田土壤中 Cd 释放的影响；②基于形态分析，探讨 Cd 释放形态来源；③基于土壤理化性质和多元统计分析，阐述 FT 和 CP 交互效应下土壤中 Cd 的释放机制。

10.2　材料和方法

10.2.1　样品采集和理化性质分析

1. 样品采集和预处理

研究区地理位置、自然环境信息和农业活动状况同第 2 章所述。采样点位置信息和土壤样品预处理过程同 9.2.1（1.）节所述。

2. 土壤理化性质分析

土壤初始理化性质分析方法和结果同 9.2.1（2.）节所述。

10.2.2　土壤老化试验

称取 5 kg 至塑料箱内，量取 5 L 的 10 mg/L Cd^{2+}溶液至土壤中。将盛有土壤和 Cd 溶液的塑料箱避光，置于室温环境培养 2 个月，以使土壤和 Cd 溶液均匀混合，最终使土壤中 Cd 浓度被调节为 10 mg/kg。然后将土壤再次风干磨碎过筛备用。

10.2.3　冻融作用下农药处理试验

称取若干份经老化处理后的土样放入自封袋内。将称取后的土样分为两组，按照 5.2.1 节所测得的田间最大持水量（41.2%），一组添加不含农药 CP 的 10% 稀甲醇溶液（CP0），另一组添加含 CP 的 10% 稀甲醇溶液（土壤中 CP 含量为 5 mg/kg，CP1）。然后对所有的次级样品进行冻融处理，冻融处理方法同 5.2.2（1.）节所述。最后，将不含农药和添加农药处理组分别记为 F0、F1、F3、F6、F9 和 P0、P1、P3、P6、P9。每份处理设置 4 个重复，共称取 400 份土壤，其中 160 份用于 Cd 释放试验，其余用于土壤理化性质测定。

10.2.4　冻融作用下农药施用后土壤中镉提取试验

1. 梯度薄膜扩散技术提取

将梯度薄膜扩散技术（diffusive gradient in thin films technique，DGT）装置自 4℃冰箱中取出，常温处理 6 h 后，用超纯水冲洗掉装置表面保湿液。将土壤重量为 20 g、经冻融和农药处理后的土壤转移至样品盒内，按照标准程序安装 DGT 装置（王芳丽，2012）。24 h 后，将 DGT 装置快速去除，并清理表面附着物和水分。将 DGT 结合相取出，置于含 1 mol/L HNO$_3$溶液的离心管中，静置 24 h 后，将其用超纯水稀释 10 倍，储存于 4℃冰箱中储存待测。

2. 土壤孔隙水提取

将 DGT 装置取出后的剩余土壤，转移至离心管中，于 10 000 r/min 离心 10 min，将离心上清液过 0.45 μm 滤膜，稀释 10 倍后，储存于 4℃冰箱中储存待测。具体方法见 Song 等（2013）报道的文献。

3. 乙酸溶液提取

将质量为 0.50 g、经冻融和农药处理后的土壤转移至 50 mL 聚四氟乙烯离心管中，加入 20 mL 乙酸溶液（H Ac，0.11 mol/L，pH = 7），20℃恒温振荡 16 h 后，于 10 000 r/min 离心 10 min，将离心上清液过 0.45 μm 滤膜，储存于 4℃冰箱中储存待测。具体方法见 Pueyo 等（2008）报道的文献。

4. 乙二胺四乙酸二钠溶液提取试验

将质量为 5.00 g、经冻融和农药处理后的土壤转移置 50 mL 聚四氟乙烯离心管中，加入 25 mL 乙二胺四乙酸二钠溶液（EDTA-2Na，0.05 mol/L，pH = 7），20℃恒温振荡 2 h 后，于 10 000 r/min 离心 10 min，将离心上清液过 0.45 μm 滤膜，储存于 4℃冰箱中储存待测。具体方法见 Smith 等（1996）报道文献。

5. 氯化钙溶液提取

将质量为 1.00 g、经冻融和农药处理后的土壤转移置 50 mL 聚四氟乙烯离心管中，加入 20 mL 乙二胺四乙酸二钠溶液（$CaCl_2$，0.01 mol/L，pH = 7），20℃恒温振荡 2 h 后，于 10 000 r/min 离心 10 min，将离心上清液过 0.45 μm 滤膜，储存于 4℃冰箱中储存待测。具体方法见 Tian 等（2008）报道文献。

10.2.5　冻融作用下农药施用后土壤中镉形态测定

土壤中 Cd 形态分布采用改进的 Tessier 六步提取法测定，其简要步骤如表 10-1 所示（Yusuf，2007）。该方法将土壤中 Cd 形态分为以下 6 种：水溶态（water soluble-Cd，Wat-Cd）、交换态（exchangeable Cd，Exc-Cd）、碳酸盐结合态（carbonates-bounded Cd，Car-Cd）、铁锰氧化物结合态（Fe-Mn oxides-bonded-Cd，Oxi-Cd）、有机结合态（organic matter-bonded Cd，Org-Cd）和残渣态（residual Cd，Res-Cd）。土壤中每种形态的 Cd 含量以百分含量表示，由各形态 Cd 含量与六种形态含量之和的比值计算获得。

表 10-1　改进的 Tessier 六步提取法

步骤	形态	提取法
1	水溶态	水溶（20℃，1 h）
2	交换态	1 mol/L NH_4OAc（pH=7.0，2 h）
3	碳酸盐结合态	1 mol/L NH_4OAc（pH=5.0，2 h）
4	铁锰氧化物结合态	0.04 mol/L $NH_2OH\text{-}HCl$ in 25% HOAc（60℃，6 h）
5	有机结合态	30% H_2O_2（Ph=2，80℃，5.5 h）+3.2 mol/L NH_4OAc in 20% HNO_3（30 min）
6	残渣态	$HF\text{-}HNO_3\text{-}HClO_4$ 酸混合（1：2：2）

10.2.6　冻融作用下农药施用后土壤理化性质分析

将经过冻融和农药处理后的土壤按照 9.2.1（2.）节中所述方法测定理化性质。

10.2.7　镉含量分析、质量控制和统计分析

1. 镉含量分析和质量控制

各提取液中 Cd 含量采用电感耦合等离子发射光谱仪（ICP-OES，IRIS Intrepid

II XSP，Thermo Electron，USA）测定。每批样品都采用标准物质（GBW-07402，中国计量科学研究院）4 次重复的平均值作为参考。运行空白进行背景校正并识别其他误差来源。每隔 20 个样品设置 1 个近似浓度的标准溶液进行校正。方法测定 Cd 回收率为 98.4% ± 0.05%，检出限为 0.003 mg/kg，相对标准偏差都低于 5%。试验中所用的各种试剂和药品均为分析纯以上，所有玻璃器皿和离心管均用 10% HNO_3 浸泡过夜处理，用去离子水充分冲洗晾干使用。

2. 土壤中镉通量、土壤再补给能力和释放动力学过程相关指标计算

按照式（10-1）～式（10-7）和 DIFS 模型（DGT induced fluxes in sediments and soils）分别计算结合相中 Cd 含量（M）、土壤-DGT 界面之间 Cd 通量（F）、DGT 提取的 Cd 含量（C_{DGT}）、土壤中 Cd 有效浓度（C_E）、R 值、Cd 分配系数（K_d）和反应时间（T_c）。

$$M = \frac{C_e \times (V_{HNO_3} + V_{gel})}{f_e} \tag{10-1}$$

式中，C_e 为稀释前 HNO_3 溶液中 Cd 含量（μg/L）；V_{HNO_3} 为离心管中预加 HNO_3 溶液的体积（mL）；V_{gel} 为结合相体积（0.15 mL）；f_e 为 Cd 洗脱因子（0.8）。

$$F = \frac{M}{t \times S} \tag{10-2}$$

式中，t 为 DGT 提取时间（s）；S 为 DGT 有效接触土壤（2.54 cm^2）。

为了便于分析，研究中常用 pF 来描述通量并进行差异比较，可由式（10-3）计算获得：

$$pF = -\log F \tag{10-3}$$

式中，pF 为通量 F 的负对数值；pF 值越小，F 值越大（Zhang et al.，1998）。

DGT 提取的土壤中 Cd 释放浓度可由式（10-4）计算获得：

$$C_{DGT} = \frac{F \times \Delta g}{D} \tag{10-4}$$

式中，C_{DGT} 为 DGT-土壤界面处 Cd 浓度（μg/L）；Δg 为扩散层或滤膜的厚度（0.08 cm 和 0.014 cm）；D 为结合相中 Cd 的扩散系数（10^{-6} cm^2/sec）。

为了更好地研究土壤溶液在 DGT 测量时间内的变化程度，引入 R 值，用来描述当土壤溶液中的 Cd 被转移或消耗时土壤颗粒物补充金属的能力，可由式（10-5）计算获得（Luo et al.，2014）：

$$R = \frac{C_{DGT}}{C_{ss}} \tag{10-5}$$

式中，C_{ss} 为土壤孔隙水中 Cd 浓度（mg/L）；

$0<R<1$。根据 R 值，可以将土壤颗粒物补给 Cd 的能力分为 3 种：$0.95<R<1$，完全持续型，土壤固相能够快速补充 Cd 到土壤液相中；$R=R_{diff}$，单扩散性，土壤固相无法补充 Cd 到土壤液相中；$R_{diff}<R<0.95$，部分扩散型，土壤固相部分补充有效态 Cd 到土壤液相中（Luo et al.，2014）。R_{diff}：假设土壤中不存在固相到液相补给时 DGT 测定值 C_{diff} 与土壤孔隙水中 Cd 浓度 C_{ss} 比值（Zhang et al.，2001）。

利用 DIFS 模型可以估算出土壤中 Cd 的 R_{diff} 值、Cd 在土壤颗粒与溶液间的分配系数 K_{dl} 和特征响应时间 T_c，进而评估土壤释放 Cd 的动力学过程（Degryse et al.，2006）。2D DIFS 模型输入界面的参数如表 10-2 所示（Sochaczewski et al.，2007），主要包括：土壤 R 值、T_c、土壤中 Cd 的分配系数 K_d、土壤颗粒浓度 P_c、扩散层和土壤中的扩散系数 D_d 和 D_s、扩散层和土壤孔隙度 $\varPhi_d$ 和 $\varPhi_s$、土壤孔隙水中 Cd 的初始浓度 C^0、DGT 放置时间 T、扩散层厚度 Δg、模拟次数 Times、初始模拟边界尺寸 Domsize、相对误差 rtol 和绝对误差 atol。DIFS 模拟输出界面结果如图 10-1 所示，可以模拟观测 DGT 放置时间 24 h 内，模拟边界尺寸（图中 Domain Mesh）变化、DGT 吸附金属浓度（图中 Sorbed Concentration）、DGT 蓄积金属含量（图中 Mass Profiles）和 R 值的动态过程。

表 10-2　DIFS 模型输入参数

序号	参数	描述	单位
1	R	试验测定 R 值	—
2	T_c	特征响应时间	sec
3	K_d	分配系数	cm³/g
4	P_c	土壤颗粒浓度	g/cm³
5	D_d，D_s	扩散层和土壤中的扩散系数	cm²/sec
6	$\varPhi_d$，$\varPhi_s$	扩散层和土壤孔隙度	
7	C^0	土壤孔隙水最初浓度	mol/cm³
8	T	DGT 放置时间	hs
9	Δg	扩散层厚度	cm
10	Times	模型模拟次数（缺省值=40）	—
11	Domsize	最初模拟边界尺寸（缺省值=0.01）	cm
12	rtol	相对误差（缺省值 = 10^{-3}）	—
13	atol	绝对误差（缺省值 = 10^{-6}）	—

同时，基于式（10-6）和式（10-7），DIFS 模型也可以模拟计算并输出土壤颗粒物吸附和解吸动力学常数的结果。

$$K_d = \frac{C_s}{C_{ss}} = \frac{k_f}{P_c \times k_b} \tag{10-6}$$

$$T_c = \frac{1}{k_f + k_b} = \frac{1}{(1 + K_d \times P_c) \times k_b} \approx \frac{1}{P_c \times k_b \times K_d} \tag{10-7}$$

式中，k_f 为土壤颗粒物吸附速率常数；k_b 为土壤颗粒物解吸速率常数。

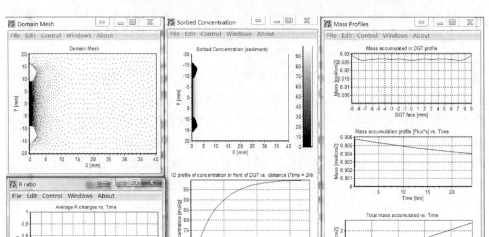

图 10-1　2D DIFS 模型输出动态结果

3. 统计分析方法

数据统计分析和图表绘制由 Excel v.2010、SPSS v.16.0、2-DIFS 和 Origin v.8.0 实现。选用 One-way ANOVA 进行方差分析；用邓肯（Ducan）检验多重比较区组间差异，$P<0.05$ 时差异显著；回归-通径分析（regression-pathway analysis，RPA）被用来评估土壤中各理化指标对土壤中 Cd 释放量的作用效应（Wright，1922）。该方法通过分解自变量与因变量之间的表面直接相关性（correlation），来分析自变量对因变量的直接（direct pathway coefficient，r_d）与间接（secnondhand or indirect pathway coefficient，r_i）重要性，被广泛应用于多种因素能够相互影响的众多领域中（Xavier et al.，2016）。在 RPA 分析过程中，本研究选取皮尔逊（Pearson）双尾检验，$P<0.05$ 时，两组之间显著相关，$P<0.01$ 时，两组之间极显著相关。

10.3　结　　果

10.3.1　冻融作用下农药施用对土壤中镉释放特征影响

1. 冻融作用下农药处理土壤中乙酸、乙二胺四乙酸二钠和氯化钙溶液提取的镉释放量变化

不同处理土壤中乙酸（C_{ac}）、乙二胺四乙酸二钠（C_{ed}）和氯化钙（C_{ca}）溶液

提取态的 Cd 释放含量如图 10-2 所示。在不含 CP 土壤中，C_{ca}、C_{ac} 和 C_{ed} 浓度范围分别为 1.20~1.61 mg/kg、1.39~1.84 mg/kg 和 3.35~4.12 mg/kg。总体来说，随着 FT 频率的增高，C_{ca} 和 C_{ed} 也逐渐增加，而 C_{ac} 呈现波动变化。但在冻融 9 次后，冻融土壤中 C_{ca}、C_{ac} 和 C_{ed} 均高于未冻融土壤。尤其是 F9 土壤中 C_{ca} 和 C_{ed}，与未冻融土壤相比，二者分别增加了约 27.2% 和 22.9%，达显著水平（$P<0.05$）；同时二者也显著高于其他冻融处理土壤（$P<0.05$）。尽管 F1 和 F0 处理土壤中 C_{ca} 不存在显著差异（$P>0.05$），其他任意两组冻融处理土壤中 C_{ca} 均存在显著差异（$P<0.05$）。在 F1 处理土壤中 C_{ac} 含量最高，且显著高于其他冻融处理组（F6 除外，$P<0.05$）。F6 处理土壤中 C_{ac} 含量显著高于 F1 或 F3 处理土壤（$P<0.05$）。

添加 CP 后，C_{ca}、C_{ac} 和 C_{ed} 浓度范围分别为 1.06~1.45 mg/kg、2.75~3.26 mg/kg 和 3.24~3.93 mg/kg。总的来说，与未添加 CP 土壤类似，随着 FT 频率的增加，添加 CP 土壤中 Cd 的释放量也呈现波动式增加的趋势（C_{ac} 除外）。然而，值得一提的是，在 CP 的作用下，FT 处理作用下 C_{ca}、C_{ac} 和 C_{ed} 的增量分别缩减了 10.9%、56.3% 和 19.5%。与未冻融土壤相比，冻融 9 次后，土壤中 C_{ac} 降低了 27.5%，而 C_{ed} 则增加了 9.76%。具体来说，不同处理土壤中 C_{ca} 不存在显著差异（$P>0.05$）。任意两组处理土壤中的 C_{ac} 均存在显著差异（$P<0.05$），但 P3 和 P6 差异不显著（$P>0.05$）。P6 和 P9 处理土壤中 C_{ed} 均显著高于其他冻融处理组（$P<0.05$）。与不含 CP 的土壤相比，添加 CP 后，土壤中 C_{ca} 显著增加了 16.2%±4.54%（$P<0.05$）。但是，C_{ac} 和 C_{ed} 无显著变化（$P>0.05$）。

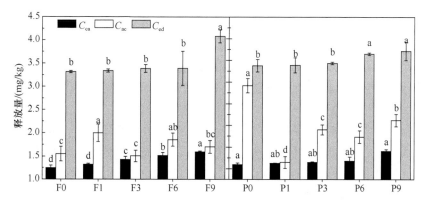

图 10-2　冻融和农药处理土壤中 HAc、EDTA-2Na 和 CaCl$_2$ 溶液提取的镉释放量

2. 冻融作用下农药处理土壤孔隙水中和 DGT 提取的镉释放量以及镉通量变化

不同处理土壤中 Cd 的 DGT 测定浓度 C_{DGT}、Cd 描述通量 pF 和土壤孔隙水中

Cd 浓度 C_{ss} 如图 10-3 所示。在不含 CP 土壤中，C_{DGT}、C_{ss} 和 pF 浓度范围分别为 25.4～72.5 μg/L、150～211 μg/L 和 2.27～2.73 μg/L。总体来说，随着 FT 频率的增高，C_{DGT} 逐渐降低，pF 逐渐增高，而 C_{ss} 呈现波动变化。差异显著性分析结果表明，随着 FT 频率的增高，C_{DGT} 显著降低（F1 和 F3 之间差异不显著除外，$P<0.05$），在冻融 9 次结束后，与未冻融土壤相比，冻融土壤中 C_{DGT} 显著降低了 55.1%；相反，pF 显著增高（$P<0.05$），在冻融 9 次结束后，与未冻融土壤相比，冻融土壤中 pF 显著增加了 15.1%。在不同频率的 FT 处理土壤中，C_{ss} 在 F3 时达最大值，但仅显著高于 F6 处理土壤（$P<0.05$），其他 FT 处理之间无显著差异（$P>0.05$）。

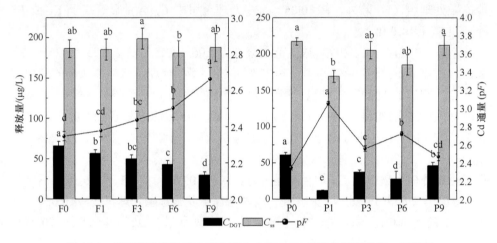

图 10-3　冻融和农药处理土壤孔隙水中和 DGT 提取的镉释放量、镉通量

添加 CP 后，C_{DGT}、C_{ss} 和 pF 浓度范围分别为 11.4～64.1、125～236 μg/L 和 2.32～3.07。总的来说，随着 FT 频率的增加，添加 CP 土壤中 C_{DGT}、C_{ss} 和 pF 均呈现波动式变化。差异显著性分析结果表明，任意两组 FT 处理土壤中的 C_{DGT} 均存在显著差异（$P<0.05$），未冻融土壤中含量最高，F1 处理土壤中含量最低，冻融 9 次后，降低了 24.3%。相反，未冻融土壤中 pF 最低，F1 处理土壤中最高，但在冻融 9 次后，未冻融和冻融土壤中 pF 之间无显著差异（$P>0.05$）。不同 FT 处理土壤中，C_{ss} 最低值出现在 P1 处理土壤中，且显著低于 P0 或 P9（$P>0.05$），其他组之间无显著差异（$P>0.05$）。与不含 CP 的土壤相比，添加 CP 后，C_{DGT} 和 pF 分别显著降低和增加了 25.0% 和 7.01%（$P<0.05$），C_{ss} 虽增加了 2.19%，但并未达显著性水平（$P>0.05$）。

3. 冻融作用下农药处理再补给能力和释放动力学过程

根据公式计算和 DIFS 模型模拟结果，得到冻融和农药处理土壤 R 值、R_{diff}

值、分配系数 K_d、反应时间 T_c 和解吸速率常数 k_b，结果如表 10-3 所示。土壤中 R 值和 R_{diff} 值分别介于 0.07～0.36 和 0.001～0.05，分配系数 K_d 介于 2.68～176 cm^3/g，反应时间 T_c 介于 147～989 s，解吸速率常数 k_b 介于 3.53 × 10^{-6}～181 × 10^{-6} s^{-1}。在不含 CP 土壤中，随着 FT 频率的增加，R 值和 R_{diff} 值均逐渐降低，分配系数 K_d 值逐渐降低而 k_b 值则逐渐增加，反应时间 T_c 值呈现波动式变化。添加 CP 后，随着 FT 频率的增加，土壤 R 值、R_{diff} 值、分配系数 K_d、反应时间 T_c 和解吸速率常数 k_b 值均呈波动式变化。所有处理土壤中 R 值均介于 R_{diff} 值和 0.95 之间。

表 10-3　冻融和农药处理土壤 R 值、R_{diff} 值、分配系数、反应时间和解吸速率常数

外观	R	R_{diff}	K_d/（cm^3/g）	T_c/s	k_b/（10^{-6} s^{-1}）
F0	0.36	0.05	176	457	4.20
F1	0.31	0.02	71.0	401	15.8
F3	0.25	0.02	43.8	461	25.7
F6	0.24	0.01	36.0	489	31.0
F9	0.16	0.01	17.2	819	39.7
P0	0.28	0.05	117	989	3.53
P1	0.07	0.001	2.68	415	378
P3	0.18	0.01	25.2	147	150
P6	0.15	0.01	18.9	189	181
P9	0.22	0.02	38.2	187	88.5

10.3.2　冻融作用下农药施用对土壤中镉形态变化影响

冻融和农药处理土壤中镉形态变化如图 10-4 所示。土壤中 Wat-Cd、Exc-Cd、Car-Cd、Oxi-Cd、Org-Cd 和 Res-Cd 的百分含量分别介于 0.38%～0.60%、22.2%～27.9%、18.5%～25.0%、15.0%～25.5%、3.23%～6.88% 和 29.45%～51.5%。不管添加 CP 与否，土壤中 6 种形态的 Cd 均随着 FT 频率的增加而呈现波动式变化。差异显著性分析表明，在不含 CP 土壤中，Wat-Cd 在 F3 或 F9 时，显著高于其他冻融处理土壤（$P<0.05$）；Exc-Cd 在也在 F3 时达到最大值，但仅仅显著高于未冻融土壤（$P<0.05$）；Car-Cd 在各冻融处理之间均无显著差异（$P>0.05$）；Oxi-Cd 先是在 F1 达到最小值，后又在 F9 达到最大值，但冻融处理与未冻融处理土壤并未表现出显著差异（$P>0.05$）；Org-Cd 在 F9 降低到最小值，且显著低于其他组含量（$P<0.05$）；Res-Cd 在各 FT 处理组之间均不存在显著差异（$P>0.05$）。在冻融 9 次结束后，与未冻融土壤相比，FT 导致 Wat-Cd 和 Exc-Cd 分别显著增加了 56.0% 和 14.0%（$P<0.05$），而 Org-Cd 则显著降低了 40.3%（$P<0.05$）。

差异显著性分析表明，添加 CP 后，Wat-Cd 在 F1 或 F9 时，显著高于其他冻融处理土壤和未冻融土壤（$P<0.05$）；Exc-Cd 在 F3 或 F9 时显著高于未冻融处理土壤（$P<0.05$）；冻融处理组土壤中 Oxi-Cd 含量均显著低于未冻融处理土壤（$P<0.05$）；Org-Cd 在 F9 降低到最小值，且显著低于其他组含量（$P<0.05$）；Exc-Cd、Car-Cd 和 Res-Cd 在各 FT 处理组之间均不存在显著差异（$P>0.05$）。与未冻融土壤相比，FT 导致 Wat-Cd、Exc-Cd 和 Res-Cd 分别显著增加了 32.5%、10.5% 和 8.56%（$P<0.05$），而 Oxi-Cd 和 Org-Cd 则分别显著降低了 12.1% 和 39.4%（$P<0.05$）。添加 CP 后，Wat-Cd、Exc-Cd 和 Res-Cd 分别显著增加了 55.8% ± 6.39%、6.70% ± 0.93% 和 23.6% ± 3.49%（$P<0.05$），而 Oxi-Cd 和 Org-Cd 则显著降低了 28.4% ± 3.70% 和 21.8% ± 1.47%（$P<0.05$）。

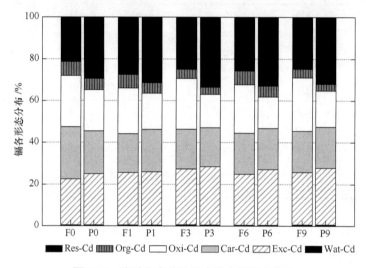

图 10-4　冻融和农药处理土壤中镉形态变化

10.3.3　冻融作用下农药施用后土壤理化性质变化特征

冻融和农药处理土壤中各理化指标变化特征如图 10-5 所示。土壤中 pH、阳离子交换量 CEC、溶解性有机碳 DOC、氧化还原电位 Eh、土壤容重 Bd 和黏土 Clay 含量范围分别为：5.26～5.65、15.8～18.7 cmol/kg、7.75～14.7 g/kg、494～611 mV、0.96～1.43 g/cm³ 和 21.1%～22.9%。在不含 CP 土壤中，随着 FT 频率的增高，土壤 pH、CEC、DOC、Eh 和黏土含量 Clay 均呈现波动式变化，而 Bd 则逐渐降低。差异显著性分析表明，FT 处理后的土壤 pH 显著低于未冻融土壤（$P<0.05$），在 F1 即迅速降至最低值；在冻融 9 次结束后，pH 显著降低了 2.5%（$P<0.05$）。土壤中 CEC 和 DOC 均在 F3 达到最大值，且显著高于未冻融土壤（$P<0.05$）；在冻融 9 次结束后，CEC 和 DOC 分别显著增加了 3.66% 和 17.1%。土壤中 Eh 先在

F1 迅速降至最低值后，随着 FT 频率的增加而逐渐增加，且各处理之间差异显著（F0 和 F6 之间的不显著差异除外，$P<0.05$）；在冻融 9 次结束后，Eh 增加了 2.02%。土壤 Bd 随着 FT 的增加而逐渐降低，至 F6 时降至最低值后趋于稳定，FT 处理组土壤 Bd 显著低于未冻融土壤（$P<0.05$）；在冻融 9 次结束后，Bd 降低了 25.0%。土壤黏土 Clay 含量随着 FT 频率的增加逐渐降低，在冻融 9 次后达到显著水平（$P<0.05$），减少量为 1.83%。

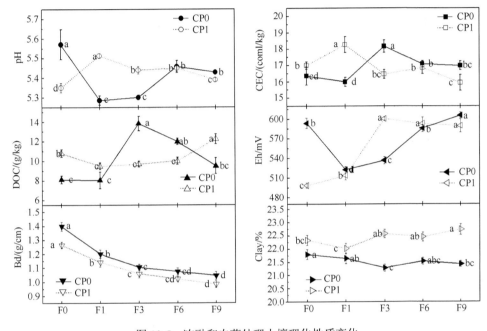

图 10-5　冻融和农药处理土壤理化性质变化

添加 CP 后，总体来说，本研究中土壤各理化指标（pH、CEC、DOC、Eh、Bd 和黏粒含量 Clay）对 FT 响应与不含 CP 土壤相似，即随着 FT 频率的增加，除 Bd 逐渐降低外，其余指标均呈现波动趋势。差异显著性分析结果表明，FT 处理后的土壤 pH 显著高于未冻融土壤（$P<0.05$），在 F1 即迅速增至最高值；在冻融 9 次结束后，pH 增加了 0.75%。土壤 CEC 的最大值自 F3 提前至 F1 出现，且显著高于其他处理组土壤（$P<0.05$）；但在冻融 9 次结束后，CEC 降低了 6.27%。FT 处理土壤中 DOC 与未冻融土壤存在显著差异（$P<0.05$），具体表现为先在 F1 降低，然后稳定至 F6 后开始显著增加（$P<0.05$）；在冻融 9 次结束后，DOC 增加了 13.2%。土壤中 Eh 随着 FT 频率的增加而显著增加（$P<0.05$），在 F3 达到最大值后，趋于稳定；在冻融 9 次结束后，Eh 增加了 18.3%。土壤 Bd 随着 FT 的增加而逐渐降低，至 F6 时降至最低值后趋于稳定，FT 处理组土壤 Bd 显著低于未冻

融土壤（$P<0.05$）；在冻融 9 次结束后，Bd 降低了 22.8%。土壤黏粒含量随着 FT 频率的增加而增加，在冻融 9 次后达到显著水平（$P<0.05$），增量为 1.84%。与不含 CP 土壤相比，添加 CP 后，仅有土壤黏粒的平均含量显著增加（$P<0.05$），其他指标（pH、CEC、DOC、Eh 和 Bd）并未表现出显著变化（$P>0.05$）。

10.3.4　土壤中镉释放量影响因子分析

利用相关性分析和 RPA 分析土壤中 Cd 释放量（C_{DGT}、C_{ss}、C_{ca}、C_{ac} 和 C_{ed}）和土壤理化指标（pH、CEC、DOC、Eh、Bd 和 Clay）之间的关系，结果如表 10-4 所示。结果表明，土壤中 Cd 释放量（C_{DGT}、C_{ss}、C_{ca}、C_{ac} 和 C_{ed}）与 pH、CEC 和 Bd 显著负相关（$P<0.05$），与 DOC 和 Clay 显著正相关（$P<0.05$）。土壤中 Eh 仅与 C_{ca} 和 C_{ed} 表现出显著相关关系。同时，土壤理化指标之间也表现出了一定的相关关系。具体来说，土壤 pH 与 CEC、Eh，CEC 与 DOC、Eh、Clay，DOC 与 Bd，之间的关系均达到了显著水平（$P<0.05$）。这说明，当土壤中某个理化性质发生变化时，可能引起土壤中其他理化性质的变化。土壤理化性质对土壤中 Cd 释放量的影响，不仅表现在其自身的直接作用，还表现在通过与其他性质的联合作用而体现出的间接影响。因此，为了将理化性质之间的相互影响考虑在内，本研究对土壤中 Cd 释放量与土壤理化指标之间的表面相关性进行分解，利用 RPA 过程进一步研究了土壤中 Cd 释放量与土壤理化指标之间的直接和间接关系，结果如表 10-5 所示。土壤不同理化性质对土壤中 C_{DGT}、C_{ss}、C_{ca}、C_{ac} 和 C_{ed} 影响的直接通径系数 r_d 依次为：Bd>DOC>CEC>pH>Eh>Clay、pH>Clay>Bd>Eh>DOC>CEC、Clay>CEC>Bd>DOC>pH>Eh、CEC>DOC>Clay>Bd>pH>Eh 和 Bd>DOC>Eh>pH>CEC>Clay。土壤不同理化性质对土壤中 C_{DGT}、C_{ss}、C_{ca}、C_{ac} 和 C_{ed} 的间接通径系数依次为：CEC>Bd>Eh>pH>Clay>DOC、CEC>Bd>Eh>pH>DOC>Clay、pH>Eh>CEC>Clay>DOC>Bd、pH>CEC>DOC>Bd>Clay>Eh 和 pH>DOC>Clay>CEC>Bd>Eh。不同的土壤理化性质对土壤中 Cd 释放量的直接和间接影响程度均不同。

表 10-4　土壤中镉释放量与土壤理化性质之间的相关性

指标	C_{DGT}	C_{ss}	C_{ca}	C_{ac}	C_{ed}	pH	CEC	DOC	Eh	Bd	Clay
pH	−0.500**	−0.567**	−0.586**	−0.463*	−0.602**	1					
CEC	−0.472*	−0.458*	−0.436*	−0.465*	−0.428*	0.448*	1				
DOC	0.401*	0.497*	0.448*	0.507**	0.537**	−0.399	−0.498*	1			
Eh	−0.133	−0.032	0.417*	−0.237	0.531**	0.466*	−0.412*	−0.055	1		
Bd	−0.620**	−0.469*	−0.464*	−0.401*	−0.585**	0.223	−0.036	−0.470*	−0.380	1	
Clay	0.401*	0.475*	0.618**	0.589**	0.501**	−0.118	−0.434*	0.075	0.106	−0.237	1

根据皮尔森相关的显著性检验在不同条件下（$P<0.05$，**$P<0.01$）进行显著统计。

表 10-5　土壤中镉释放量与土壤理化性质之间的回归通径分析

指标	C_{DGT}		C_{ss}		C_{ca}		C_{ac}		C_{ed}	
	r_d	r_i	r_d	r_i	r_d	r_i	r_d	r_i	r_d	r_i
pH	−0.401	−0.110	−0.913	0.331	0.355	−0.599	−0.316	−0.429	−0.232	0.341
CEC	−0.545	−0.594	0.191	−0.931	−0.784	0.498	−0.517	−0.387	0.168	−0.077
DOC	0.566	−0.078	0.441	−0.092	0.437	0.449	0.350	0.268	−0.348	0.220
Eh	0.263	−0.395	0.720	−0.752	−0.154	0.570	−0.196	−0.041	0.500	0.031
Bd	0.948	−0.428	0.815	−0.885	−0.582	0.219	0.320	−0.219	−0.523	−0.062
Clay	−0.031	0.106	0.816	−0.059	−0.989	0.453	0.324	0.191	−0.093	0.105

10.4　讨　　论

10.4.1　冻融作用下农药施用对土壤中镉释放特征的影响

土壤理化性质之间的相关性表明，FT 诱使某个理化性质改变时，同时也会引起其他理化性质的变化，FT 对土壤中 Cd 释放的影响，可能来自于多个理化性质的综合影响。本研究中冻融和农药处理试验结果表明，不管添加 CP 与否，随着 FT 的增加，土壤中 Cd 释放量（C_{DGT}、C_{ca} 和 C_{ed}）呈现波动式变化。这种现象与 FT 引起的土壤理化性质变化有关。本研究和已报道研究的结果均证明 FT 可以显著影响土壤 pH（Ming et al.，2014）。而土壤 pH 随着 FT 频率的增加而波动，且与土壤中 Cd 释放量呈显著负相关。这是因为 FT 可以通过破坏土壤团聚体，或者通过聚集土壤细小颗粒，改变土壤吸附界面的 H^+ 数量，从而改变土壤 pH（Wang et al.，2012）。同时，FT 在破坏土壤团聚体的过程中，土壤中 DOC 增加，铁锰氧化物也可以被释放出来（Wang et al.，2015a）。DOC 与铁锰氧化物可以与土壤吸附的 Cd 的形成溶解性络合物，从而增加了土壤中 Cd 的释放量（Beesley et al.，2014）。本研究中 DOC 与土壤中 Cd 释放量的显著正相关特征也很好地支持了这一结论。当 DOC 的作用强于其他理化性质的影响时，在 FT 过程中，土壤中 Cd 的释放量呈现上升的趋势。结合形态分析，可以推断这些增量主要来自于稳定态的 Cd（Oxi-Cd 和 Org-Cd）向易提取态 Cd（Wat-Cd 和 Exc-Cd）的转变，土壤中 Cd 释放量相应地增加。

同时，DOC 的增加，可以增加土壤孔隙度和渗透性，降低土壤 Bd，从而使土壤中的 Cd 被固定或者被释放（McIntyre and Guéguen，2013）。本研究中 Bd 与土壤中 Cd 释放量的显著负相关特点也支持这一结论。研究证明，DOC 的增加可以降低土壤可逆吸附态的 Cd 向不可逆吸附形态的转化速率，而该转化速率随着温度的增加而增加（Almås et al.，2000）。FT 可以极易通过降低土壤 pH 和 游离铁氧化物含量，以促进 DOC 吸附的 Cd 的解吸（Ming et al.，2014）。更为重要的是，随着 FT 频率的增加，FT 的作用强度被作用时间和冻融温度强烈支配（Wang et al.，2015b）。所以，可逆吸附形态的 Cd（Exc-Cd，Oxi-Cd 和 Org-Cd）含量发生波动式变化，最终导致土壤中 Cd 释放量也呈现波动式变化。同样不可忽略的是，土壤中的微生物结构和功能对土壤湿度和温度极为敏感（Jefferies et al.，2010）。这是因为土壤冻结过程可以引起土壤中游离氨基酸和糖分增加，土壤呼吸作用和脱氢酶活性增强（Ivarson and Sowden，1970）。相应地，土壤 pH 降低，DOC 含量增多。在低 pH 状态下，土壤中 Cd 极易与土壤中有机质络合（Song et al.，2015）。但是，DOC 的增多，又可以反过来使土壤 pH 和 CEC 增多，从而限制了 Cd 与有机质的络合过程（Ming et al.，2014）。因此，冻融 9 次后，不含 CP 土壤中 Oxi-Cd 含量增加，而 Org-Cd 含量显著降低。值得一提的是，本研究中 FT 可以通过影响 pH 和 CEC 使得土壤 Eh 产生波动变化。Eh 降低时，土壤中硫化物的形成和氧化会对 Cd 的释放起决定作用，同时与土壤中钙与二氧化碳的释放有密切关系（du Laing et al.，2007）。土壤中钙与二氧化碳可以通过改变土壤中 Cd 的形态分布。而且，Eh 的降低有利于有机酸的形成和铁锰氧化物溶解，从而促进土壤中 Cd 形成溶解性络合物，但长期还原条件，可以使土壤中 pH 升高，形成 Cd 的碳酸盐沉淀而被重新固定，最终对不同提取方法提取的土壤中 Cd 释放量产生影响（Tian et al.，2008）。因此，Eh 与不同提取方法提取的土壤 Cd 释放量相关性不同。

更为重要的是，当气候因子（如温度、水分、降雨和降雪）和土壤中污染物产生交互作用时，他们的交互作用很有可能使其单一作用的影响发生改变（Williams et al.，2014）。通过生态效应、有机化和配位作用，土壤中的 CP 也可以对土壤中 Cd 的释放产生影响（He et al.，2015）。通过静电交互和氢键结合作用，土壤中 CP 能够与 Cd 竞争吸附位点（Shen et al.，2007）。同时，CP 的初级生物转化产物一氧化氯吡硫磷能够显著抑制土壤酶活性，或者显著降低土壤缓冲容量（Williams et al.，2014）。随后，土壤有机质和 pH 发生显著变化，进而影响土壤中 Cd 的释放。因此，添加 CP 后，FT 对土壤中 Cd 释放的影响程度被削弱，表现为 FT 导致的释放增量减少。

10.4.2　冻融作用下农药施用对土壤中镉的再补给能力和释放动力学过程影响

不同 FT 频率和不同 CP 含量处理的土壤中 R 值均介于 R_{diff} 值和 0.95 之间，说明土壤颗粒物补给 Cd 的能力均属于部分扩散型（Luo et al.，2014）。也就是说，当土壤中 C_{ss} 浓度降低时，土壤颗粒物中的 Cd 能够通过解吸作用再补给 Cd 离子向液相迁移。但是，土壤颗粒物中 Cd 的解吸速率不如土壤孔隙水中 Cd 的耗损快，其再补给速率不足以维持 DGT 与土壤之间的界面浓度保持在初始浓度,即在 DGT 的不断移除作用下,二者之间的界面浓度越来越低。此时,R 值的大小实际上反映了土壤颗粒物再补给 Cd 离子到液相中去的能力。R 值的大小受土壤中非稳定态 Cd 的含量、K_d、T_c(或 k_b)和扩散系数(D_s 和 D_d)等多种因素共同影响。

　　DGT 测得的土壤中 Cd 浓度(C_{DGT})和土壤固相释放 Cd 到液相的通量 F [ng/($cm^2 \cdot s$)],常用 pF 来描述,其值越小,F 值越大,从土壤固相中持续供给 Cd 的能力越强 (Zhang et al., 1998)。随着 FT 频率的增高,不含 CP 土壤中的 pF 逐渐增高,添加 CP 后,未冻融土壤和冻融土壤中 pF 之间无显著差异。说明 FT 处理使土壤中 Cd^{2+} 由固相向液相迁移的再补给能力减弱,FT 处理土壤中不稳定态 Cd 的储量减小。未冻融土壤中,CP 存在时 pF 显著增加,说明 CP 使土壤中 Cd^{2+} 由固相向液相迁移的再补给能力减弱,即不稳定态 Cd 的储量减小。但是,CP 与 FT 的联合作用,使得二者对土壤中 Cd 的再补给能力单独效应减弱,即相较于 CP 单独处理土壤,FT 和 CP 同时处理的土壤中不稳定态 Cd 的储量较大。

　　K_d 是土壤颗粒物中能与孔隙水中金属交换的非稳态部分的分配系数,能更好地反映出土壤颗粒物中可以向液相中释放的有效态和潜在有效态金属容量的大小(Degryse et al., 2006)。土壤中 Cd 的 K_d 值主要受土壤 pH 影响(Luo et al., 2014)。随着 FT 频率的增加,不含 CP 土壤中的 K_d 值逐渐降低,CP 处理的土壤中 K_d 值呈波动式变化,K_d 值 与 R 值的变化规律表现出了一致性。反映除了 CP 和 FT 导致的非稳态 Cd 储量库大小的差异,K_d 值越高,土壤颗粒物相对可释放的 Cd 容量较高。但是,土壤中 Cd 的释放量还与动力学因素有关。T_c 可以认为是土壤液相中 Cd 浓度降低时,土壤颗粒物再补给 Cd 到土壤溶液中的响应时间;k_b 是土壤颗粒物吸附的 Cd 解吸到土壤溶液中时的解吸速率常数,由 K_d 值与 T_c 共同决定(Zhang et al., 2004)。相对而言,T_c 越短,k_b 越大,土壤中颗粒物解吸 Cd 的过程越快。随着 FT 频率的增加,不含 CP 土壤中的 k_b 值逐渐增加,T_c 值呈现波动式变化;CP 后的土壤中 T_c 和 k_b 均呈波动式变化,T_c 和 k_b 的变化趋势并不一致。说明土壤中 Cd 的释放动力学过程极其复杂,可能受各种因素的综合影响,使其难以预测。

10.4.3　冻融作用下农药施用对农田面源镉流失的影响

　　农业系统中重金属面源的流失行为不仅与其在土壤中的浓度有关,而且还与其在土壤中的形态以及其从土壤固相向液相的释放通量有关。农田土壤中重金属的释放与环境因子密切相关。农药的大量施用又可以直接杀死土壤生物,土壤种群多样性降低,严重影响土壤活性,从而影响 Cd 的固定与释放(Qishlaqi et al., 2009)。土壤温度、含水量、pH、DOC、CEC、Eh 和 Clay 含量等理化性质与土壤中 Cd 的释放量显著相关，FT 可以通过影响这些理化性质影响土壤中 Cd 的释放量。在土壤开始冻结时，由于土壤温度梯度的作用，土壤深层的水分子向上迁移，冻结层中土壤水势降低，在土壤温度降至冰点前，冻结土壤中的未冻融原位水分子向冻结锋面迁移（Hao et al.，2013）。因此，在 FT 过程中，溶解态的 Cd^{2+} 随着未冻融原位水的移动而迁移（Morvan et al.，2014）。在土壤融化过程中，温度的升高有利于土壤对 Cd 离子的离子交换吸附，但不利于专性吸附（Boparai et al.，2011）。这个过程可能会使土壤中 Wat-Cd 和 Exc-Cd 含量增加，从而引起土壤中 Cd 的释放量增加。相较于 CP 单独处理土壤，CP 与 FT 的联合作用使得土壤中不稳定态 Cd 的储量增大。土壤中 Cd 形态以 Exc-Cd 和 Res-Cd 为主。

在实际环境中，季节性冻融导致土壤理化性质（尤其是土壤容重和质地）发生改变，能够引起土壤孔隙比、持水能力、渗透性和土壤微结构的变化，从而有利于地表径流、土壤侵蚀的形成，进而引起污染物的流失。大量研究在开展营养物质的面源流失研究时证实了这一结论（Øgaard，2015）。冻融过程和连续性冻土能够增加土壤侵蚀量和地表径流量（Ouyang et al.，2015），从而携带大量颗粒态重金属进入水体环境中（Quinton and Catt，2007）。在冻融过程中，土壤中原位水有向冰冻峰移动的倾向，从而使溶解在水中的镉离子随水的移动而迁移扩散（Hao et al.，2013）。因此，在农药和积极性的综合影响下，研究区农田土壤中既很有可能以颗粒态形式大面积流失，也很有可能转化为可溶性非稳定形态，随 DOC 与水流的运动而流失到河流环境中。在全球气候变暖的重要时期，气候变化的加剧会增加冻融循环过程发生的频率和区域范围（de Kock et al.，2015）。同时，土壤侵蚀和地表径流也是农药自土壤向水体运输的重要驱动力之一（Ouyang et al.，2016a）。因此，在冻融集约化农区开展农业面源重金属流失相关研究时，将自然因子（如 FT）和人为因子（如农药）的综合作用的影响考虑在内，将会具有重要的科学意义。

10.5 小　　结

本章以代表性的重金属（最高污染风险水平的 Cd）为研究对象，研究了 FT 和代表性农药（含量较高的 CP）的联合作用对土壤中 Cd 释放特征、土壤 Cd 再补给能力和土壤 Cd 释放动力学过程的影响，并在分析形态分级和土壤理化性质的基础上，探讨了其影响机理，主要结论如下。

（1）随着 FT 频率的增加，不含 CP 土壤中的 C_{ca} 和 C_{ed} 也逐渐增加，而 C_{ac} 呈现波动变化；CP 处理的土壤中 Cd 的释放量除 C_{ac} 外，均呈现波动式增加的趋势，CP 使 FT 对 C_{ca}、C_{ac} 和 C_{ed} 的作用增量分别缩减了 10.9%、56.3% 和 19.5%，

土壤中 C_{ca} 显著增加了 16.2%。

（2）随着 FT 频率的增加，不含 CP 的土壤中 C_{DGT} 逐渐降低，pF 逐渐增高，C_{ss} 呈现波动变化；CP 处理土壤中 C_{DGT}、C_{ss} 和 pF 均呈现波动式变化；CP 使 C_{DGT} 和 pF 分别显著降低和增加了 25.0% 和 7.01%。

（3）随着 FT 频率的增加，不含 CP 土壤中的 R 值、R_{diff} 值和分配系数 K_d 值均逐渐降低，而 k_b 值则逐渐增加，响应时间 T_c 值呈现波动式变化；CP 后处理土壤中 R 值、R_{diff} 值、分配系数 K_d、反应时间 T_c 和解吸速率常数 k_b 值均呈波动式变化；FT 和 CP 处理土壤前后，土壤对 Cd 的再补给能力均属于部分缓冲型。

（4）随着 FT 频率的增加，不管添加 CP 与否，土壤中 6 种形态的 Cd 均呈现波动式变化。CP 处理使土壤中 Wat-Cd、Exc-Cd 和 Res-Cd 分别显著增加了 55.8% ± 6.39%、6.70% ± 0.93% 和 23.6% ± 3.49%，而 Oxi-Cd 和 Org-Cd 则显著降低了 28.4% ± 3.70% 和 21.8% ± 1.47%。

（5）随着 FT 频率的增加，不管添加 CP 与否，土壤中的 pH、CEC、DOC、Eh 和黏土 Clay 均呈现波动式变化，而 Bd 则逐渐降低。土壤中 Cd 释放量（C_{DGT}、C_{ss}、C_{ca}、C_{ac} 和 C_{ed}）与 pH、CEC 和 Bd 显著负相关，与 DOC 和 Clay 显著正相关，Eh 仅与 C_{ca} 和 C_{ed} 表现出显著相关关系。不同的土壤理化性质对土壤中 Cd 释放量的直接和间接影响程度均不同。

第 11 章 冻融作用下农药施用对不同水分含量土壤中镉流失的潜在贡献

11.1 引　　言

人类耕作活动导致重金属和农药广泛进入环境中，从而导致环境中重金属和农药的共存现象。耕地土壤中重金属和农药的交互作用已经引发了许多生态和健康风险问题，所以这种交互作用引起了世界范围的广泛关注（Amorim et al.，2012）。已有研究报道表明，重金属和农药的交互作用主要表现为协同或者拮抗作用（Laskowski et al.，2010）。例如，重金属 Cd 和杀虫剂乐果共存时表现为协同作用，即二者毒性都强于重金属和乐果单独存在时的毒性（Amorim et al.，2012）；而杀虫剂毒死蜱和重金属镍共存时则表现为拮抗作用，即杀虫剂毒死蜱可以通过竞争结合位点而降低重金属镍的毒性（Broerse and van Gestel，2010）。在研究重金属铜和农药多菌灵的交互作用对新杆状线虫（*Caenorhabditis elegans*）时则发现，在低浓度时表现为拮抗作用而高浓度时表现为拮抗作用（Jonker et al.，2004）。可见，在关于重金属和农药交互作用的研究中，多数是在室内开展的，试验条件可控（Laskowski et al.，2010）。值得注意的是，与室内环境相比，由于自然环境因素的巨大波动，实际的田间环境往往更为复杂。而且，有研究表明，相较于污染物之间交互作用，环境因素对这种交互作用的影响更为严重（Holmstrup et al.，2010）。然而，聚焦于这一论题的研究相当缺乏。

在上述提到的环境因素中，季节性冻融（FT）这一因素在中高纬地区相当常见。FT 和土壤水含量（SW）在控制土壤-植物-大气-气候系统中的物质运输和能量交换方面扮演着重要角色（Hao et al.，2013）。同时，FT 和 SW 的共同作用可以改变土壤物理化学和生物学性质，如土壤 pH、溶解性有机碳含量（DOM）以及土壤生物和酶活性（Reiser et al.，2014）。至少两个土壤属性指标可以控制重金属的环境行为（Wang et al.，2014）。这些土壤属性同时极易在农药的作用下发生改变（Williams et al.，2014）。例如，FT 可以破坏土壤团聚体，使得 DOM 含量增加，从而改变土壤中重金属结合容量增加（Campbell et al.，2014）。FT 对土壤团聚体的破坏程度随着 SW 的增加而增强，而一旦 SW 超过土壤水分饱和度时，其对土壤团聚体的破坏程度则下降（van Bochove et al.，2000）。在结冰过程中，土壤中的游离氨基酸和糖分总量会显著增加，引起土壤呼吸作用和脱氢酶活性增强（Ivarson and Sowden，1970）。而农药对土壤呼吸作用和脱氢酶活性极易产生影响（Giesy et al.，2014）。以上现象表明，与农药对重金属的单一作用相比，FT 和 SW 这两种自然因子和农药的交互作用对重金属的影响机制要复杂得多。因此，在研究污染物环境行为时，考虑自然因子的作用，尤其考虑自然因子与污染直接的交互作用，具有十分重要的科学意义。在设计试验时，多因素之间的交互作用亟待进一步深入研究。

据报道，实验设计法（DOE）可以实现试验统计信息最大化、实验结果明确化和试验繁琐度最小化（Lee et al.，2006）。DOE 中的 2^n（n 为影响因素个数）全因素设计（full factorial design）作为统计工具，在试验设计方面获得广泛好评（Gravetter and Wallnau，2013）。在 2^n 全因素设计过程中，研究中所涉及的影响因素被定义为两个水平，即最低和最高两个水平阈值，作为设计中输入-输出数据对（Buragohain and Mahanta，2008）。在此基础上，得到影响因子的效应估计值（E），从而评价影响因素的主效应（main effect）和交互效应（interaction）。E 越高，影响程度越大。影响因素的主效应反映了影响因子的单一作用，交互效应则反映了影响因子之间的二阶或高阶交互作用（Gravetter and Wallnau，2013）。在行为科学领域中，在分析研究对象对多种影响因素综合作用的随机响应时，该方法被广泛应用。

综上所述，为了进一步研究自然因素和农药之间的高阶交互作用对重金属流失的影响，考虑到已有报道表明土壤重金属的流失量与土壤中重金属的形态有关（章明奎和夏建强，2004），本章基于重金属形态和活性分析法，实现以下目的：①评价自然因素（FT 和 SW）和农药之间的二阶和三阶交互效应对耕地土壤中重金属流失的影响；②尝试定量评价以上影响因素对重金属流失的贡献率。由于具有易于在耕地土壤中富集（Shan et al.，2013）、毒性和移动性强以及对乙酰胆碱酯酶活性的抑制作用等内部特征（Giesy et al.，2014），结合第 3 章研究结论，重金属 Cd 元素和杀虫剂（CP）被选为代表性污染物。

11.2　材料和方法

11.2.1　样品采集

采样点位置信息、土壤预处理方法和土壤初始理化性质同 9.2.1 节所述。

11.2.2　土壤老化试验

土壤老化试验过程同 10.2.2 节所述。

11.2.3　冻融作用下水分和农药处理试验

　　称取若干份经老化处理后的土样放入自封袋内，每份土壤质量为 1 g。如图 11-1 所示，试验采取完全随机设计将土样分为 40 组，每组设置 4 个重复，共计 160 个处理样品。试验将土壤含水量设为 4 个水平，分别为田间最大持水量（41.2%，测定值，见 5.2.1 节）的 70%（SW1）、100%（SW2）、120%（SW3）和 150%（SW4）；将农药 CP 设置为 2 个水平，分别为 0（CP0）和 5 mg/kg（CP1）。冻融处理过程同 9.2.2 节。

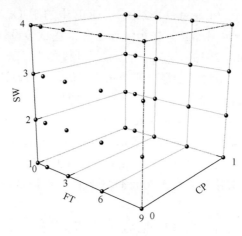

图 11-1　试验设计

11.2.4　土壤中镉形态提取和活性计算

　　土壤中 Cd 形态分布采用改进的 Tessier 六步提取法测定，提取步骤同 10.2.5 节和 10.2.6 节所述。据报道，基于形态分布，土壤中 Cd 活性可以由 "移动因子"（mobility factor，M）和 "生物因子"（bioavailability factor，B）表示，反映了土壤中潜在生物有效性和潜在移动性，可分别由式（11-1）和式（11-2）计算获得（王展等，2013a）：

$$M\ (\%) = \frac{\text{Wat-Cd} + \text{Exc-Cd}}{\text{Wat-Cd} + \text{Exc-Cd} + \text{Car-Cd} + \text{Oxi-Cd} + \text{Org-Cd} + \text{Res-Cd}} \tag{11-1}$$

$$B\ (\%) = \frac{\text{Wat-Cd} + \text{Exc-Cd} + \text{Car-Cd}}{\text{Wat-Cd} + \text{Exc-Cd} + \text{Car-Cd} + \text{Oxi-Cd} + \text{Org-Cd} + \text{Res-Cd}} \tag{11-2}$$

11.2.5　数据统计

　　描述性数据和统计分析由 Excel v.2010、SPSS v.16.0、Minitab v.16.0 和 Origin v.8.0 实现，以平均值 ± 标准差（standard deviation，S.D.）表示。通过 SPSS v.16.0 中广义线性模型（GLM）过程实现各影响因素所有水平的差异显著性分析，显著性水平为 0.05。该模型可以明确定义连续性输出因变量（Cd 形态和活性指标）和多元自变量（FT，SW 和 CP）之间关系（Abu-Zidan and Eid，2015）。在这个过程中，该模型通过最小二乘法实现 ANOVA 的分析过程（Hammer et al.，2015）。与 DOE 相似，GLM 同样将因变量和自变量直接关系定义为主效应和交互作用。但是，GLM 通过埃塔平差分析应用效应值估量（partial eta squared values，eta）评估各影响因素主效应和交互效应的作用程度。eta 的值越大，作用程度越强；当 eta≥0.14 或 0.06 时，作用程度被认为强或中等（Tash and Alkahtani，2014）。

为了进一步定量评估研究各影响因素对土壤中 Cd 流失行为的影响，本研究基于 DOE 过程 中的 2^3 全因素设计试验输出结果，通过式（11-3）选取发挥显著作用的主效应和高阶交互效应的 E 值，尝试计算各影响因素对响应变量（Cd 形态和活性指标）的贡献率，从而量化各影响因素对土壤中 Cd 流失贡献。

$$R_i\ (\%) = \frac{E_i}{E_1 + E_2 + \cdots} \tag{11-3}$$

式中，R_i 指具有显著促进或抑制作用（$P<0.05$）的第 i 个影响因素的估计效应估计值 E 与所有具有显著促进或抑制作用（$P<0.05$）的影响因素的估计效应估计值之和的比值。

11.3　结　　果

11.3.1　土壤中镉形态分布和镉活性对各处理响应

不同处理土壤中 Cd 形态含量变化如图 11-2 所示，土壤中 Cd 主要形态为 Exc-Cd（22.0%～33.1%）和 Res-Cd（21.9%～41.3%），而 Wat-Cd（0.25%～1.48%）和 Org-Cd（2.53%～7.02%）含量较少。随着 FT 频率的增加，土壤中各形态的 Cd 含量呈现波动性变化趋势。与未添加 CP 土壤相比，经 CP 处理后的土壤中 Wat-Cd 含量提前 2 个循环周期达到最大值，而 Car-Cd 和 Res-Cd 含量则分别延后 2 个和 3 个达到最小和最大值；Wat-Cd、Exc-Cd 和 Org-Cd 含量分别显著平均增加了 16.0%、4.67% 和 8.93%（$P<0.05$），Oxi-Cd 含量则显著平均减少了 10.8%（$P<0.05$）。在 FT 和 CP 的交互作用的影响下，不同含水量的土壤中 Cd 形态并未呈现规则变化。

不同处理土壤中 Cd 活性变化如图 11-3 所示，与土壤中 Cd 形态含量变化相似，土壤中 Cd 活性指标值也随着 FT 频率的增加而呈现波动变化。添加 CP 后，B 提前 5 个循环周期达到最大，同时，B 和 M 分别显著增加了约 3.49% 和 4.96%

（$P<0.05$，表 11-1）。随着 SW 的增加，B 和 M 分别显著增加了约 10.3% 和 14.7%（表 11-1）。但是，一旦超过土壤水饱和度，B 和 M 则未表现出显著变化（$P>0.05$）。

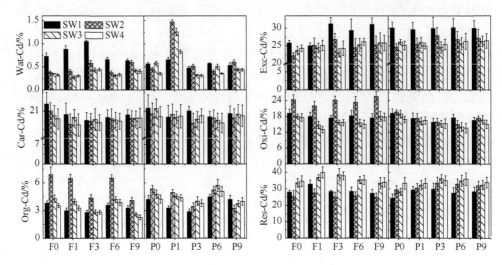

图 11-2　不同处理土壤中 Cd 形态含量变化

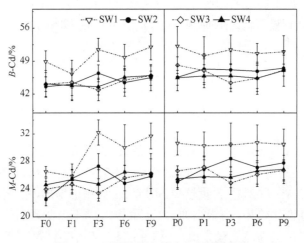

图 11-3　不同处理土壤中 Cd 活性变化

11.3.2　土壤中各形态镉和镉活性不同处理组内差异

不同处理引起的土壤中 Cd 形态和活性间组内差异如表 11-1 所示，随着 FT 频率的增加，任意两组的 Wat-Cd 含量之间存在显著差异（$P<0.05$），且其在 F1 时达到最大值。Exc-Cd 在 F9 达到最大值，显著高于 F0 和 F1（$P<0.05$）。尽管 Car-Cd 和 Oxi-Cd 都呈现下降趋势，但是当冻融频率高于 1 次后，Car-Cd 并未呈

现显著变化（$P>0.05$）。Org-Cd 呈现在 F6 达到最人值，显著高于其他冻融频率处理组（$P<0.05$）。Res-Cd 在 F1 和 F3 处理组的含量显著高于 F0 和 F9（$P<0.05$）。F9 处理组的 M 值显著高于 F0 处理组（$P<0.05$）。

表 11-1　不同处理引起的土壤中 Cd 形态和活性间组内差异

处理组	N	Wat-Cd	Exc-Cd	Car-Cd	Oxi-Cd	Org-Cd	Res-Cd	B	M
F0	32	0.47±0.14c	25.2±2.40c	20.8±1.98a	19.2±2.48a	4.63±1.08b	29.6±4.45c	46.5±3.60a	25.7±2.48c
F1	32	0.76±0.42a	25.7±2.07bc	19.6±1.87b	16.9±2.84c	4.23±1.12c	32.8±4.46a	46.1±3.38a	26.5±2.15bc
F3	32	0.52±0.22b	26.6±3.25ab	19.5±1.54b	16.9±3.09c	3.37±0.67d	33.0±5.30a	46.6±3.86a	27.1±3.38ab
F6	32	0.44±0.12d	26.7±2.76ab	19.4±1.39b	16.5±3.36c	4.82±1.00a	32.0±4.76ab	46.6±3.35a	27.2±2.83ab
F9	32	0.51±0.09b	27.2±2.81a	20.0±1.48ab	18.0±3.30b	3.42±0.74d	30.8±4.15bc	47.7±3.33a	27.7±2.85a
SW1	40	0.67±0.17A	29.2±2.77A	20.5±1.76A	17.7±1.73B	3.54±0.64D	28.4±3.04B	50.4±3.19A	29.9±2.75A
SW2	40	0.58±0.31B	25.6±2.41B	19.7±1.73AB	20.5±3.98A	5.05±1.30A	28.7±4.18B	45.8±3.05B	26.1±2.46B
SW3	40	0.49±0.28C	25.1±1.79B	19.9±1.57AB	16.3±1.96C	4.07±0.92B	34.2±3.70A	45.4±2.48B	25.5±1.88B
SW4	40	0.41±0.15D	25.4±1.61B	19.5±1.73B	15.6±2.00C	3.73±0.82C	35.4±3.40A	45.2±2.48B	25.8±1.61B
CP0	80	0.50±0.21	25.7±2.83	19.7±1.73	18.5±3.71	3.92±1.32	31.7±5.41	45.9±3.37	26.2±2.94
CP1	80	0.58±0.29*	26.9±2.56*	20.1±1.71	16.5±2.05*	4.27±0.82*	31.7±4.04	47.5±3.47*	27.5±2.56*

注：根据邓肯检验，不同字母标注显著性检验结果（$P<0.05$，a>b>c），星号（*）表示两组间存在显著差异（$P<0.05$）。

随着 SW 的增加，Wat-Cd 呈现显著增加趋势（$P<0.05$）。Exc-Cd 含量在 SW1 土壤中最高，且显著高于其他含水量处理组（$P<0.05$）。处理组 SW1 中 Car-Cd 含量显著高于处理组 SW4（$P<0.05$）。处理组 SW2 中 Oxi-Cd 含量最高，且显著高于其他含水量处理组（$P<0.05$）。任意两组不同含水量土壤中 Org-Cd 均存在显著差异（$P<0.05$），且其分别在含水量为 SW1 和 SW2 时出现最小和最大值。过饱和含水量处理组（SW3 和 SW4）中 Res-Cd 含量显著高于其他两组（SW1 和 SW2）（$P<0.05$）。处理组 SW1 中的 B 值和 M 值显著高于其他含水量处理组（$P<0.05$）。

添加 CP 后，土壤中 Wat-Cd、Exc-Cd 和 Org-Cd 含量显著增加（$P<0.05$），但 Oxi-Cd 含量显著降低（$P<0.05$）；Car-Cd 和 Res-Cd 含量均未呈现显著变化（$P>0.05$）。CP 处理导致 B 值和 M 值均显著增加（$P<0.05$）。

11.3.3 土壤中各形态镉和镉活性不同处理组间差异

GLM 分析结果如表 11-2 和图 11-4 所示。结果表明，FT、SW 和 CP 的主效应对土壤中 Cd 的各形态和活性均有显著影响，即有显著作用（$P<0.05$），且多数作用程度较强（eta>0.14）。FT 的主效应对 Car-Cd 以及 CP 对 Exc-Cd 和 Cd 活性的作用程度均表现为中等强度（$0.06<$eta<0.14）。SW 的主效应对 Car-Cd 以及

CP 对 Car-Cd 和 Res-Cd 的影响不显著（$P>0.05$）。

表 11-2 不同处理因素引起的土壤中 Cd 形态和活性的组间差异

因素		Wat-Cd	Exc-Cd	Car-Cd	Oxi-Cd	Org-Cd	Res-Cd	B	M
SW	F	314	42.0	2.65	77.5	130	64.0	31.4	45.9
	P	0	0	0.05	0	0	0	0	0
	eta[a]	0.89	0.51	0.06	0.66	0.77	0.62	0.44	0.54
CP	F	181	16.3	1.74	71.2	34.5	0	14.4	18.6
	P	0	0	0.19	0	0	0.97	0	0
	eta	0.60	0.12	0.01	0.37	0.22	0	0.11	0.13
FT	F	314	5.95	3.44	16.9	105	8.03	1.56	5.47
	P	0	0	0.01	0	0	0	0.19	0
	eta	0.91	0.17	0.10	0.36	0.78	0.21	0.05	0.15
SW × CP	F	304	0.68	0.18	43.7	85.6	19.8	0.19	0.77
	P	0	0.57	0.91	0	0	0	0.90	0.51
	eta	0.88	0.02	0	0.52	0.68	0.33	0.01	0.02
SW × FT	F	38.7	2.12	0.33	1.45	12.9	1.02	1.02	2.36
	P	0	0.02	0.98	0.15	0	0.44	0.44	0.01
	eta	0.80	0.18	0.03	0.13	0.56	0.09	0.09	0.19
CP × FT	F	432	1.52	0.33	6.43	5.60	4.29	1.09	2.13
	P	0	0.20	0.86	0	0	0	0.37	0.08
	eta	0.94	0.05	0.01	0.18	0.16	0.13	0.04	0.07
SW ×CP× FT	F	60.8	1.32	0.55	1.12	0.96	0.51	0.35	1.13
	P	0	0.22	0.88	0.35	0.49	0.90	0.98	0.34
	eta	0.86	0.12	0.05	0.10	0.09	0.05	0.03	0.10

a 根据邓肯检验，不同字母标注显著性检验结果（$P<0.05$），$P=0$ 表示 P 值小于 0.001。

当图 11-4 中两条线相交时，则说明影响因子之间在 0.05 显著性水平存在显著的交互作用（$P<0.05$）。结果表明，FT 和 SW 的二阶交互效应削弱了他们的主效应对土壤中 Cd 形态和活性的影响，即表现为拮抗作用。但是，他们与 CP 的二阶交互效应增加了 CP 主效应对土壤中 Cd 形态（Exc-Cd 除外）的影响，即表现为协同作用。FT、SW 和 CP 的三阶交互效应（SW ×CP× FT）进一步削弱了它们的二阶交互效应影响，即表现为拮抗作用；但 CP 增强了 SW 和 FT 的二阶交互效应（SW × FT）影响，即表现为协同作用。SW × FT 使土壤中 Wat-Cd、Exc-Cd 和 Org-Cd 含量产生显著变化（$P<0.05$）。CP 和 SW 或 FT（SW ×CP 或 CP× FT）之间的二阶交互效应对土壤中 Cd 形态（Exc-Cd 和 Car-Cd 除外）有显著影响（$P<0.05$）。SW ×CP× FT 削弱了他们的二阶交互效应对 Wat-Cd 含量的影响，即表现为拮抗作

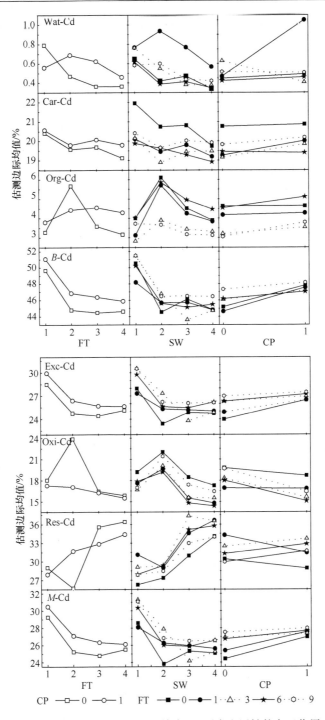

图 11-4　FT、SW 和 CP 对土壤中 Cd 形态和活性的交互作用

用。三种影响因素（SW、CP 和 FT）的交互效应对土壤中 Cd 活性影响中，则只有 SW×FT 对 M 值表现为显著作用（$P<0.05$）。

11.3.4 冻融作用下农药施用对不同含水量的土壤中镉流失的潜在贡献率

选取三种影响因素（FT、SW 和 CP）最低和最高水平阈值，运用 DOE 模拟计算这种因素对土壤中 Cd 形态和活性的影响时，结果如表 11-3 所示。结果表明，三种影响因素（FT、SW 和 CP）的主效应均对土壤中 Cd 形态和活性有显著影响（$P<0.05$）。三种影响因素任意两组之间的二阶交互效应对 Wat-Cd、Oxi-Cd、Org-Cd 和 Res-Cd 有显著影响（$P<0.05$）。然而三者之间的三阶交互效应并未对土壤中的 Cd 形态或者活性产生显著影响（$P>0.05$）。

表 11-3　SW、CP 和 FT 对 Cd 形态和活性的主效应及交互效应估计值 E

因素		Wat-Cd	Exc-Cd	Car-Cd	Oxi-Cd	Org-Cd	Res-Cd	K	M
SW	E	−0.26	−3.69	−0.80	−2.98	−0.15	7.87	−4.75	−3.94
	T	−5.4	−7.65	−2.18	−5.06	−0.66	9.87	−7.52	−8.08
	P	0	0	0.03	0	0.51	0	0	0
CP	E	0.07	1.08	0.35	−2.26	0.40	0.34	1.49	1.15
	T	1.86	3.01	1.26	−5.13	2.36	0.58	3.18	3.15
	P	0.06	0	0.21	0	0.02	0.56	0	0
FT	E	−0.11	1.86	−0.48	−0.59	−0.61	−0.06	1.26	1.74
	T	−2.43	3.89	−1.31	−1	−2.69	−0.07	2.02	3.6
	P	0.02	0	0.19	0.32	0.01	0.94	0.04	0
SW×CP	E	0.14	−0.33	0.20	1.06	0.61	−1.70	0.01	−0.19
	T	2.97	−0.69	0.55	1.81	2.68	−2.13	0.02	−0.39
	P	0	0.49	0.58	0.07	0.01	0.03	0.98	0.70
SW×FT	E	0.03	−0.64	0.49	0.39	−0.16	−0.12	−0.11	−0.60
	T	0.54	−0.99	1	0.49	−0.52	−0.11	−0.13	−0.93
	P	0.59	0.32	0.32	0.62	0.60	0.91	0.90	0.35
CP×FT	E	−0.13	−0.82	−0.11	−1.40	0.38	2.09	−1.06	−0.95
	T	−2.77	−1.72	−0.30	−2.4	1.65	2.64	−1.69	−1.97
	P	0.01	0.09	0.76	0.02	0.10	0.01	0.09	0.05
SW×CP×FT	E	−0.08	0.98	−0.36	−0.70	0.04	0.11	0.54	0.90
	T	−1.26	1.53	−0.73	−0.89	0.14	0.11	0.65	1.39
	P	0.21	0.13	0.47	0.37	0.89	0.91	0.52	0.17

注：根据邓肯检验，不同字母标注得显著性检验结果（$P<0.05$），$P=0$ 表示 P 值小于 0.001。

DOE 模拟计算获得的三种影响因素（FT、SW 和 CP）的主效应和交互效应对土壤中 Cd 形态和活性的效应估计值 E 在表 11-3 列出。选取具有显著影响作用的效应估计值（$P<0.05$），根据式（11-3）可以估算其贡献率，结果如图 11-5 所

示。可见，SW 的主效应对 Res-Cd 的影响为显著促进作用（$P<0.05$），贡献率为 79.0%；但其对 Wat-Cd、Exc-Cd、Car-Cd、Oxi-Cd、B 值和 M 值的影响则表现为显著抑制作用（$P<0.05$），贡献率依次为 51.3%、100%、100%、44.9%、100% 和 100%。CP 的主效应对 Oxi-Cd 的影响为显著的抑制作用（$P<0.05$），贡献率为 34.0%；但其对 Exc-Cd、Org-Cd、B 值和 M 值的影响则表现为显著的促进作用（$P<0.05$），贡献率依次为 36.8%、39.7%、54.2% 和 39.7%。SW 和 CP 之间的二阶效应对 Res-Cd 的影响表现为显著的抑制作用（$P<0.05$），贡献率为 100%；但其对 Wat-Cd 和 Org-Cd 则有显著的促进作用（$P<0.05$），贡献率为 100% 和 60.3%。CP 和 FT 的二阶交互效应对 Res-Cd 有显著的促进作用（$P<0.05$），贡献率为 21.0%；但其对 Wat-Cd 和 Oxi-Cd 有显著的抑制作用（$P<0.05$），贡献率为 25.9% 和 21.1%。

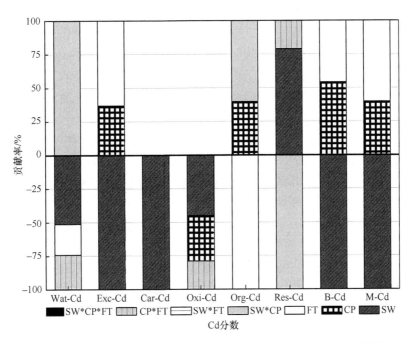

图 11-5　FT、SW 和 CP 的主效应和交互效应对 Cd 形态和活性贡献率

11.4　讨　　论

11.4.1　冻融作用下农药施用对不同含水量土壤中镉形态和活性的主效应及交互效应

本研究中土壤中 Cd 的主要形态为 Res-Cd，说明添加到土壤中的外源 Cd^{2+}

多数被土壤吸附。同时相对高的 Exc-Cd 含量则说明土壤中的 Cd 潜在移动性和生物有效性较强。这一现象与其他研究土壤中 Cd 形态分布的相关文献报道相符（Lee et al.，2009）。这是因为 Cd 一旦被添加到土壤中，水溶态的 Cd^{2+} 会在一个很短的时间内，通过内配位络合作用快速转化为相对弱的可溶性化合物（Sikka and Nayyar，2011）。随着时间增加，弱结合态的 Cd 会转化为更为稳定的状态从而滞留在土壤中（Lim et al.，2002）。然而，由于极易被水化，并且主要通过外配位络合作用形成，弱结合态中的 Exc-Cd 向稳定态转化的过程会被抑制（Lu et al.，2005）。这一原因也可以解释本研究中 B 值和 M 值较高的现象。同时，由于 Exc-Cd 含量远高于 Wat-Cd 含量，所以本研究中 M 值的变化趋势与 Exc-Cd 类似。

当土壤中含水量较高、温度波动幅度较大时，冻融过程极易发生（Henry，2007）。反过来，冻融过程也可以改变土壤温度、水热状态以及土壤-大气交界面的水分和能量交换（Nagare et al.，2012）。这些不断变化的环境因子可以进一步影响土壤中 Cd 形态和活性，从而影响土壤中 Cd 的流失过程（Wang et al.，2014）。因此，本研究中 SW 和 FT 的交互效应可以显著影响土壤中 Cd 的形态。而 CP 对土壤中 Cd 活性的显著影响一方面由于 CP 可以通过与静电交互和水合作用，与土壤中的 Cd 竞争吸附位点（Shen et al.，2007）。另一方面，CP 经过生物转化作用可以形成陶斯松氧化物（Giesy et al.，2014）。该物质可以使土壤生物和霉活性发生明显改变（Williams et al.，2014），从而极大地改变土壤 pH 和土壤有机质含量，进而影响土壤中 Cd 形态和活性（Wang et al.，2014）。据报道，由于控制条件的改变，自然因子可以改变污染物单独或不同污染物共存时污染物的环境行为（Holmstrup et al.，2010）。本研究发现，当 CP 与 FT 或 SW 产生交互效应时，可以产生明显的拮抗作用，而与 FT 对 Wat-Cd 的主效应产生协同作用；同时 FT 或 SW 也使 CP 对 Cd 形态的主效应改变。这一现象为前述报道的研究结论提供了新的事实依据。而产生这一现象的可能原因为 CP 抑制了土壤酶的活性或者降低了土壤缓冲能力（Giesy et al.，2014），而土壤酶的活性和土壤缓冲能力又易受 FT 和 SW 的影响发生改变（Laskowski et al.，2010）。

11.4.2 冻融作用下农药施用对不同含水量土壤中镉形态和活性的影响机制

研究发现，FT 可以破坏土壤团聚体，也可以使细小颗粒物向中等颗粒物聚集，从而改变土壤表面积（Wang et al.，2012）。相应地，土壤中 H^+ 吸附位点增加或减少，土壤 pH 随之发生改变，进而影响土壤中 Cd 的形态和活性。而且，土壤团聚体的破坏可以导致铁锰氧化物和溶解性有机质的释放，促使土壤中的 Cd 形成溶解性络合物，进而导致土壤中 Cd 的活性或溶解性增强

（Beesley et al.，2014）。同时，由 FT 导致的土壤 pH 降低也能使土壤中 Cd 活性和溶解性增强。因此，本研究发现，FT 有利于土壤中非稳定态 Cd 含量（Wat-Cd、Car-Cd、Oxi-Cd 和部分 Org-Cd）和活性的增加。然而，FT 导致的土壤 pH 增加会抑制这一过程。所以本研究中土壤 Cd 形态（尤其是非稳定态）随着 FT 频率的变化而呈现波动趋势。

当土壤温度恒定时，SW 越高越容易冻结，SW 低的冻结土壤融化更快（Nagare et al.，2012）。SW 的增加可以使 FT 对土壤团聚体的破坏程度增加，从而影响土壤中 Cd 形态和活性（Wang et al.，2014）。但是，一旦土壤水分达到饱和，这一过程将会被削弱（van Bochove et al.，2000）。这是由于与非饱和土壤相比，饱和土壤 pH 较高，Eh 和硫化物含量较低，因而游离态的 Cd^{2+} 更易被固定，非稳定态 Cd 含量和 Cd 活性降低（Moreno-Jiménez et al.，2014）。土壤水溶液中溶解态 Cd^{2+} 也可以随着土壤水的移动而移动。在 FT 的作用下，土壤中的水除了冻结成冰外，未结冰的水还具有向冰面移动的趋势（Nagare et al.，2012）。而且，融化过程中的温度增加有利于离子交换吸附，却不利于专性吸附，导致专性吸附较快结束（Boparai et al.，2011）。或通过与硅铝酸盐和铁锰氧化物结合，或通过土壤颗粒中氧气和水分子的氧化和水合作用，土壤中的 Cd 离子可以在土壤表面形成螯合物和沉淀（Mustafa et al.，2006）。因此，FT 和 SW 可以显著影响土壤中 Cd 形态和活性。

同时，FT 也可以通过改变土壤中微生物结构和功能影响土壤中 Cd 形态和活性（Jefferies et al.，2010）。土壤中微生物结构和功能对土壤湿度和温度极为敏感（Broerse and van Gestel，2010）。结冰过程可以使土壤中自由氨基酸和糖分重量增加，导致土壤呼吸作用和脱氢酶活性增强（Ivarson and Sowden，1970）。由于生态功能、有机功能和配位反应，不管是土壤微生物功能还是土壤酶活性，都极易受到 CP 的影响（Giesy et al.，2014）。与土壤胶体一样，CP 中的有机基团具有络合能力，可以控制土壤中 Cd 解吸过程的滞后作用（Jefferies et al.，2010）。这就解释了为何 CP 存在时，Cd 形态和活性随着 FT 频率发生变化的时间提前或推后。CP 中含有含氯基团和有机基团，氯化物和有机质的存在可以促使土壤中 Cd 形成溶解性络合物（Moreno-Jiménez et al.，2014）。因此，本研究中 CP 增加了土壤 Cd 潜在活性。

11.4.3　冻融集约化农区面源镉流失防控的意义

集约化农区是重要的食品生产基地。随着集约化农区化肥、农药等农用化学品的大量增加，越来越多的外源重金属和农药进入土壤环境中（Amorim et al.，2012）。土壤性质是影响土壤中污染物流失行为的重要因素（Bolan et al.，2013），土壤侵蚀和地表径流是颗粒态重金属和农药自土壤向水体运输的重要驱动力之一（Ouyang et al.，2016b）。这就导致了重金属和农药不仅共存于土壤中，而且很有可能共存于自土壤和水体运输的整个面源扩散过程。FT 过程是在冻融集约化农区开展环境和生态风险研究时不可或缺的一个方面。因为 FT 不但对土壤物理化学和生物学性质有重要影响（Campbell et al.，2014），而且能够影响地表径流量和土壤侵蚀量（Ouyang et al.，2015）。研究表明，土壤温度与气温有关（Ouyang et al.，2013），FT 的频率即使是对气温的微小变化也极其敏感（Grossi et al.，2007）。在全球气候变暖的重要时期，气候变化的加剧会增加冻融循环过程发生的频率和区域范围（de Kock et al.，2015）。而本研究发现，FT、SW 和 CP 能够对土壤中 Cd 的流失行为产生重要影响，能够在一定程度上促进土壤中 Cd 向易于流失运移的形态转化，并能促进其活性的增强。因此，在冻融集约化农区实施面源镉流失防控不仅能够降低水体环境风险，而且若从降低土壤中 Cd 非稳定形态和活性的角度出发，还能再有助于降低食品安全风险。

11.5　小　　结

本章基于重金属形态和活性分析法，通过广义线性模型（GLM）评价了自然因素（FT 和 SW）和人为因素（CP）之间的单一和高阶效应对耕地土壤中重金属（Cd）流失的影响，同时通过因素设计（DOE）过程，尝试量化计算了自然因素和人为因素对土壤中 Cd 流失的贡献，结果如下。

（1）随着 FT 频率的增加，土壤中 Cd 形态和活性呈现波动性变化。CP 使 FT 对土壤 Cd 形态和活性的作用出现提前或滞后效应，使 Wat-Cd、Exc-Cd、Org-Cd 的含量、B 值和 M 值增加了 3.49%～8.93%，使 Oxi-Cd 含量显著减少了约 10.8%。随着含水量增加，土壤中 Cd 形态并未呈现规则变化，B 值和 M 值分别显著增加了约 10.3% 和 14.7%，但超过土壤水饱和度后，二者未表现出显著变化。

（2）除 SW 主效应对 Car-Cd 以及 CP 对 Car-Cd 和 Res-Cd 的影响不显著外，FT、SW 和 CP 的主效应对土壤中 Cd 的各形态和活性均有显著作用。FT 和 SW 的二阶交互效应对土壤中 Cd 形态影响表现为拮抗作用，但它们与 CP 的二阶交互效应表现为协同作用（Exc-Cd 除外）。FT、SW 和 CP 的三阶交互效应表现为拮抗作用，但 CP 与 SW 和 FT 的二阶交互效应表现为协同作用。对土壤中 Cd 活性影响，则只有 SW 和 FT 的二阶交互效应对 M 值有显著影响。

（3）SW 的主效应对 Res-Cd 促进贡献率为 79.0%；但对 Wat-Cd、Exc-Cd、Car-Cd、Oxi-Cd、B 值和 M 值为显著抑制作用，贡献率为 51.3%～100%。CP 的主效应对 Oxi-Cd 有为显著抑制作用，贡献率为 34.0%；但其对 Exc-Cd、Org-Cd、

B 值和 M 值的影响则表现为显著的促进作用，贡献率为 36.8%~54.2%。SW 和 CP 之间的二阶效应对 Res-Cd 有显著抑制作用，贡献率为 100%；但对 Wat-Cd 和 Org-Cd 则有显著促进作用，贡献率为 100% 和 60.3%。CP 和 FT 的二阶交互效应对 Res-Cd 有显著促进作用，贡献率为 21.0%；但其对 Wat-Cd 和 Oxi-Cd 有显著抑制作用，贡献率为 25.9% 和 21.1%。

第 12 章 集约化农区农田土壤中镉原位稳定技术

12.1 引 言

与土壤中其他重金属相比，镉（Cd）由于移动性强，通过食物链作用对人体健康损害毒性强，因而其引发的环境问题已经成为了中国集约化农业系统中一个主要问题，引起了研究者更为广泛的关注（Sun et al.，2013）。因此，为了降低Cd 所引发的食品和环境安全潜在风险，有必要采取一系列有效措施。作为减小耕地和农田土壤中污染压力的基本措施之一，原位钝化技术通常经济有效且对环境扰动小，因而广受好评并得到了迅速发展（Lee et al.，2013）。这些技术往往通过向土壤中添加磷酸盐（Padmavathiamma and Li，2010）、碱性化合物（Singh et al.，2008）、黏土矿物（Sun et al.，2013）和生物固体（Lee et al.，2011）等天然或合成材料，以降低 Cd 的移动性、不稳定态和生态毒性。然而，有研究指出，由于在钝化过程中所添加的钝化材料是可溶性磷的主要来源，如果将含有钠的钝化材料大量添加到土壤中，能够引起土壤退化，从而丧失支持植物生长的能力（Basta and McGowen，2004）。既适合修复 Cd 污染土壤，同时又能够保持土壤功能和生态完整性的可持续钝化材料仍然相当缺乏。

将矿业、工业和农业副产物作为土壤钝化剂修复 Cd 污染土壤的技术，被认为是一种有发展前景、可持续的原位修复技术。大量研究指出，这些副产物，如粉煤灰（Singh et al.，2008）、石灰石（Burgos et al.，2010）、有机残留物（Xuchen et al.，2013）等，可以有效钝化土壤中 Cd，并有利于改善土壤属性。农用石灰石（Agricultural limestone，AL）能够中和土壤酸度、防止土壤腐殖质流失、提高硝化细菌活性、促进土壤中氮/钾肥吸收（Burgos et al.，2010）。粉煤灰（fly ash，FA）一般来源于能源产业中煤炭的燃烧，往往含有大量移动性较强的无机化合物（Singh et al.，2008）。菌渣（spentmushroom substrate，SM）是一种可食用菌的培养基质残留物，含有大量细菌蛋白、代谢物和未利用养分，用作有机肥和土壤调理剂，效果显著（Marín-Benito et al.，2012）。蚕沙（silkworm excrement，SE）是干的桑蚕排泄物，含有丰富的植物养分和小部分植物生长调理剂（Iqbal et al.，2012）。中国的这些副产物在世界上产量最大、储量最高，且利用率非常低。由于缺乏对这些副产物养分价值的认识和相对落后的科技发展水平，大量副产物往往被倒入河水、湖泊或农田中。

对这些副产物的不适当处理，不仅造成了资源的极端浪费，而且造成了农田损耗和环境污染。因此，这一问题已经引起了中国乃至世界的广泛关注（Roy and Joy，2011）。对固体废物的妥善处理已经成为了现代社会的基本问题之一（Burgos et al.，2010）。为了实现节约资源和保护环境的双重目的，对各种副产物的循环利用亟不可待。有关循环利用副产物修复土壤的研究中，多数聚焦于增强农田土壤理化性质，以提高作物生产率，而有关于他们在修复 Cd 污染土壤的研究远远不够。更有研究指出，与单一的钝化剂相比，复合钝化剂在修复土壤 Cd 方面效果更好（Tapia et al.，2010）。

因此，本研究的目的是：①通过土壤中镉的移动性、渗出率、形态分布和植物有效性分析，评价副产物对土壤中 Cd 的钝化效率；②通过机理解释和相关性分析，探讨这些副产物作物的钝化效应，最终提供一种经济有效的方法，既能减轻废物处置压力，又能降低 Cd 污染流失风险。

12.2　材料和方法

12.2.1　试验区土壤基本理化性质

在试验小区内，按照"S"形，在每个小区收集 4 个表层（<20 cm）土壤样品。拌匀后，将土壤风干。剔除样品中的石子、有机残渣以及其他杂质，研磨后过 100 目的尼龙筛（<0.15 mm），装入塑封袋密封待测。土壤理化性质按照 Song 等（2013）和 Shan 等（2013）所述方法测定。简要来说，土壤有机质（organic matter，OM）和土壤质地分别采用重铬酸钾加热氧化法和比重法测定；土壤 pH 用复合电极测定（土：去二氧化碳水，1∶2.5）；土壤 Cd 的总量采用微波-酸混合液（$HF-HNO_3-H_2O_2$）消解后，用电感耦合等离子体发射光谱法（ICP-MS，7500A，Agilent，America）测定。测定结果如表 12-1 所示。土壤黏粒、粉粒和沙粒组成分别为 20.7%、15.7% 和 63.6%，应归类为砂质壤土。土壤 OM 含量为 44.9 g/kg，pH 为 5.62。土壤 Cd 平均含量为 2.89 mg/kg，远远超过国家土壤质量二级标准值（GB 15618—1995，0.30 mg/kg，CNEQS）。

表 12-1　土壤基本理化性质

组成/%			pH	CEC (cmol/kg)	OM (g/kg)	总 Cd (mg/kg)	CNEQS (mg/kg)
砂粒	粉粒	黏粒					
63.6	15.7	20.7	5.62	15.1	44.9	2.89	0.30

12.2.2 钝化材料收集

农用石灰石（AL）收集自当地附近重质碳酸钙采矿废物，有效碳酸钙当量（CaCO$_3$）约为 50%。粉煤灰（FA）收集自当地电厂燃煤废物。菌渣（SM）收集自当地可食用菌种植基地，主要由树枝、玉米粉和水稻糠组成。蚕沙（SE）收集自当地桑蚕养殖户，主要成分为蚕排泄物、约 10% 的桑树枝和约 5% 的桑叶。所有副产物样品预处理和理化性质测定过程参照土壤样品。测定结果如表 12-2 所示。除菌渣为中性外，其余 3 种副产物都为碱性。与粉煤灰和蚕沙相比，菌渣 OM 含量高了 10 倍左右。菌渣和蚕沙中氮磷含量远高于粉煤灰中含量；菌渣中钾含量在所有副产物中最高。所有副产物中 Cd 的总量都低于试验田土壤中的。尽管粉煤灰中 Cd 的总量略高于国家土壤质量二级标准值（GB 15618—1995），却远低于国家粉煤灰农用限值（GB 8173—1987，5.0 mg/kg，pH＜6.5）。同样，蚕沙中 Cd 的总量接近国家土壤质量二级标准值（GB 15618—1995），虽然目前尚无相关蚕沙农用标准，但是其远低于国家有机肥农用限值（GB 8172—1987，3.0 mg/kg）。而且，有研究指出，即使土壤修复剂会将一定量的 Cd 带入土壤中，土壤中 Cd 的活性仍然会因修复剂的作用而降低（Madejón et al.，2006）。

表 12-2 副产物基本理化性质

副产物	pH[a]	OM/（g/kg）	总 N/（g/kg）	总 P/（g/kg）	总 K/（g/kg）	总 Cd/（mg/kg）
AL	—	—	—	—	—	0
FA	9.62	37.8	0.22	1.51	8.24	0.48
SM	6.86	505	16.8	12.1	11.6	0.02
SE	8.26	74.3	27.0	10.7	25.6	0.23

a 样品和水按照 1∶2.5（质量∶体积）测定 pH。

12.2.3 试验设计

将所有副产物风干磨碎后，分别过 2 mm 筛备用。首先，根据相关文献报道（Roy and Joy，2011），将副产物分别和土壤以系列比例（质量比）混合，浓度区间为 0～50%，梯度个数为 7～12，识别钝化土壤中 Cd 所需的最佳比例。然后根据副产物 pH 大小以及有机质和氮磷钾含量（表 12-2），依照当地农业管理措施、收集成本和副产物年产量，对所得最佳比例进行微调。最后确定添加副产物钝化剂比例为：5% FA、0.2% SM、0.5% SE、5% FA+0.2% SM（FAM）、5% FA+0.5% SE（FAS）和 5% AL。以不添加任何钝化剂为对照组（control）。每一组处理设置 4 个平行；每一个处理为一个小区，总计 28 小区，每个小区面积为 20 m^2；试验小区随机分布，如图 12-1 所示。

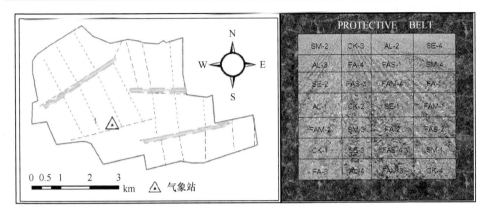

图 12-1　试验小区分布

将所有钝化剂于大豆播种前添加到土壤中，通过犁耕等使其与土壤充分混匀。施肥等其余田间管理遵循当地农田常规操作措施。所播种大豆为夏豆，由当地农业局提供。播种后，大豆成长期约为 120 天，一般为 7 月至 9 月。于 10 月初采集大豆和植物样品。将植物样本分为大豆种子、茎叶和根 3 部分分别采集，于烘箱（70℃）中烘干至恒重。

12.2.4　植物和土壤中镉含量分析

将土壤和植物样品磨碎、过 1 mm 筛后备用。植物样品采用微波-酸混合液（HF-HNO$_3$-H$_2$O$_2$）消解定容后，用 ICP-MS 测定样品中 Cd 含量。

土壤中 Cd 形态分布采用 Tessier 五步提取法（Tessier et al.，1979）测定，其简要步骤如表 12-3 所示。根据该方法，土壤中 Cd 形态被分为：交换态（Exc-）、碳酸盐结合态（Car-）、铁锰氧化物结合态（Oxi-）、有机结合态（Org-）和残渣态（Res-）。考虑到土壤中 Cd 的移动性/生物有效性是指溶解态和相对弱结合态部分，所以，基于形态分布，土壤中 Cd 的移动性/生物有效性可以用"移动因子"（Mobility Factor，M）表示（Lee et al.，2011），如式（12-1）所示。

$$M(\%) = \frac{\text{Wat} - \text{Cd} + \text{Exc} - \text{Cd} + \text{Car} - \text{Cd}}{\text{Wat} - \text{Cd} + \text{Exc} - \text{Cd} + \text{Car} - \text{Cd} + \text{Oxi} - \text{Cd} + \text{Org} - \text{Cd} + \text{Res} - \text{Cd}} \qquad (12\text{-}1)$$

采用梯度薄膜扩散技术（DGT；Research Ltd.，Lancaster，UK）测定土壤中 Cd 含量，表示土壤中 Cd 的生物有效性或生物可获得性（Bade et al.，2012）。其中，C_{DGT} 指土壤中所有动态的不稳定态 Cd 和从土壤固相中动态释放的不稳定态，如无机态和金属富里络合态（Zhang et al.，2001）。本研究中，所用 DGT 结合相为 Chelex 100 聚丙烯酰胺凝胶（Davlson and Zhang，1994）。根据标准安装程序（Tian et al.，2008），安装 DGT 装置，并在 24 h 后洗脱络合的 Cd。根据 Zhang 等所述，计算土壤中 Cd 的浓度 C_{DGT} 和通量 F（Zhang et al.，2001）。

表 12-3 Tessier 五步提取法

步骤	形态	缩写	提取液
1	交换态	Exc-	1 mol/L MgCl$_2$（ph=7.0）
2	碳酸盐结合态	Car-	1 mol/L NaOAc（pH=5.0）
3	铁锰氧化物结合态	Oxi-	0.04 mol/L NH$_2$OH-HCl in 25% HOAc
4	有机结合态	Org-	0.02 mol/L HNO$_3$ +30% H$_2$O$_2$（pH=2）， 30% H$_2$O$_2$（pH=2）and then 3.2 mol/L NH$_4$OAc in 20% HNO$_3$
5	残渣态	Res-	HF-HNO$_3$-H$_2$O$_2$ 混合溶液

土壤中 Cd 的渗出特性采用美国环保局（USEPA）推荐的 Cd 毒性渗出程序法（TCLP）测定（Tsang et al.，2013）。简要来说，即根据土壤样品 pH，分别采用 0.0992 mol/L 的乙酸和 0.0643 mol/L 的氢氧化钠溶液提取土壤中 Cd 渗出量。

分别采用 4 种提取方法测定土壤 Cd 的移动性：将取出 DGT 装置的土壤转移至离心管中离心后，将上清液过滤待测，代表土壤溶液（SS）中 Cd 含量（Tian et al.，2008）；将土壤干样称入离心管中，根据 Smith 等（1996）和 Tian 等（2008）所述方法，分别添加 20 mL 的 0.11 mol/L 乙酸（AC）、25 mL 的 0.05 mol/L EDTA-2Na（EA）和 20 mL 的 0.01 mol/L 氯化钙（CC）溶液，离心过滤后测定提取液中 Cd 含量。

12.2.5 质量控制和统计方法

试验中所用药品纯度都在分析级以上。所有玻璃装置和离心管在使用前都用 10%稀硝酸溶液浸泡一夜，去离子水冲洗后晾干。每批样品都采用标准物质（GBW07401，GBW07603 GSV-2，中国计量科学研究院）4 次重复的平均值作为参考。运行空白进行背景校正并识别其他误差来源。每隔 20 个样品设置 1 个近似浓度的 Cd 标准溶液进行校正，回收率为 100%±10%。方法检出限为 $1.0×10^{-6}$ mg/L。

用 SPSS 16.0 通过 One-way ANOVA 实现方差分析；用邓肯检验多重比较区组间差异，$P<0.05$ 差异显著；Pearson's 双尾检验进行相关性分析，$P<0.05$ 相关关系显著。Origin 8.0 进行分析作图。

12.3 结 果

12.3.1 土壤 pH 和镉的植物有效性对钝化剂响应

添加钝化剂后土壤 pH 变化如图 12-2 所示。经过钝化剂处理后，土壤中 pH 区间为 6.01～7.64；对照和处理后土壤 pH 排序为：Control＜SM＜SE＜FAM＜

FAS＜FA＜AL。总休来说，与对照组相比，所有处理组都显著增加了土壤 pH（$P<$ 0.05）。与 FA 混合后，SM（FAM）和 SE（FAS）增高 pH 的效果强于单独施用它们时的效果。经 AL 处理后，土壤 pH 增加得最多；而 SM 增加的 pH 最少。

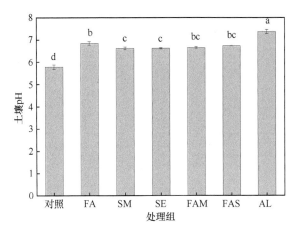

图 12-2 钝化剂对土壤 pH 影响

根据邓肯检验，不同字母标注显著性检验结果（$P<0.05$，a＞b＞c）

大豆植物体各部分 Cd 含量（干重，mg/kg）分布如图 12-3 所示。与对照相比，AL、FA、FAS 和 SE 显著降低了大豆根内 Cd 含量（$P<0.05$）；虽然 SM 和 FAM 也使大豆根内 Cd 含量减少，但并没有表现出显著差异（$P>0.05$）。FAM 使大豆茎叶内 Cd 含量稍微增加，但增加量不显著（$P>0.05$）；除此之外，其余处理均显著降低了大豆茎叶内 Cd 含量（$P<0.05$）。与对照相比，所有处理均显著降低了豆

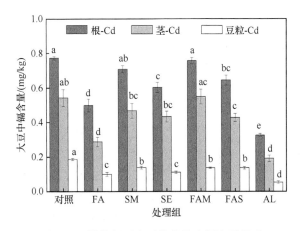

图 12-3 钝化剂对大豆作物体内镉含量影响

根据邓肯检验，不同字母标注得显著性检验结果（$P<0.05$，a＞b＞c）

粒内 Cd 含量（$P<0.05$）。总体来说，经复合钝化剂（FAM 和 FAS）处理的大豆植物体内（根、茎叶和豆粒）Cd 含量较经单一钝化剂（SM 除外）处理的高，虽然并不是所有的复合处理组和单一处理组之间都存在显著差异。同时，大豆植物体各部分 Cd 含量呈现以下顺序：根>茎叶>豆粒，且各部分之间差异显著（$P<0.05$）。总体来说，FA 和 AL 使大豆植物体各部分（根、茎叶和豆粒）Cd 的含量降低了 35.5%～71.5%（表 12-4），减少量显著多于其他各组处理（$P<0.05$），即使 FA 减少的豆粒内 Cd 比例并未显著高于 SE（$P>0.05$）。经钝化剂处理后，豆粒内 Cd 含量明显低于国家食品安全标准阈值（GB 2762—2012），即 0.20 mg/kg。

表 12-4　不同钝化处理中大豆作物体内和土壤中镉降低的百分含量（%）

	根	茎	豆粒	SS	AC	EA	CC	DGT	TCLP	Exc	Exc+Car
FA	35.5	46.9	46.6	39.9	52.3	43.9	51.4	48.6	78.6	61.7	50.0
SM	8.34	13.8	25.6	13.1	13.0	4.84	3.40	10.2	13.6	28.8	18.3
SE	22.0	19.9	40.5	16.6	56.1	50.7	43.5	21.8	37.8	44.6	36.9
FAM	1.95	−1.24	26.5	12.2	29.5	9.68	5.39	−1.46	5.51	23.6	17.4
FAS	16.5	20.9	26.7	19.9	42.1	53.7	60.0	13.0	28.0	40.4	26.5
AL	57.7	64.9	71.5	59.8	72.7	67.5	74.8	75.1	82.8	76.5	23.0

12.3.2　钝化剂对土壤中镉的释放特征影响

土壤钝化剂处理对土壤中 Cd 的释放量变化如图 12-4 所示。结合表 12-4 所列数据可见，土壤中 SS-Cd 含量范围为 48.8～121 mg/L（对照>FAM>SM>SE>FAS>FA>AL），各钝化处理组与对照组差异显著（$P<0.05$），减少量为 12.2%～59.8%；AC-Cd 含量范围为 0.17～0.62 mg/kg（对照>SM>FAM>FAS>FA>SE>AL），除 SM 处理组外，各钝化处理组与对照组差异显著（$P<0.05$），减少量为 13.0%～72.7%；EA-Cd 和 CC-Cd 的含量范围分别为 0.26～0.79 mg/kg 和 0.20～0.79 mg/kg，二者都遵循对照>SM>FAM>FA>SE>FAS>AL 的逐项递减顺序，除 SM 和 FAM 处理组外，各钝化处理组与对照组差异显著（$P<0.05$）。总体来说，AL 使土壤中 Cd 的移动性降低时效果最佳，其次是 FA，且对各提取态的降低量都在 40% 以上（表 12-4）。复合钝化剂与单一钝化剂之间无显著差异（$P>0.05$）。与 SM 相比，复合钝化剂 FAM 减少的 AC-Cd、EA-Cd 和 CC-Cd 含量更多；而两种复合钝化剂减少的 SS-Cd 含量则更少。SE 只减少了 AC-Cd 的含量。在降低土壤中 Cd 的移动性方面，复合钝化剂的效果优于除 FA 以外的相应单一钝化剂。

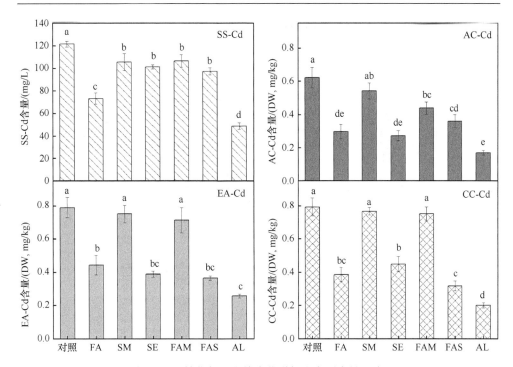

图 12-4　钝化剂对土壤中化学提取态镉含量影响

根据邓肯检验，不同字母标注得显著性检验结果（$P<0.05$，a>b>c>d>e）

12.3.3　土壤中镉生物有效性和渗出特性变化

DGT 测得的土壤中 Cd 浓度（C_{DGT}）和土壤固相释放 Cd 到液相的通量 Fss［ng/（cm^2·s）］如图 12-5 所示。研究中常用 pFss 来描述通量并进行差异比较，pFss = −log Fss；pFss 值越小，Fss 值越大（Zhang et al.，1998）。C_{DGT}-Cd 含量从高到低排序为：FAM＞Control＞SM＞FAS＞SE＞FA＞AL；除 SM 和 FAM 处理组外，钝化处理组显著降低 C_{DGT}-Cd 含量（$P<0.05$），减少量为 1.44%～75.4%（表 12-5）；AL 效率最高。FA 使 C_{DGT}-Cd 含量降低了 49.3%。除 FAM 处理组外，钝化处理使土壤中 Cd 通量降低（pFss 增加），降低量最多（pFss 值最低）的为 AL 处理组，其次是 FA 处理组。尽管复合钝化剂处理组的 Cd 通量高于相应单一处理组（SM 或 SE），但无显著差异（$P>0.05$）。复合钝化剂 FAM 效果最低，钝化效果显著低于其他处理组（$P<0.05$），而与对照组无显著差异（$P>0.05$）。

土壤中 Cd 的渗出量从大到小排序为：Control＞FAM＞SM＞FAS＞SE＞FA＞AL。与对照组相比，钝化处理组降低了土壤中 Cd 的渗出量和渗出率；除 SM 和 FAM 处理组外，其余处理组均与对照组存在显著差异（$P<0.05$）。钝化处理组使 TCLP-Cd 含量和 LR 分别降低了 5.51%～82.8%、9.79%～56.8%，AL 钝化效果最

佳（图 12-6）。复合钝化剂处理组与相应单一的钝化处理组无显著差异。经 AL 和 FA 处理后，TCLP-Cd 含量显著低于土壤中 Cd 的渗出阈值（Tsang et al.，2013）。

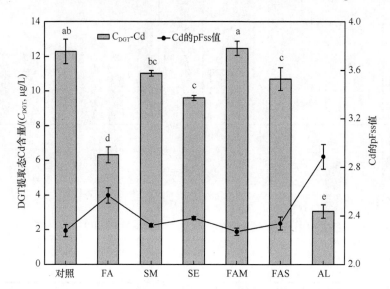

图 12-5　不同钝化剂处理土壤中 DGT 提取态镉和镉通量变化

根据邓肯检验，不同字母标注得显著性检验结果（$P<0.05$，a＞b＞c）

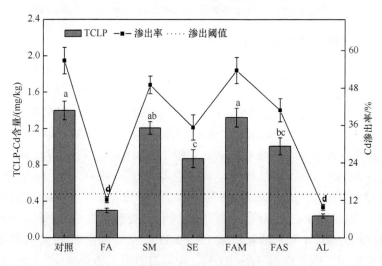

图 12-6　不同钝化处理土壤中镉渗滤特性

根据邓肯检验，不同字母标注得显著性检验结果（$P<0.05$，a＞b＞c）

12.3.4　土壤中镉的形态变化

土壤中 Cd 的形态分布变化如图 12-7 所示。土壤中各形态百分比含量分别为：

6.09%～25.9%（Exc-Cd）、6.90%～19.8%（Car-Cd）、9.71%～17.8%（Oxi-Cd）、
14.6%～23.7%（Oxi-Cd）和 41.6%～45.4%（Res-Cd），各形态中 Res-Cd 所占百分
比含量最高；钝化处理组使土壤中 Cd 交换态百分比含量分别降低了 23.6%～
76.5%（表 12-4），AL 钝化效果最显著。与对照组相比，AL 处理使 76.5% 的 Exc-Cd
重新分配，Car-Cd 和 Oxi-Cd 分别增加了 155%和 52.6%；FA 处理使 61.7%的
Exc-Cd 重新分配，Oxi-Cd 和 OR-Cd 分别增加了 83.6%和 62.9%；FM 处理使 28.8%
的 Exc-Cd 重新分配，Oxi-Cd 增加了 34.9%；SE 处理使 44.6%的 Exc-Cd 重新分配，
Oxi-Cd 和 OR-Cd 分别增加了 62.8% 和 42.4%；FAM 处理使 23.6%的 Exc-Cd 重新
分配，使 Oxi-Cd 增加了 23.9%；FAS 处理使 40.3% 的 Exc-Cd 重新分配，Car-Cd
和 Oxi-Cd 分别增加了 19.5% 和 38.1%。土壤中 Cd 的移动因子从大到小排列为
Control＞FAM＞SM＞AL＞FAS＞SE＞FA，范围为 16.8%～33.7%。可见，对照组
中 Cd 的移动因子显著低于钝化处理组，FA 处理效果最佳，SM 和 FAM 效果最不
显著。

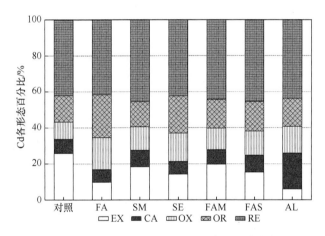

图 12-7 不同钝化处理土壤中镉形态分布变化特征

12.3.5 土壤中各参数相关性分析

各参数间相关系数图表 12-5 所示。一般来说，植物体内、化学和 DGT 技术
提取的以及渗出的 Cd 含量，都被认为是不稳定态 Cd 的含量（Degryse et al.，2006），
与土壤 pH 极显著负相关（$P < 0.01$）。土壤 Cd 形态中，Exc-Cd 和（Exc+Car）-Cd
与土壤 pH 极显著（$P < 0.01$）和显著（$P < 0.05$）负相关；而其他形态都与土壤
pH 呈正相关关系，但是 OR-Cd 和 RE-Cd 与其关系不显著（$P > 0.05$）。大豆植物
体内 Cd 含量与非稳定态 Cd 含量呈极显著相关关系（$P < 0.01$）；植物体内不同部
位 Cd 含量与不同形态以及不稳定态的 Cd 之间相关系数不同。不同方法测定的

表 12-5 不同指标之间相关关系和相关系数

指标	pH	根	茎	豆粒	SS	AC	EA	CC	DGT	TCLP	Exc	Car	Exc+Car	Oxi	OR	RE
pH	1															
根	-0.605**	1														
茎	-0.560**	0.840**	1													
豆粒	-0.728**	0.832**	0.771**	1												
SS	-0.662**	0.851**	0.808**	0.863**	1											
AC	-0.640**	0.792**	0.725**	0.773**	0.712**	1										
EA	-0.583**	0.754**	0.644**	0.705**	0.622**	0.753**	1									
CC	-0.563**	0.801**	0.716**	0.747**	0.733**	0.768**	0.944**	1								
DGT	-0.587**	0.950**	0.870**	0.808**	0.868**	0.729**	0.706**	0.758**	1							
TCLP	-0.567**	0.881**	0.886**	0.840**	0.856**	0.809**	0.675**	0.768**	0.887**	1						
Exc	-0.755**	0.843**	0.816**	0.895**	0.894**	0.759**	0.776**	0.829**	0.841**	0.866**	1					
Car	0.559**	-0.682**	-0.603**	-0.600**	-0.670**	-0.434*	-0.457*	-0.500*	-0.680**	-0.474*	-0.558*	1				
Exc+Car	-0.460*	0.468*	0.498*	0.595**	0.538*	0.564*	0.567*	0.595*	0.466*	0.659**	0.754**	0.125	1			
Oxi	0.617**	-0.647**	-0.585**	-0.605**	-0.524*	-0.610**	-0.588**	-0.574**	-0.609**	-0.706**	-0.713**	0.075	-0.793**	1		
OR	0.199	-0.329	-0.3180	-0.292	-0.249	-0.439*	-0.368	-0.350	-0.310	-0.487*	-0.407*	-0.342	-0.757**	0.808**	1	
RE	0.253	0.177	0.1740	0.258	0.246	0.259	0.144	0.179	0.209	0.323	0.118	0.173	0.278	0.026	-0.245	1

表示根据皮尔逊相关性逻辑双层检验结果，不同值之间相关性显著（$P<0.05$，**$P<0.01$）。

Cd 含量之间呈极显著正相关关系（$P<0.01$）；不稳定态 Cd 与 Oxi-Cd、Car-Cd 呈极显著负相关关系（$P<0.01$）。

12.4　讨　论

12.4.1　钝化剂对土壤 pH 和镉的植物有效性影响

本研究中，复合型钝化剂增加土壤 pH 的效果显著强于单一钝化剂，这一结论与 Singh 和 Pandey（2013）的发现相同。原因是 FA 呈强碱性，且含有较低的有机质和氮磷（表 12-2），从而有效中和了有机钝化剂的负效应。同时，本研究中所有处理都显著增加了土壤的 pH，再一次证明以碱性材料作为土壤钝化剂，能够有效中和酸性土壤（Burgos et al.，2010）。与其他处理相比，SM 对土壤 pH 的作用最小，主要是由于 SM 含有较高的有机质和氮含量（表 12-2），从而容易通过微生物作用使土壤酸化（Basta and McGowen，2004）。土壤 pH 是控制土壤中 Cd 溶解性和生物可利用性的首要因素（Sun et al.，2013）。除了能够使 pH 直接升高之外，FA 由于含有包含 Ca-、Mg- 和 Si-的矿物质（Yunusa et al.，2011），从而通过溶解反应促进土壤酸度中和过程（Pandey et al.，2009）。因此，本研究中，使 pH 变化最大的 FA 和 AL 减少的大豆植物体各部分（根、茎叶和豆粒）Cd 含量最多。

本研究所使用的有机材料（SM 和 SE）含有丰富的碳氮资源（表 12-2），可以提供微生物生长所需的营养物质，从而提高微生物活性（Song et al.，2013）。不溶沉淀物（PO_4^{3-}、CO_3^{2-} 和 OH^-）中的 Cd 虽然不易被作物吸收，但是它们在微生物作用下可以转化为植物可以利用的形态（Pandey and Singh，2010），因为微生物代谢物的增加也可以显著影响土壤中 Cd 的释放（Lee et al.，2011）。当 FA 与有机材料复合时，有机物可以削弱 FA 中毒性物质对土壤微生物活性的抑制作用（Pandey and Singh，2010）。而且，有机物的存在也可以使 FA 中的主要阳离子（尤其 Ca^{2+}）活性增加（Kumpiene et al.，2007）；Ca^{2+} 与 Cd^{2+} 会竞争介质表面的吸附位点，从而使土壤对 Cd 的吸附降低（Mustafa et al.，2004）。因此，本研究中复合钝化剂（FAM 和 FAS）处理的大豆植物体内（根、茎叶和豆粒）Cd 含量较经单一钝化剂（SM 除外）处理的高；复合钝化剂 FAM 使大豆茎叶内 Cd 含量稍微增加，但增加量不显著（$P>0.05$）。另一原因则可能为当 FA 与粪肥复合施用并添加到酸性土壤时，能够显著作用于植物体生长过程、生理特性和植物体产量，从而影响植物对 Cd 的蓄积过程（Singh and Pandey，2013）。

同时，本研究中大豆植物体各部分 Cd 含量呈现以下顺序：根＞茎叶＞豆粒，且各部分之间差异显著（$P<0.05$），反映了植物体内对 Cd 运输能力较弱；这一结

论与 Padmavathiamma 和 Li（2010）的发现相同。这是由于土壤 pH 的增加可以使土壤中有机质和氧化黏土矿物表面的交换位点增加，从而增加土壤阳离子交换量（CEC）和土壤颗粒对 Cd 的吸附，最终降低了 Cd 的运输能力（Tapia et al.，2010）。另外，碳酸盐缓冲体系可以使 Cd 形成碳酸盐或氢氧化物沉淀、复合物和次生矿物，使 Cd 固定在土壤中（Lee et al.，2009），从而降低了 Cd 在土壤-根部-地上部之间的逐次运移。

12.4.2　钝化剂对土壤中镉释放特征影响

有研究表明，即使络合态的 Cd 在土壤中的稳定性明显强于在土壤液相中的（Peijnenburg et al.，2007），与 AC 相比，EA 也能提取出更多的 Cd（Degryse et al.，2003）。因此，本研究中 EA-Cd 含量高于 AC-Cd 含量。同时，AL 和 FA 效果最佳，说明在高 pH 时，土壤中 Cd 的移动性降低（Lee et al.，2013）。复合钝化剂与单一钝化剂之间无显著差异，其中一个可能是由于提取过程中对土壤表层结构造成了干扰，使 OR-Cd 重新释放（Tian et al.，2008）。其次，SM 和 SE 中含有丰富的碳氮资源（表 12-2），容易导致土壤酸化（Basta and McGowen，2004）和提高土壤生物活性（Song et al.，2013），同时这一过程易受 SOM 影响（Hojaji，2012）；本研究中，SM 和 SE 都含有较高的 SOM（表 12-2），促进了 Cd 在土壤中的滞留，但是它也能使相应处理中的土壤饱和（Medina et al.，2009），从而使土壤中 Cd 的移动性增高。再次，土壤中植物的根系分泌物也能够显著影响土壤中 Cd 的移动性和根际土壤性质（Kim et al.，2010）。因此，即使复合钝化剂有效改良了土壤，提高了土壤 pH，但并未与单一钝化剂表现出明显差异。

形态试验中，AL 处理使土壤中 Exc-Cd 减少量最多，而 FA 使 Cd 移动因子减少量最多；尽管 AL 处理使土壤中 Exc-Cd 含量降低了 76.5%，但是 Cd 的移动因子只降低了 23.1%。这是因为有相当一部分 Exc-Cd 被重新分配为 Car-Cd，该形态在高 pH 时更为稳定（Ok et al.，2011）。FA 在降低 Cd 移动因子方面表现最佳，是由其碱性和组成决定的。FA 中含有多种类型的活性氧化物，因而能够增加土壤表面 Cd 的吸附位点，促进其专性吸附过程（Tapia et al.，2010）。FA 中的磷能够使土壤中磷酸盐基团（$H_2PO_4^-$ 和 HPO_4^{2-}）增多，有利于 Cd 的磷酸盐形成，从而使 Cd 钝化（Padmavathiamma and Li，2010）。另外，FA 能够使 OM 的溶解度增加，也能够通过增加土壤孔隙率和渗透率影响土壤结构，在土壤温度和作用时间的强烈影响下，使 Cd 停留在土壤颗粒中或转变溶解态（Burgos et al.，2010）。

12.4.3　钝化剂对土壤中镉生物有效性和渗出特性影响

本研究中 FA 处理使 C_{DGT}-Cd 含量降低了 49.3%，这是因为 FA 能够增加土壤

pH、粒子密度、孔隙率和持水能力（Pandey et al.，2009）。土壤 pH 增加能够降低土壤中 Cd 生物有效性，但是持水能力升高能够促进微生物数量增多，使土壤酶活性和呼吸速率增强（Singh and Pandey，2013），从而使土壤中 Cd 的生物有效性增强。所以，FAM 处理组与对照组无显著差异。DGT 所测定结果能够得到土壤中 Cd 的释放通量，是因为，与浓度相比，DGT 测得的金属含量除了土壤液态中那部分，还包括从土壤固相中持续供给的那部分含量（Zhang et al.，1998）。本研究中钝化剂处理组高于对照组，说明钝化处理使土壤中 Cd^{2+} 由固相向液相迁移的能力减弱。同时，本研究中复合钝化剂处理组的 Cd 通量高于相应单一处理组（SM 或 SE），说明在复合钝化剂处理组土壤中不稳定态 Cd 的储量更大（Zhang et al.，1998）。当 FA 与有机材料复合时，FA 能够调节土壤 pH 使其适合微生物生长，促进初期的可降解化合物（蛋白质、脂类、淀粉、木质素、半纤维素等）的分解。例如，半纤维素可以被进一步转化为糖类，更易被微生物消耗，从而使纤维素酶含量和有机质分解速率增加（Gabhane et al.，2012）；同时，微生物和代谢酶数量的增加，一定程度上增加了微生物活性，促进了根系分泌物有机酸的分泌（Huynh et al.，2010），从而抵消了土壤 pH 或 OM 对土壤中 Cd 生物有效性的负效应。

本研究中 SM 和 FAM 处理虽然降低了土壤中 Cd 的渗出特性，但是效果并不明显。这是因为 SM 除了含有营养物质外，还含有大量多样化的微生物种群，尤其是其中的真菌，它们不但具有很强的降解纤维质的能力，而且有利于增加木质纤维素酶和各种水解酶的数量及活性（Ball and Jackson，1995）。这一过程能够使土壤活性增加，促进 OM 降解为有机酸（Song et al.，2013），进而增加了土壤中 Cd 的活性。本研究中复合钝化剂处理组与相应单一的钝化处理组无显著差异，与另一研究结论不同（Tapia et al.，2010）。这是因为土壤中 Cd 的渗出特性不仅决定于以上因素，还受其他生物和非生物的因素影响（Lee et al.，2011）。非生物因素主要包括土壤 pH、OM、溶解性有机质、电导率、CEC 和氧化还原点位等（Houben et al.，2013）；生物因素主要包括细菌和真菌活性、土壤酶活性和土壤动物等（Wu et al.，2013）。这些因素中的至少两个相互影响土壤中 Cd 的钝化机制（Tapia et al.，2010），但是 pH 占主导地位（Wu et al.，2013）。

12.4.4　钝化剂对农田面源镉流失影响

本研究中不稳定态 Cd 含量与土壤 pH 呈极显著负相关，说明升高 pH 能够降低土壤中 Cd 的植物有效性、移动性、渗出特性和生物可获得性（Song et al.，2013）。有研究也证实，当 pH 为 4.0～7.7 时，土壤 pH 每增加 1 个单位，土壤吸附容量能够增加 3 倍左右（Kabata and Pendias，2001）。土壤 Cd 形态中 Car-Cd 与土壤 pH 呈正相关关系，说明在高 pH 状态下 Car-Cd 较稳定（Ok et al. 2011）。同时，Exc-Cd

和 Oxi-Cd 分别与土壤 pH 呈极显著负相关和正相关，因为 pH 能够通过调控 OM 和氧化黏土矿物表面上的阳离子交换位点数量，影响溶解或沉淀反应过程，从而支配 Cd 的形态分布（Adriano et al., 2004）；pH 升高且 CEC 增多（Padmavathiamma and Li, 2010），从而促进 Cd 吸附到土壤颗粒，Cd 的非稳定态含量减少。不同形态的 Cd 移动性和活性不同（Singh et al., 2008）；环境因子间交互作用能够改变土壤中控制 Cd 移动性和活性的关键过程和关键因子，从而影响 Cd 的形态分布、动力释放和在土壤-根-地上部之间的迁移（Padmavathiamma and Li, 2010）。因此，本研究中大豆植物体内 Cd 含量与非稳定态 Cd 含量呈极显著相关关系；不同部位 Cd 含量与不同形态以及非稳定态的 Cd 之间相关系数不同。这一结论也证实了土壤中不同浓度的 Cd 不总是在植物体内指示对应浓度水平（Tian et al., 2008）。本研究中，不同方法测定的 Cd 含量之间呈极显著正相关关系，不稳定态 Cd 与 Oxi-Cd、Car-Cd 呈极显著负相关关系。这是由于 Oxi 广泛分布在土壤颗粒表层，对氧化还原潜能变化反应相当敏感，因此能够控制 Cd 的分布和行为（Kabata and Pendias, 2001）。

土壤原位钝化技术具有成本效益高、对土壤破坏小的优点广（Lee et al., 2013），能够有效控制由农田面源 Cd 流失引起的农业面源污染，并受到广泛欢迎（Sebastian and Prasad, 2014）。本研究选用的副产物不仅能够通过影响土壤理化性质和土壤关键过程，使移动态和活性态的 Cd 向非稳定态转变，从而扣留在土壤中，防止 Cd 的流失；而且能够减轻废物处置的压力。

12.5　小　　结

本章通过大田试验研究，探讨了运用 4 种工农业副产物（石灰石、粉煤灰、菌渣和蚕沙）在单独或组合时，原位控制农田面源 Cd 流失的可行性。主要结论如下。

（1）不管是添加单一还是复合钝化剂，都能够显著增加土壤 pH；AL 处理使土壤 pH 增加最多，而 SM 最少。

（2）不管是添加单一还是复合钝化剂，都能够降低 Cd 的移动性、生物有效性和渗出特性，特别是能削弱 Cd^{2+} 从土壤颗粒向液相中的迁移速率；AL 对减少土壤中 Cd 的植物有效性效果最好，其次是 FA；复合钝化剂在增加土壤 pH 和降低土壤中 Cd 移动性方面，效果显著优于相应的单一钝化剂。

（3）钝化处理组使 23.5%～76.4% 的 Exc-Cd 重新分配为相对稳定态和稳定态的 Cd；AL 和 FA 处理效果最佳，超过 60% 的 Exc-Cd 被重新分配；钝化处理组使 Cd 的移动/活性因子从 33.7% 下降到 16.8%～27.8%。

（4）土壤 pH 与 Cd 的 移动性、生物有效性、渗出特性和交换态呈显著负相关关系，与 Car-Cd 和 Oxi-Cd 呈显著负相关。

（5）本研究所选用的 4 种副产物，在单独或复合条件下用于原位控制农田面源 Cd 流失时，能够将 Cd 固定在土壤中；而且能够减轻固体废物处置压力、节约资源，成本低廉，易于推广。

第 13 章　基于生物碳土壤改良应用的流域重金属污染防控建议

13.1　引　言

生物碳（biochar）是一种外观类似木炭，细粒度且多孔，由生物质在缺氧条件下高温热解或燃烧生成的物质（Lehmann and Joseph，2015）。由于生物碳具有多孔结构和特殊的物理化学性质，可以有效吸附水体和土壤中的重金属，从而减少地下水污染（Lucchini et al.，2014）。在实际应用过程中，由于水体、土壤及污染物类型的不同对生物碳性能的要求会不同。因此，为了适应不同的应用需求，因地制宜的制备利用率高、效益好、多样化的生物碳更具有实践价值。在国际生物碳组织（IBI）对其的定义中，曾着重强调了其被目的性地施用到农业土壤及其环境效益的需求。生物碳用作土壤改良剂应用到农业面源污染治理这一战略性的提出，在环境管理方面的作用包括以下几个方面。

（1）土壤改良：生物碳表面凹凸不平，内部孔隙结构发达，可作为天然的土壤改良剂，截留土壤中的污染物（如有机污染、重金属等），提供作物生长所需的营养元素，减少化肥施用量，提高土壤有机质含量等（Ahmad et al.，2014）。

（2）减轻温室效应：生物碳具有较高的稳定性，能够保存并固定土壤中的有机碳和机物质。因此，通过生物质（如农作物秸秆）转化为稳定的碳（如生物碳）的形式保存在土壤中，是 CO_2 减排增汇的根本途径之一（Spokas et al.，2009）。

（3）农业废弃物管理：可将农业废弃物（如秸秆）经过碳化处理转化为生物碳和生物质能，不但减少直接燃烧带来的污染，还可以减轻秸秆储存和运输的成本等（Ouyang et al.，2016b）。

土壤改良是通过采取物理、化学、生物等方法对土壤环境进行改良，从而改善人类的生存环境的过程（姜秀艳，2011）。通过外源添加生物碳到土壤中，能够改善土壤的不良质地和结构、增加土壤肥力和有机质含量、提高作物产量、降低土壤中重金属等含量（徐楠楠等，2013）。基质是一种广泛应用于人工湿地中的填充物，作为填料与滤料存在。一般由土壤、细砂、粗砂、砾石及有机物料等介质的一种或几种所构成（曹笑笑等，2013）。其在人工湿地应用过程可以通过吸附、沉淀、过滤等作用直接去除污染物，对于水体质量优化起到了重要作用（Abou-Elela and Hellal，2014）。由于其优良的性能及易获取性，在水污染控制方面得到了广泛的应用，但是目前对基质尤其是砾石等介质在土壤改良应用方面的研究相对较少。由于砾石可以通过改变土壤容重、土壤含水量等特性影响土壤中污染物的入渗过程（Abrahams and Parsons，1994），因此本研究大胆探究将土壤、细砂、粗砂、砾石及生物碳联合使用的方法，应用于土壤污染控制与质量改良，具有较高的实践价值。

13.2 材料和方法

13.2.1 样品和仪器

镉（cadmium，Cd）标准样品样品购于 Sigma-Aldrich（上海）贸易有限公司。叠氮化钠、氯化钙均、高氯酸、氟化氢、硝酸等为分析纯。玉米作为中国东北地区的主要农作物之一，其在黑龙江省的植面积已达 523.2 万 hm^2 以上，玉米秸秆产量丰富（李玉影等，2013）。因此本研究利用玉米秸秆作为原料来制备生物碳，原料于 2014 年 10 月采自阿布胶流域玉米旱田种植区。2014 年 7 月末，沿阿布胶流域采集多点位旱田混合土壤。自然风干后过 2 mm 筛，室温下保存，供淋溶实验使用。样品采集情况如表 13-1 所示。

表 13-1 样品采集情况

样品类型	来源	采集时间	样品用途
混合土壤	旱田	7 月	淋溶实验
生物质	玉米秸秆	10 月	生物碳制备

本章实验涉及生物碳的制备，生物碳改良土壤效果探究，区域降雨强度对重金属运移的影响等，并通过室内土柱淋溶实验，探究不同生物碳添加配比对镉污染的控制效果。通过电感耦合等离子发射光谱分析测定其中镉的含量，实验部分所用的仪器如表 13-2 所示。

表 13-2 实验所用仪器

仪器	型号	生产厂商
超纯水仪	D 24 UV	Merck Millipore 公司，美国
ICP-OES	IRIS Intrepid II XSP	SPECTRO 公司，德国
分析天平	ME104	METTLER TOLEDO 公司，瑞士
涡旋器	QL-866	上海一恒科学仪器有限公司，中国
离心机	GT10-1	上海一恒科学仪器有限公司，中国
恒温振荡箱	THZ-98A	上海一恒科学仪器有限公司，中国
全自动部分采样器	CBS-A	上海青辅西沪仪器厂，中国
蠕动泵	BT-100-4	上海青辅西沪仪器厂，中国

13.2.2　土壤培养

实验使用的镉污染土壤通过实验室培养获得。由于研究区的表层土壤与深层土壤均呈现重金属污染状态,因此实验设计过程中选择将污染土壤置于土柱上层,并模拟表层与次表层的土壤结构,设置 0～5 cm 与 5～10 cm 两层土壤作为污染输入源。同时根据当地旱田土壤镉的实际污染水平 0.3 mg/kg 制备污染土壤,考虑到研究区土壤重金属污染程度与全国其他污染严重地区相比含量较低,实验同时设计了 3.0 mg/kg 和 10 mg/kg 初始污染负荷作为参照,以期研究生物碳对污染严重地区镉流失的控制效果,扩大其实际应用的范围与价值。并设计空白实验(control)作为对照,因此需培养 control、0.3 mg/kg、3.0 mg/kg 和 10 mg/kg 共 4 种梯度的污染土壤。

以 0.01 mol/L 的 $CaCl_2$ 溶液为背景电解质溶液,以分析纯 $CdCl_2 \cdot 2.5H_2O$ 作为镉源,分别配置 1 L 不同浓度的镉离子溶液,其浓度分别为 0.3 mg/L、3.0 mg/L 和 10 mg/L。将制备好的镉标准液均匀混合于 1.0 kg 供试土壤中,待混合完全,避光自然风干。将污染土壤置于室温条件下培养 90 天,保证其完全老化,根据平行实验需要培养足够量污染土壤。研磨过 2 mm 尼龙筛,待土柱淋溶实验使用。

13.2.3　生物碳土壤改良

1. 生物碳的制备

本研究所用生物碳(ABC)是玉米秸秆在缺氧条件下 450℃高温热解得到的,具体制备流程如图 13-1 所示。首先将收集的玉米秸秆用自来水反复清洗,用去离子水洗涤去除表面灰尘。将烘箱设置成 80℃,在此温控条件下干燥洗净的玉米秸秆约 24 h,直至烘干。用粉碎机将玉米秸秆磨成粉末,过 2 mm 筛备用。为了制备高效生物碳,生物质原料在热处理前需要利用 ADP 进行预处理,将磨成粉末玉米秸秆,按照固液比为 1∶10 的比例在浓度为 5%(质量分数)ADP 溶液中浸泡 24 h,使得 ADP 充分附着在秸秆上,滤出多余的溶液后在烘箱中 80℃干燥约 24 h,备用。将预处理好的玉米秸秆粉末放入带盖的瓷坩埚中,用铝箔纸包裹坩埚表面用以隔绝空气。将经过预处理、密封好的原材料置于马弗炉中,为驱赶炉内空气,向马弗炉内通入氮气 20 min,关好炉门,设置目标温度 450℃,保持时间 4 h。高温热解后,冷却直至室温后取出,将碳化产物过 0.154 mm 筛,在 0.1 mol/L 的盐酸中浸泡 24 h 用以除去灰分。将酸洗后的产物用去离子水清洗至上清液接近中性,再在 105℃烘箱中烘干,从而制得目标生物碳 ABC。

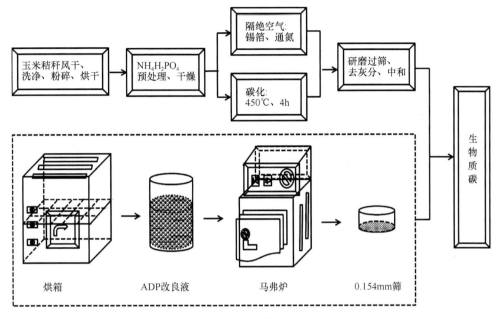

图 13-1　生物碳制备流程图

2. 生物碳添加配比

实验设置 5 种处理方式，其中生物碳的添加配比设置 4 个水平，分别记为 ABC1、ABC2、ABC3 和 ABC4，以无生物碳添加的原样土作为空白对照，记为 ABC0。考虑研究区农田秸秆还田率及将来的增产空间，其生物碳的施用量占供试土壤的质量比分别为 0%（ABC0）、0.5%（ABC1）、1.0%（ABC2）、3.0%（ABC3）和 5.0%（ABC4），如表 13-3 所示，每个处理设置 3 组重复。实验采用 350 mL 锥形瓶作为土壤样品的培养容器。实验开始前，在培养容器中加入被试土壤样品 100 g，置于 20℃恒温培养箱中培养两周，以恢复土壤自然状态下的活性。取出培养容器，分别按照设置的配比加入生物碳，用玻璃棒搅拌使被试样品混合均匀，并将其置于室温条件下培养 90 天，保证土壤完全老化。

表 13-3　生物碳与土壤混合配比

配比	简称
100 g 土壤	ABC0
100 g 土壤+0.5%（质量分数）生物碳	ABC1
100 g 土壤+1.0%（质量分数）生物碳	ABC2
100 g 土壤+3.0%（质量分数）生物碳	ABC3
100 g 土壤+5.0%（质量分数）生物碳	ABC4

13.2.4 实验方法

1. 生物碳改良土壤对镉的去除效果

实验均在密封避光条件下进行，采用含有 0.01 mol/L CaCl$_2$ 和 200 mg/L 的叠氮化钠水溶液作为背景溶液。分别称取 1 g 土样（ABC0、ABC1、ABC2、ABC3 和 ABC4）转移至 50 mL 离心管中，并分为两组。在两组的离心管中分别加入 20 mL 含 Cd^{2+} 的 0.01 mol/L CaCl$_2$ 溶液。其中，Cd^{2+} 浓度（记为 C0）分别为 5 mg/L 和 100 mg/L（pH = 5）。将离心管密封后，置于恒温振荡器中以 120 rpm 转速，于 20℃ 避光环境中振荡 24 h，静置 24 h 后离心分离（8000 rpm，10 min），将离心上清液过 0.45 μm 滤膜，测定滤液中 Cd^{2+} 含量（记为 C1），去除率按照质量守恒定律进行计算。

$$去除率(\%) = \frac{C_0 - C_1}{C_0} \times 100\% \tag{13-1}$$

2. 淋溶实验

实验使用 0.01 mol/L CaCl$_2$ 溶液作为淋溶液，模拟自然降水条件下镉淋溶运移。设置 4 种降雨强度分别为 1.25 mm/h、2.50 mm/h、5.00 mm/h 和 10.00 mm/h。以 BT100-4 电脑恒流泵作为供水装置连续淋溶 24 h，使用全自动部分收集器每隔 1 h 取一次淋溶样品。淋溶液自上而下依次通过初滤层、污染负荷层（0~5 cm 和 5~10 cm）、土壤改良层（10~15 cm）、土壤层（15~20 cm 和 20~25 cm）和反滤层，最终从底部出水口流出。淋溶装置及土柱填充方式如图 13-2 所示。

实验设计的淋溶柱为内径 5 cm，高 25 cm 的密封有机玻璃柱。淋溶柱两端设计安装可伸缩、可拆卸式密封螺旋塞，用来控制填充土柱的高度。螺旋塞端口分别连接内径 0.5 cm 的导流管，以保证淋溶液的正常导入与流出。填充淋溶土柱时首先在底部依次放置孔径为 2 mm 的多孔出水玻璃板、二层滤纸、三层 40 目尼龙纱和一定量石英砂，形成 0.5 cm 高的反滤层。其作用是在发生排水时保护土柱内土壤不被冲走，同时保持一定的渗透性能，保证土柱充分均匀排水，防止滞水面的形成以及土粒渗流堵塞出水孔。然后向土柱内填充供试土壤，将供试土壤分多次均匀严实地填入柱中，形成高 10 cm 的土壤层。填充过程中使下层土壤接近自然状态下容重，并保证各淋溶柱内土壤密度接近。

根据实验要求分别向土柱内填充 5 cm 高的土壤改良层。采用土壤、细砂、粗砂、砾石及生物碳联合使用的方法，对土壤进行改良，改良高度为 5 cm。自下而上分别添加细砂、粗砂和砾石，其粒径分别为 1~3 mm、2~4 mm 和 4~8 mm，形成高度为 2 cm 的基质层。添加约 50 g 的生物碳改良土壤，根据实验需求选择

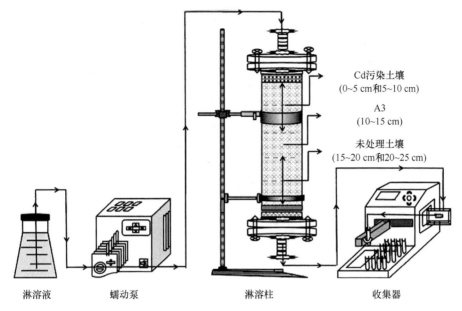

Cd污染土壤
(0~5 cm和5~10 cm)

A3
(10~15 cm)

未处理土壤
(15~20 cm和20~25 cm)

淋溶液　　　蠕动泵　　　　　　淋溶柱　　　　　收集器

图 13-2　淋溶装置图

土壤类型（ABC1、ABC2、ABC3 和 ABC4），形成 3 cm 的生物碳改良层。

将完全老化的污染土壤均匀覆盖到基质层上端形成污染物负荷层。包括 control、0.3 mg/kg、3.0 mg/kg 和 10 mg/kg 共 4 种梯度的污染土壤。最后添加一层过 1 mm 筛的石英砂覆盖、一层滤纸以及孔径为 2 mm 的多孔出水玻璃板，形成初滤层。其作用是防止淋溶过程中土层表面形成股状流或优先流，从而保证将水量均匀分配到污染负荷层表面。

3. 淋溶样品的处理

取混匀的淋出液于离心管中，然后将样品水平固定在振荡器上，振荡 1 min，使其充分混匀。然后在 4000 r/min 的转速下，离心 10 min。轻轻取出离心管，将上清液过 0.22 μm 滤膜后用电感耦合等离子体原子发射光谱法 ICP-OES 进行测定。淋溶柱内土壤样品经自然风干，研磨过 0.149 mm 尼龙筛后，经 HNO$_3$-HF-HClO$_4$ 法消解采用电感耦合等离子发射光谱仪（ICP-OES）测定重金属含量。

13.3　结　　果

13.3.1　污染负荷与降雨强度对镉运移的影响

在降雨作用下，污染负荷层不同浓度的重金属依次经过土壤改良层和土壤层，并最终以淋溶液的形式淋出。24 h 内污染负荷与降雨强度对镉淋溶的影响如图 13-3 所示。在不同污染负荷与降雨强度下，淋溶液中 Cd 的浓度在前 12 h 的降雨时段内均发生了剧烈的波动，并在随后的时间内逐渐趋于平缓。所有降雨强度下，当 Cd 的初始含量较低时（0.3 mg/kg 和 3.0 mg/kg），其浓度随时间的推移整体呈现先增加后减小的趋势。而当初始污染负荷较高时（10 mg/kg），淋溶液内 Cd 的含量逐渐降低，说明当土壤达到较高的污染水平时，污染物能在短时间内以浓度高流速快的方式进行垂向运移，造成较严重的污染。

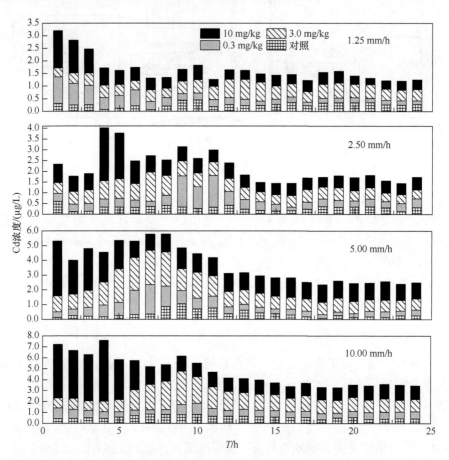

图 13-3　污染负荷与降雨强度对镉运移的影响

降雨为 1.25 mm/h 时，除了空白对照组 Cd 的淋溶分布极不规律外，其他三种污染负荷下，Cd 最大淋溶量均出现在降雨初期，且其浓度在淋溶后期呈现下降的趋势。随着降雨强度的增加，Cd 日均最大淋溶量基本出现在降雨时段中期（8～12 h），10 mg/kg 情景除外。当降雨强度为 5.00 mm/h 时，重金属的淋溶分布规律最为明显，即当污染负荷小于 3.0 mg/kg 时，流失的 Cd 量呈现先增加后减小的趋势，当浓度负荷达到较高水平时，Cd 的淋溶量在流失的初始阶段达到峰值，并呈逐渐较小最终趋于平缓的状态。因此该降雨强度对 Cd 运移的影响具有一定的代表性。

13.3.2　镉累积淋溶污染负荷

随时间的推移镉 24 h 内的累积淋溶量如图 13-4 所示。随着降雨量与初始污染负荷的增加，污染物的累积流失量呈明显的增加趋势。尤其当土壤 Cd 污染较为严重（10 mg/kg）且特大暴雨情境下，Cd 日流失量高达 694.94 ng，是对照组在1.25 mm/h 时的 60.50 倍。虽然在各种情况下污染物的累积淋溶量不断增加，但随着时间的推移其增加率均呈现逐渐降低的趋势，且随着降雨量的增加这种趋势愈加明显。只有当降雨量为 1.25 mm/h 时，且污染负荷较低的情况下，Cd 的累积淋

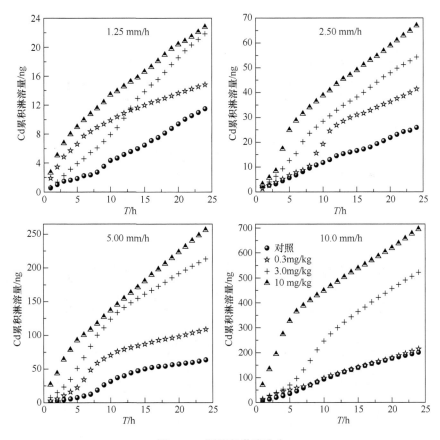

图 13-4　镉累积淋溶分布

溶增加率呈现变大的趋势。当初始添加量为 0.3 mg/kg 时，前 12 h 内累积淋溶量为 18.85 ng，大于 3.0 mg/kg 的 10.17 ng。当降雨为 10.00 mm/h 时，0.3 mg/kg 情境下，24 h 内累积淋溶量的分布情况与空白对照基本相同，总量为 200～215 ng；当初始负荷为 10 mg/kg 时，1 个小时内 Cd 的淋溶量高达 70.42 ng。而当降雨量为 1.25 mm/h 何 2.50 mm/h 时，4 种污染负荷下 24 h 累积淋溶量为 11.48～66.92 ng，远远小于其在 1 h 内造成的污染，可见强降雨造成的瞬时污染远远大于降雨量较小的情况。

13.3.3 不同污染负荷下土壤中镉的垂向运移

为进一步探究镉在土壤中的运移规律及污染负荷和降雨强度对其影响，将淋溶土柱分割成 5 个部分（0～5 cm、5～10 cm、10～15 cm、15～20 cm 和 20～25 cm），如图 13-5 所示。结果显示，在 4 种降雨强度与 4 种污染负荷下，污染负荷层内镉

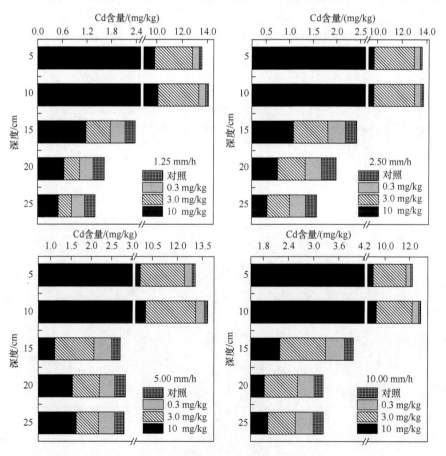

图 13-5 镉在土壤中的垂向分布

的含量随着土壤深度由 0~5 cm 增加到 5~10 cm，而逐渐增加。表层土壤内镉的浓度低于初始添加量，次表层土壤镉含量部分出现高于初始添加量的情况。可见，土壤中的重金属在降雨作用下，会发生垂向运移，且具有一定累积效应，导致表层污染物进入次表层，进而导致该层污染负荷变大。对照情境下，4 种降雨强度下，镉在深层土壤（10~15 cm、15~20 cm 和 20~25 cm）中的含量明显高于上两层土壤。当降雨强度小于 10.00 mm/h 时，镉含量随着深度的增加而变大，在 15~20 cm 内达到最大值，在底层土壤中的含量略有下降。当降雨强度为 10.00 mm/h 时，镉的淋溶量逐层增加，再次验证其在土壤内的运移及累计效应。

当有外源污染物（0.3 mg/kg，3.0 mg/kg 和 10 mg/kg）添加到土壤后，更多的镉随淋溶作用进入深层土壤，导致 10~15 cm 土壤层内镉的含量明显增加。当降雨强度较小时（1.25 mm/h 和 2.50 mm/h），深层土壤（10~15 cm、15~20 cm 和 20~25 cm）内镉的含量随着深度的增加而减小。但随着降雨强度增加到 5.00 mm/h 和 10.00 mm/h 时，深层土壤内开始出现污染物含量增加的现象，且随着污染负荷的增加，这种现象更为明显。尤其当初始污染负荷由 3.0 mg/kg 增加到 10 mg/kg 时，更多的镉运移至底层土壤，且累积现象越来越明显。

13.3.4　生物碳改良土壤对镉的去除率

通过等温吸附实验判断生物碳改良土壤对镉的去除率，由表 13-4 可以看出，土壤（ABC0）对浓度较高的镉溶液吸附效果较好（100 mg/L>5 mg/L，16.22>15.28），但差别依然很小。可见污染物的初始污染负荷对土壤修复确实存在一定影响。生物碳对重金属镉的吸附去除效果整体呈现生物碳添加量越大，污染物的去除效果越好。其去除率都随着污染物初始浓度的变高而降低，可见在污染物浓度较低的情况下，生物碳对土壤改良效果更好。且当镉浓度较低时，也出现了 ABC3 的去除率大于 ABC5 的情况。因此，本研究所制备的生物质碳具有修复东北地区土壤农业面源污染的潜力，在实际应用中根据具体情况确定最佳的比例和条件能够达到更优良的土壤修复效果。

表 13-4　生物碳与土壤混合配比

Cd 含量	5 mg/L	100 mg/L
	ABC-Soil	ABC-Soil
ABC0	15.28	16.22
ABC1	31.43	23.16
ABC2	47.58	34.04
ABC3	63.15	36.67
ABC5	61.53	48.03

13.3.5　不同生物碳添加水平对镉运移的影响

根据降雨强度对镉运移的影响可知,5.00 mm/h 时重金属的淋溶分布规律最为明显，且其为研究区频发的降雨强度，因此将 5.00 mm/h 作为降雨控制因素，研究不同生物碳添加配比（ABC0，ABC1、ABC2、ABC3 和 ABC4）对镉运移的影响，其分析结果如图 13-6 所示。将 5 cm 高的土壤改良层添加在污染负荷层下端，即 10～15 cm 深度，用以控制污染流失。镉在污染负荷层的运移与未对土壤进行改良时的规律一致，即发生垂向运移与富积，由表层向次表层流失，因此表现出5～10 cm 土壤层镉含量高于表层土壤。当没有外源添加污染物与生物碳时，镉在土壤中先呈现增加的趋势，并在 15～20 cm 层达到最大值，随后在底层土壤内略有减小。这一方面表现了污染物在土壤内发生了垂向运移，另一方面表现镉淋溶流失的累积效应。

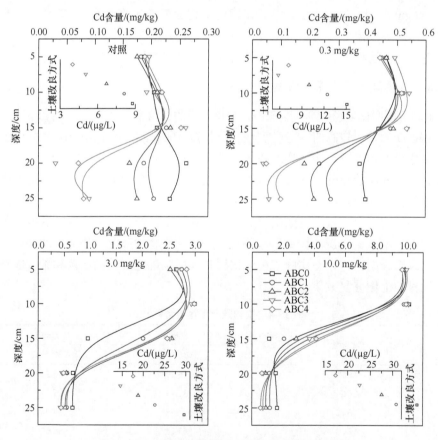

图 13-6　生物碳添加配比对镉垂向运移的影响

当土壤污染负荷逐渐增加，镉在每层土壤内的含量也随之增加。但通过外源添加生物碳可以有效控制污染扩散，且随着生物碳添加配比不断提高，其控制效果越来越好。当使用生物碳与基质对土壤进行改良时，改良层内镉含量明显增加，且在添加量为 3%或 5%时污染负荷最大。由于更多的污染物被固定在土壤改良层，所以流失到深层土壤（15～20 cm 和 20～25 cm）的镉含量大幅降低。当污染负荷为相对较低时（control、0.3 mg/kg 和 3.0 mg/kg），3.0%的生物碳控制效果最佳，当污染负荷达到 10 mg/kg 时，ABC4 对镉运移的影响更大。通过生物碳改良土壤对镉的去除率研究可知当镉浓度较低时 ABC3 的去除率大于 ABC4，而土壤污染负荷较大时，二者控制效果相反。

镉随淋溶液的流失量也因对土壤进行改良而得到有效控制。随着生物碳添加比例由 ABC0 增加到 ABC4，镉的淋溶流失量也越来越小。但当土壤内的初始负荷为 0.3 mg/kg 和 3.0 mg/kg 时，ABC3 的控制效果要优于 ABC4。可见利用生物碳对土壤进行改良，当生物碳的添加配比达到一定高度时，其对污染的控制效果并不完全随着添加量的增加而变得更好，而是发生了更为复杂的变化，其中的原因有待于更深入的研究。

13.4　讨　　论

13.4.1　农田面源重金属镉流失风险

化肥尤其是磷肥中以镉为代表的重金属含量较多，土壤对重金属的环境容量较低，磷肥的使用会引起其在土壤中快速积累，导致土壤重金属污染（Wang and Chen，2014）。土壤中的镉具有难降解性、隐蔽性、不可逆性和长期性等特点（王芳丽，2012）。农业土壤中含有过量的镉，将污染土壤质量、降低土壤肥力，从而导致粮食产量下降（Hassan et al.，2016）。土壤内镉含量增加，不仅会影响微生物活性、抑制作物生长、导致土壤生产力下降、作物产量和品质降低，而且会通过径流和淋溶过程污染水环境（Zhao et al.，2014）。当作物和水体内镉含量超过一定阈值时，人类的生命和健康可能通过直接接触和食物链等途径受到毒害（Galunin et al.，2014）。土壤残留污染物的流失是其在土壤环境中进行重新分配的过程，具体来说是农田土壤中的污染物在降雨、灌溉、径流冲刷等作用下，扩散到其他环境中的过程（Pinto et al.，2015）。

对于区域农业发展中占据重要位置的旱田而言，作物生长和耕作活动所需水分主要通过降水供给，所以降水造成的面源污染物流失是土壤污染物迁移的主要途径（Wei et al.，2016）。污染物流失过程中，降水强度起着决定性作用，由降水引起的土壤污染物淋溶运移行为易导致污染物在土壤深层累积，甚至进入地表水和地下水，威胁环境质量，造成土壤乃至水环境污染污染（Aslam et al.，2015）。加之，研究区土壤粒径较大且砂质含量较高，因此土壤孔隙度较大，具有较好的疏水性，灌溉或降雨过程中，由于土壤的异质性和优势流作用，污染物可以随着水分子经大孔隙向下运移，进入深层土壤与地下水中，导致污染流失。因而，在研究农业面源污染物流失时，探究降水强度对淋溶流失的影响，能够更好地评估污染物对环境的影响和潜在风险（Hao et al.，2013）。

13.4.2 生物碳对农田面源镉流失的影响

生物碳作为一种环境友好、来源广泛、造价低廉、性能优良的新型能源材料，在环境和农业中应用越来越广泛（Cao et al.，2009）因此将主要作为废弃物排放的生物质有效利用起来，制备一种独特的土壤改良剂，在实际应用过程中，由于水体、土壤以及污染物类型的不同对生物碳性能的要求会不同。在制备的预处理过程中采用适宜的方法、添加合适的改性剂，能够进一步提高生物碳性能碳。磷酸二氢铵（$NH_4H_2PO_4$，ADP）是一种简单易得、价格低廉的农用化肥，在生物碳制备过程中，用 ADP 作为前驱体处理剂，可以在热解的低温阶段加速脱水反应，缓解热分解的强度，从而大大提高固体产物的产率，保证在相对较低温度下获得具有更优秀性质的生物碳（Li et al.，2010）。

本研究经 ADP 高温处理的 ABC 表面结构被明显破坏，出现凹凸且裂纹加深，有块状结构堆叠，并出现较大孔隙与孔结构。由于生物碳表面孔隙结构较多因此具有较大的比表面积，因而 ABC 具有较强的吸附性能。研究发现，通过使用生物碳与基质对土壤进行改良可以有效控制污染扩散，且随着生物碳添加配比不断提高，其控制效果越来越好，镉的淋溶流失量也越来越小。但也会出现 ABC3 的控制效果优于 ABC4 的情况。Delwiche 等采用现场采样和室内分析测试的方法，发现在美国某地区污染土壤中添加生物碳能够很好控制农业面源污染物向下运移，从而减少其淋溶流失（Delwiche et al.，2014）。Lu 等证实，通过模拟降水情境，当生物碳添加比例为 3%时，能最大程度减少重金属淋溶风险（Lu et al.，2015）。因此基于生物碳的土壤改良应用可以有效控制流域重金属镉流失风险。

13.4.3 应用生物碳土壤改良方法控制流域农业面源污染物

我国秸秆年产量已突破 8×10^8 t，对农村种植固废生物质的资源化处理与利用引起了社会的普遍重视，其中生物碳资源化利用是秸秆处理的有效途径（马骁轩等，2016）。将固体废弃物变废为宝，应用于土壤痕量污染物的原位稳定，在减轻固体废弃物处置压力的同时，能够降低农业面源污染物流失风险，进而降低水环境污染风险（Beesley et al., 2010）。在环境管理方面生物碳具有管理农业废弃物、改良土壤质量、修复受污土壤、减轻温室效应、固持营养元素、提高作物产量等作用（Lehmann and Joseph, 2015）。尤其是生物碳还田对农业面源污染的控制作用及土壤改良效果，对环境保护以及在农业方面的应用具有深远的影响。

生物碳对农田土壤重金属流失的控制效果显示，通过自主制备生物碳，改良制备工艺，因地制宜的使用利用率高、效益好、多样化的生物碳，一方面能够从源头控制农业面源污染，另一方面生物碳对农业面源污染的控制作用，可以降低污染物给河流生态系统带来的潜在风险，取得经济效益和生态效益的双赢。虽然当前国内外利用生物碳改良土壤的研究较多，但将生物碳与砾石等基质结合，通过一种简易工程措施防治耕地水土流失、控制污染扩散的报道相对较少。而工程性土壤防治措施作为农田面源排放与下游受纳水体的过渡带，具有排涝泄洪、确保粮食生产稳定等功能。因此注重综合利用生物碳的吸附固定性能与砾石等基质的污染拦蓄效果，达到保土拦沙、控制污染扩散、减少入河污染负荷目的，从而降低农业面源污染给土壤与河流生态系统带来的潜在生态风险。

13.5　小　　结

本章以重金属镉作为研究区典型痕量面源污染物，基于不同降雨强度与污染负荷开展了镉在土壤中运移规律的研究，并对比了不同生物碳配比对土壤镉运移的控制效果。主要结果显示，降雨强度与污染负荷是土壤镉淋溶流失的决定因素，镉的淋溶量会随着二者的增加而变大。其中，强降雨造成的瞬时污染要远远大于降雨量较小的情况。当镉初始污染负荷较低时，随时间的推移淋溶液内镉的浓度整体呈现先增加后减小的趋势，而当污染程度变高时，其含量呈现随时间逐渐降低的现象。即高污染负荷可以在短时间内以浓度高流速快的方式进行垂向运移，进而造成较严重的重金属污染流失。

土壤中的重金属在降雨作用下，会发生垂向运移，且具有一定累积效应，表层污染物进入次表层，导致该层污染负荷变大。当有外源污染物添加到土壤后，更多的镉随淋溶作用进入深层土壤，导致 10～15 cm 土壤层内镉的含量明显增加。当降雨强度较小时深层土壤内镉的含量随着深度的增加而减小。但随着降雨强度的增加，深层土壤内开始出现污染物累积现象，且随着污染负荷的增加，更多的镉运移至底层土壤。

　　通过生物碳与基质联合使用的方式对土壤进行改良可以有效控制污染扩散，且随着生物碳添加配比不断提高，其控制效果越来越好。因为生物碳对镉具有很好的去除率，因此更多的污染物被固定在土壤改良层，所以运移到深层土壤的镉含量大幅降低，污染流失得到有效控制。且随着生物碳的添加比例由 ABC0 增加到 ABC4，镉的淋溶流失量也越来越小，但也会出现 ABC3 的控制效果优于 ABC4 的情况。总的来说，当污染负荷为相对较低时，ABC3 的污染控制效果最佳，而当污染负荷较高时，ABC5 对镉运移的影响更大。

第14章 基于沉积物应用的流域重金属来源解析及污染防控建议

14.1 引 言

土壤成土母质本身含有众多的重金属，但人为来源组分被认为具有更高的生物有效性和环境迁移风险（Ghrefat et al., 2012）。因此，从污染防控和生态安全角度出发有必要进一步区分土壤中重金属的人为来源组分和所占比例。为了有效降低人类活动对农业区土壤的影响，许多国家都相继开展了重金属来源输入调查研究，从而明确了各种人为来源的污染贡献（Belon et al., 2012）。不过需要指出的是，这些研究大多是根据国家统计年鉴或文献报道的各种来源物质使用量进行贡献率估算，因此当它们应用于某一具体或较小区域时有可能会出现偏离实际的情况。例如，污水灌溉总体上被认为是中国农业土壤重金属污染的一个重要来源（Cheng, 2003），但它其实在水资源丰富地区很少成为主要的污染源。在三江平原地区，农田灌溉用水主要来自河流引水、降雨和地下水，水质较好，基本不存在污水灌溉的情况。

对于流域尺度上的土壤重金属来源解析，尤其是在农业开垦地区，作为最终"汇"的河流沉积物同样可提供许多有价值的信息。在此需要说明的是，本章研究所涉及的源解析是指利用沉积物分析识别流域土壤中重金属的最初来源。虽然本论文探讨的是农业活动影响下由土壤侵蚀引发的重金属流失问题，但明确它们的具体输入来源可以帮助决策者更加有针对性地实施流域面源重金属污染防控。因此，本章研究的主要目的是：①应用沉积物富集因子和Pb稳定同位素方法定量评价挠力河流域Pb、Cd、Cu、Zn、Cr、Ni六种重金属的人为贡献率；②结合主成分分析进一步识别这些重金属的主要人为来源；③在此基础上提出三江平原农区重金属污染防控对策。

14.2 材料和方法

14.2.1 样品采集

研究者于2013年7月使用自制柱状采样器在挠力河流域主要干流和支流共采

集 12 个表层沉积物样品（0～10 cm），在每个样点 5 m×5 m 范围内取 3 个重复混合均匀后装入洁净封口塑料袋。为了获得挠力河流域土壤重金属背景值，结合流域土地利用分布情况经实地考察后最终选择了 8 个背景参考点。这些参考点均位于天然林地和草地区域，几乎没有受到人为活动尤其是化肥施用的影响（图 14-1）。在每个参考点，应用蛇形布点法采集 5 个至少 30 cm 深土壤样品（避免大气沉降输入的影响），混合均匀后四分法留取 1 kg 装入洁净封口袋。所有样品运回实验室自然风干，剔除砾石、植物根系等杂质后玛瑙研磨过 0.149 mm 尼龙筛。

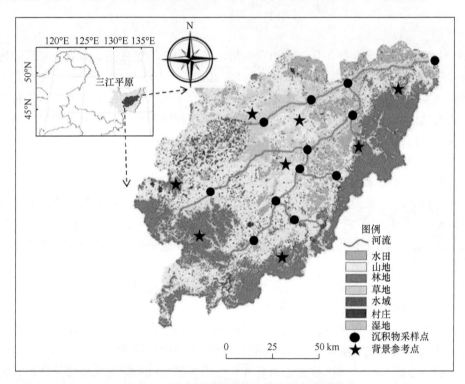

图 14-1　挠力河流域背景土壤和沉积物采集

14.2.2　元素含量分析

样品经 HNO$_3$-HF-HClO$_4$ 法消解后，采用电感耦合等离子发射光谱仪（ICP-AES）测定重金属 Pb、Cd、Cu、Zn、Cr、Ni、Fe、Al、Ca 以及 TP 含量。应用试剂空白、平行样和标准物质（GBW-07401、GBW-07402）进行全程质量控制，测定结果均在误差允许范围内，各元素回收率为 97.23%～104.26%。采用 BCR 顺序提取法对背景土壤样品中重金属 Fe、Al 进行形态分析，质量控制与总量分析类似，计算回收率（重金属总量与四种形态之和比）总体在 95.66%～102.81%范围内。

14.2.3　Pb 稳定同位素分析

元素 Pb 有四种稳定同位素（^{204}Pb、^{206}Pb、^{207}Pb 和 ^{208}Pb），这为识别不同 Pb 来源及其各自贡献提供了一种有效的方法（Alvarez-Iglesias et al.，2012）。已有研究表明，Pb 稳定同位素 86%的源识别能力来自 ^{206}Pb、^{207}Pb 和 ^{208}Pb（Sangster et al.，2000），因此采用电感耦合等离子质谱仪（ICP-MS）分析了这三种同位素。为了评价流域农业源的输入贡献，在当地同时收集了 N-P-K 化肥样品，测定了 Pb 同位素组成。在分析过程中，使用标准物质（NIST 981）进行质量控制，分析得到的 $^{206}Pb/^{207}Pb$ 和 $^{208}Pb/^{207}Pb$ 比率（1.091 和 2.374）与标准值 1.093 和 2.370 整体较为接近。

14.2.4　人为贡献率计算

1. 地球化学方法

富集因子概念是由 20 世纪 70 年代提出，它最初仅用于研究大气颗粒物，随后逐渐延伸到土壤、沉积物、植物等环境介质并在重金属人为污染评价中得到广泛的应用（Chester and Stoner，1973）。沉积物中某种重金属元素的富集因子计算如下：

$$EF = \frac{(X/Y)_{sample}}{(X/Y)_{baseline}} \tag{14-1}$$

式中，X 为所评价重金属元素；Y 为选择的参考元素。在本研究中将流域背景土壤的 X/Y 值作为基准比率。基于获得的富集因子，重金属元素 X 的人为贡献率可计算如下：

$$\%X_{anthropogenic} = \frac{X_{sediment} - Y_{sediment} \times X/Y_{baseline}}{X_{sediment}} \times 100 \tag{14-2}$$

2. 同位素方法

人为 Pb 污染贡献还可通过一种基于同位素方法的二源混合模型计算获得，从而可以与上述地球化学方法的结果进行比较和验证（Cheng and Hu，2010）。根据此模型，流域背景土壤平均 $^{206}Pb/^{207}Pb$ 比率可认为是自然源同位素组成，不过人为源平均同位素组成还需做进一步的分析，具体详见本章 14.3.3 节。

$$Pb_{anthropogenic}(\%) = \frac{(^{206}Pb/^{207}Pb)_{sample} - (^{206}Pb/^{207}Pb)_{natural}}{(^{206}Pb/^{207}Pb)_{anthropogenic} - (^{206}Pb/^{207}Pb)_{natural}} \times 100 \tag{14-3}$$

14.2.5　统计分析

应用 Spearman 相关系数评价流域背景土壤中 Fe、Al 和各微量金属间的相关性，从而帮助选择最合适的参考元素。为了获得流域人为来源的平均同位素组成，采用线性回归分析了挠力河沉积物中 $^{206}Pb/^{207}Pb$ 与 1/EF 之间的关系。最后，应用主成分分析识别了挠力河沉积物中 Pb、Cd、Cu、Cr、Ni 的主要人为来源和可能行为。

14.3　结　　果

14.3.1　流域沉积物和背景土壤中重金属含量

挠力河流域沉积物和背景土壤中 Pb、Cd、Cu、Zn、Cr、Ni 六种重金属含量和相关国家的沉积物质量基准如表 14-1 所示。总体来说，经过长期的农业发展挠力河沉积物已经呈现重金属累积的趋势。与背景土壤相比，挠力河表层沉积物中 Pb、Cd、Cu、Zn、Cr、Ni 平均含量分别提高了 23.05%、56.25%、71.45%、32.98%、58.81% 和 58.98%。由于当地较高的土壤背景值，重金属 Zn 具有最高的沉积物含量。不过挠力河沉积物中 Pb 含量却低于 Cu，这与背景土壤中情况不尽相同，表明更多的人为来源 Cu 进入了该流域。采用不同国家沉积物质量基准评价了挠力河沉积物中重金属的环境风险（Pataki and Cahi, 1999）。根据 LEL-SEL 质量基准，所有沉积物样品中 Cu、Cr、Ni 含量均超过 LEL 值，表明它们对当地水环境系统可能产生负面效应。但是，它们均没有超过严重效应 SEL 值。另外，TEL-PEL基准显示分别有 100%、91.67%、75.00% 的样品超过 Ni、Cr 和 Cu 的 TEL 值。对比 ERL-ERM 基准发现只有 Ni 含量超过 ERL 值。很明显，依据不同的质量基

表 14-1　流域沉积物、背景土壤中微量金属含量及其不同国家沉积物质量基准

微量金属	挠力河沉积物 /（mg/kg）	背景土壤 /（mg/kg）	沉积物质量标准/（mg/kg）					
			LEL	SEL	TEL	PEL	ERL	ERM
Pb	19.75±1.75	16.05±0.37	31	110	30.2	112	46.7	218
Cd	0.25±0.048	0.16±0.017	0.6	9	0.68	4.21	1.2	9.6
Cu	21.74±3.62	12.68±0.31	16	110	18.7	108	34	270
Zn	69.43±4.01	52.21±2.06	120	270	124	271	150	410
Cr	61.57±6.48	38.77±1.95	26	110	52.3	160	81	370
Ni	26.90±2.51	16.92±1.05	16	50	15.9	42.8	20.9	51.6

注：LEL：最低效应浓度，SEL：严重影响浓度（Pataki and Cahi, 1999）；TEL：阈值效应浓度，PEL：必然效应浓度（MacDonald et al., 1996）；ERL：效应区间低值，生物有害效应概率 10%；ERM：效应区间中值，生物有害效应概率 10%，（Long et al., 1995）。

准其评价结果不尽相同，不过总体上 Ni、Cr、Cu 这三种重金属元素需要引起特别的关注。

14.3.2　流域沉积物重金属富集因子

1. 参考元素选取

关于参考元素的选取，一般需要遵循和满足以下条件：①参考元素性质比较稳定或是一种惰性元素；②参考元素主要来源于成土母质，不具有明显的人为源；③参考元素与所评价重金属间存在明显的相关性。目前，Fe 和 Al 都是公认的常用保守元素。通过采用 Spearman 相关分析和化学连续提取法，本研究最终选取元素 Al 作为参考元素。通过对比发现，相比元素 Fe 流域背景土壤中 Al 与各微量金属间呈现更高的相关性（表 14-2）。此外，根据 BCR 分析结果大约 84.76%的 Al 是以残渣态存在，这也高于残渣态 Fe 含量，从而证实了它的自然来源和保守特征（表 14-3）。

表 14-2　流域背景土壤中 Fe、Al 与微量金属间 Spearman 相关系数

	Pb	Cd	Cu	Zn	Cr	Ni
Fe	0.738	0.337	0.667	0.762	0.643	0.833
Al	0.905	0.699	0.881	0.786	0.761	0.929

表 14-3　流域背景土壤中 Fe、Al 化学形态分布

	弱酸溶解态/%	可还原态/%	可氧化态/%	残渣态/%
Fe	6.56	19.34	10.28	63.82
Al	2.78	7.47	4.99	84.76

2. 富集因子计算

以 Al 作为参考元素，根据式（14-1）计算了挠力河流域沉积物中 Pb、Cd、Cu、Zn、Cr、Ni 六种重金属的富集因子。由图 14-2 可知，不同重金属的富集因子存在差异，但它们总体处于 1～2。元素 Cu 具有最高的富集水平，其中最高值出现在流域支流 Q1 和 Q2 点位，而 Cd 在 D3 点位也呈现出很高的富集水平（2 小于 EF）。沉积物富集因子整体上反映了上游及其周边土壤重金属的流失水平。结合流域土地利用分布，发现这些高值点位均位于流域的主要耕作区，这与本研究第 5 章中流域面源重金属流失主要来自水田和旱田区域的结论相一致。元素 Pb 和 Zn 的富集系数最低，平均值分别为 1.25 和 1.35，且在整个流域范围内分布较为均匀。总体上，挠力河流域重金属富集水平按 Cu、Ni、Cr、Cd、Zn、Pb 的顺序依次降低。

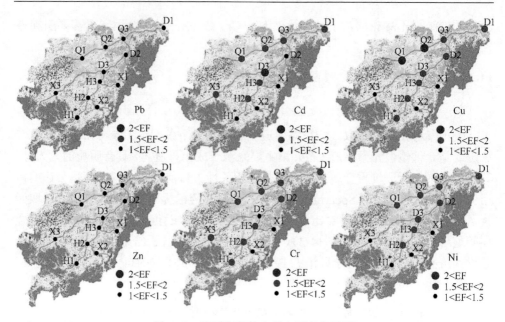

图 14-2　流域沉积物中重金属富集因子

14.3.3　流域沉积物和背景土壤中 Pb 稳定同位素组成

利用 $^{206}Pb/^{207}Pb$ 和 $^{208}Pb/^{207}Pb$ 指示挠力河流域沉积物、背景土壤、化肥样品中 Pb 稳定同位素组成,其比率范围分别为 1.169～1.177 和 2.446～2.466、1.174～1.181 和 2.472～2.483、1.118～1.124 和 2.416～2.422。图 14-3 为挠力河流域沉

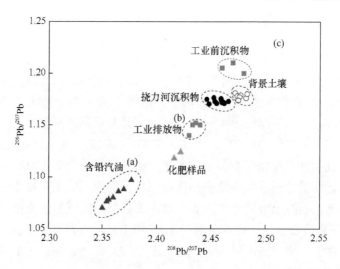

图 14-3　流域沉积物、背景土壤、化肥样品及其他自然和人为源中 $^{206}Pb/^{207}Pb$ *vs.* $^{208}Pb/^{207}Pb$

积物、背景土壤、化肥样品以及其他自然和人为源中 $^{206}Pb/^{207}Pb$ 与 $^{208}Pb/^{207}Pb$ 组成（Monna et al.，1997）。由图可知，工业前沉积物、挠力河流域沉积物、工业排放物、当地化肥样品和含铅汽油中 Pb 同位素组成几乎呈直线排列。但是，代表当地自然来源的背景土壤样品由于具有较高的 $^{208}Pb/^{207}Pb$ 比率，整体不在这条直线上。通过对比，发现挠力河流域沉积物 Pb 同位素组成更加接近当地背景土壤，而远离工业排放物、化肥和含铅汽油，表明挠力河流域 Pb 仍主要来自成土母质。

挠力河流域沉积物中 $^{206}Pb/^{207}Pb$ 比率和 1/EF 值间关系见图 14-4，它可用于计算流域人为来源的平均同位素组成。本研究中使用了 1/EF 值，主要是考虑到它在较低人为贡献条件下比 1/Pb 值更为敏感。线性回归分析表明，挠力河流域沉积物 $^{206}Pb/^{207}Pb$ 与 1/EF 间存在显著的相关性（R^2=0.81，P 小于 0.01）。基于获得的这种定量关系。从而计算了挠力河流域人为 Pb 来源的平均同位素组成，即当 1/EF 趋近于 0 时，其 $^{206}Pb/^{207}Pb$ 值为 1.152。

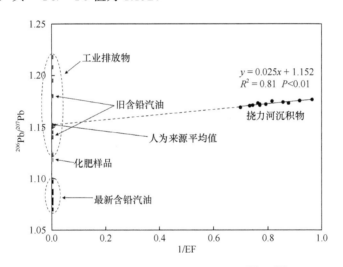

图 14-4　流域沉积物、化肥样品、含铅汽油和工业排放物中 $^{206}Pb/^{207}Pb$ 与 1/EF 间相互关系

14.3.4　流域沉积物重金属主成分分析

应用主成分分析进一步分析了挠力河流域沉积物中微量金属的主要人为来源和可能行为，输入数据为 Pb、Cd、Cu、Zn、Cr、Ni 六种微量金属的富集因子值以及 Fe、Al、Ca 和 P 四种常量元素的浓度含量。相比原始浓度含量，富集因子更好地反映了人为影响和污染水平。由表 14-4 可知，以特征根 λ 大于 1 为标准最终选出了三个主成分 PC1、PC2、PC3，它们分别占总方差的 51.673%、19.017% 和 12.093%，累积方差达到 82.783%。因此，所分析的这些元素指标均可由这三

个主成分表达。

图 14-5 为将载荷矩阵进一步转化后的因子载荷图。由图可知，这些元素在三种主成分中总体呈现不同的载荷分布。第一主成分 PC1 中具有很高的 Fe、Pb、Cu、Cr、Ni 载荷。相似地，第二主成分 PC2 主要包括 Cd、Ca 和 P，而元素 Al 和 Zn 被划分在最后一个成分 PC3 中。因此，单就分析的六种微量金属而言，Pb、Cu、Cr、Ni 可能具有相似的人为来源和环境行为，它们与元素 Cd 和 Zn 间均不相同。

表 14-4 流域沉积物中微量金属与常量元素的主成分分析及其旋转后因子载荷矩阵

	初始特征值			元素	旋转因子载荷矩阵		
	总计	方差百分比/%	累积方差百分比/%		PC1	PC2	PC3
	总方差解释				因子载荷矩阵		
1	5.167	51.673	51.673	Pb	0.812	0.210	0.384
2	1.902	19.017	70.690	Cd	0.355	0.737	0.035
3	1.209	12.093	82.783	Cu	0.902	0.270	0.159
4	0.767	7.669	90.452	Zn	0.295	0.057	0.873
5	0.433	4.332	94.784	Cr	0.869	−0.238	0.260
6	0.309	3.087	97.872	Ni	0.867	0.257	0.366
7	0.134	1.343	99.215	Fe	0.792	0.261	0.027
8	0.053	0.530	99.746	Al	−0.213	−0.083	−0.927
9	0.019	0.194	99.940	Ca	0.043	0.751	0.268
10	0.006	0.060	100.00	P	0.094	0.949	−0.090

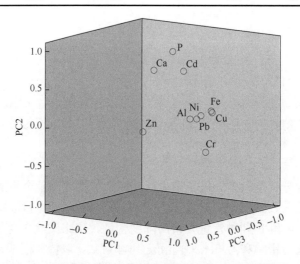

图 14-5 流域沉积物中微量金属和常量元素因子载荷图

14.4　讨　　论

14.4.1　挠力河流域重金属人为贡献率

作为流域物质迁移的"汇",本研究通过计算富集因子评价了挠力河沉积物中 Pb、Cd、Cu、Zn、Cr、Ni 六种重金属的人为活动影响,它实际反映了流域土壤中重金属的不同来源信息。结果显示各重金属间富集因子存在差异,但它们总体小于 2,尤其是 Pb 和 Zn 的富集水平较低。这表明虽然经历了几十年长期的农业发展,成土母质仍然是挠力河流域重金属的主要贡献者(Hernandez et al.,2003)。根据式(14-2),计算得到挠力河沉积物中 Pb、Cd、Cu、Zn、Cr、Ni 的平均人为贡献率分别为 19.07%、34.49%、40.94%、25.45%、37.23%和 37.32%。对于 Pb 和 Cd 而言,挠力河流域人为贡献率整体与法国 Gascogne 地区的报道值接近;但是 Cu、Zn、Cr、Ni 的贡献率却远高于 Gascogne 地区(N'guessan et al.,2009)。其中一个可能的原因是,与 Gascogne 地区相比挠力河流域 Cu、Zn、Cr、Ni 具有较低的土壤背景值,因此它们对于来自人为的影响更加敏感。

此外,应用同位素方法计算了挠力河流域人为来源的平均 $^{206}Pb/^{207}Pb$ 比率值(1.152)。这个值接近工业排放物和含铅汽油的 $^{206}Pb/^{207}Pb$ 比率,但却与当地化肥样品值差别较大。所以,据此可以推断挠力河流域人为 Pb 应主要来自区域大气沉降,而不是来自当地长期的化肥施用。在环境行为方面,元素 Pb 因主要吸附在小颗粒和气溶胶上,它可以通过长距离的大气运输到达离释放源很远的地方(Klaminder et al.,2003)。不过,这种大气输入贡献应该远小于自然源贡献,因为它并没有显著改变挠力河沉积物中 Pb 同位素的组成特征,其仍与当地背景土壤相近。根据式(14-3),计算得到人为 Pb 贡献率为 19.23%,这与富集因子法得到的结果极为接近。

14.4.2　挠力河流域重金属人为来源

通过计算各重金属的人为污染贡献率,已明确了挠力河流域重金属主要来自土壤成土母质。但是,应用主成分分析我们仍然提取出了三个主成分,这表明它们可能具有不同的人为来源或控制因子。基于同位素方法,已证实了工业排放和含铅汽油是挠力河流域 Pb 的主要人为来源。因此,PC1 成分中 Cu、Cr、Ni 等其他重金属应当也主要来自这些污染源的大气沉降。这与 Luo 等(2009)开展的全国性研究存在一定差异,他们指出中国农业土壤中重金属 Cu 的主要人为输入来源是农用化学品施用。这种差异实际反映了重金属来源在空间和时间上的异质性特点。此外,PC2 成分中重金属 Cd 和元素 P 显著相关,表明化肥施用是该流域

Cd 的主要人为来源。事实上,磷肥已成为世界上许多农业区土壤 Cd 累积的主要贡献者(Mico et al., 2006)。伴随着污染控制设备的不断升级、能源保护和低污染燃料的使用,大气沉降的贡献理论上会逐渐降低;相反由于高质量磷矿石的不断消耗,磷肥输入的重金属可能大大增加(Jiao et al., 2012)。由于 PC3 成分中重金属 Zn 仅与 Al 密切相关,本研究尚不能准确识别其主要的人为来源。

在无人为活动影响下,沉积物中重金属主要赋存于矿物晶格中,而人为来源重金属可吸附在其他沉积物组分中,因此具有更高的移动性和生物有效性(Heltai et al., 2005)。根据主成分分析结果,重金属 Fe 和 Al 分别在成分 PC1 和 PC3 中呈现最大的因子载荷,突出了挠力河沉积物中铁铝氧化物对 Pb、Cu、Zn、Cr、Ni 含量分布的影响。相似地,重金属 Cd 在成分 PC2 中与 Ca 密切相关,因此它应主要受沉积物碳酸盐的控制。与 Pb、Cu、Zn、Cr、Ni 相比,沉积物中 Cd 具有更大的上覆水释放潜力,因为碳酸盐结合态金属比氧化物结合态金属对环境条件的变化更为敏感(Tessier et al., 1979)。所以,农业流域长期的化肥施用及其对 Cd 环境行为的影响应引起足够重视。

14.4.3　三江平原农区重金属污染防控对策

关于农业区重金属污染,人们普遍关注和考虑的是耕地土壤污染,因为这直接关系到农作物的质量安全。本着"预防大于治理"的基本方针和思路,相关学者也提出了一系列针对农田重金属污染的防控对策(蔡美芳等,2014)。然而,土壤污染的影响又是多介质的,其中一个重要的方面是通过径流侵蚀对下游水体产生危害。土壤侵蚀与面源污染息息相关,它们是一对密不可分的共生现象。农田土壤中残留的各种化学物质是主要的面源污染物,因此农业面源污染发生的实质是它们从土壤圈向其他圈层尤其是水圈的扩散过程。基于此,可以从农业面源防控角度出发针对重金属污染特点提出相应的建议措施,主要包括源头输入削减和运移过程阻控两个方面。综合在三江平原取得的研究结果,提出具体以下相关重金属污染防控建议。

1)加强科技投入,控制土壤侵蚀

土壤侵蚀是研究区耕地重金属流失的主要驱动力。一般来讲,土壤侵蚀的发生有内、外两种原因,其中内因包括土壤物理化学性质和地形,而外因主要指降雨、植被覆盖等(南秋菊和华珞,2003)。长期高强度的农业耕作可以改变许多因素的原有特征,从而促进土壤侵蚀的发生。根据第 3 章节的研究,三江平原土地开垦后,农田尤其是水田土壤有机质含量降低明显。与自然湿地相比,水田土壤中有机质平均含量下降了 74.84%。此外,土壤质地也发生了明显变化,主要表现为黏粒含量的降低和沙粒含量的升高。这些性质的改变均削弱了土壤的抗侵蚀能

力。通过开展流域尺度土壤重金属流失负荷模拟研究,还发现旱田种植区呈现最高的土壤流失负荷,它是重金属流失的主要源区。与水田种植区相比,旱田一般位于地势较高的坡地,因此更易、更早出现和汇集径流。

针对以上现状,建议采取培肥、耕作和工程措施相结合的土壤侵蚀控制方法。通过增施有机肥、免耕、少耕、秸秆还田等措施,从而增加土壤有机质含量、改善土壤质地和结构、减少土层扰动、提高地面覆盖和增加抗蚀性。不过土壤侵蚀控制是一项科技含量要求很高的工作,需要前期充分的理论和技术支撑才能达到预期目标,否则效果可能不尽理想。例如,汤文光等(2014)研究发现秸秆还田虽然增加了耕层深度和土壤保肥能力,但同时也将其中富集的 Cd 元素重新释放到稻田土壤中,因此需要设计合理的秸秆还田量或实行秸秆轮还。

2)科学施用磷肥,预防土壤 Cd 污染

研究发现无机化肥尤其是磷肥的施用是挠力河流域土壤重金属 Cd 的主要人为来源,这进一步证实了长期过量磷肥施用对农业流域 Cd 累积的重要影响。由于磷矿石是磷肥的主要生产原料,天然伴生 Cd(平均含量 0.98 mg/kg),而磷肥的植物吸收率仅为 10%~20%,造成大部分 Cd 不断累积在土壤中(江丽和游牧,2008)。重金属 Cd 是一种毒性极强的元素,它可通过皮肤、呼吸道和消化道吸收进入并富集在人体内(王凯荣,1997)。虽然三江平原土壤 Cd 含量仍远低于我国为保证农业生产和人类健康而设置的二级标准值,但要考虑到该区域本身具有较低的背景值这个实际情况。通过计算沉积物富集因子发现,经过几十年长期的农业发展挠力河流域人为 Cd 贡献已经达到 34.49%。科学施用磷肥,预防土壤 Cd 污染已不容忽视。由于国营农场是该区域主要的农业生产单元,因此应充分发挥其在管理方便、技术领先等方面的优势,建议采取以下措施:①对磷肥产品实行统一采购和检测,严格控制高 Cd 磷肥的使用;②基于本地区土壤肥力实际情况,组织人员开展化肥减施增效技术的研究,在保证农作物产量的基础上,将对环境的影响降到最小;③逐步推广和增加有机肥的使用。

3)构建区域环境监测体系,削减大气沉降输入

对于某一特定区域而言,不同土壤重金属元素可能具有不同的人为输入来源,因此需要根据具体情况采取不同的防控措施。利用 Pb 稳定同位素技术和主成分分析,本研究证实了挠力河流域人为 Pb、Cu、Cr、Ni 主要来自区域工业排放和含铅汽油的大气沉降,这不同于 Cd 污染来源。大气沉降是农业区土壤重金属的重要外源输入,在城市周边地区尤为明显(李山泉等,2014)。大气沉降颗粒物中重金属含量通常具有明显的季节变化特征,而在空间上表现为由污染源向外扩展逐渐降低。三江平原地处我国东北偏远地区,工业和交通发展均相对比较落后,但大气污染物可通过长距离运输对当地环境造成影响。正是由于这种污染特点，大气污染防治相比其他污染类型更需要区域性的联合作业。虽然早在 20 世纪末我国就建立了环境监测网，但还远没有达到成熟的在线连续监测程度（李纪峰，2014）。因此，在以后工作中应当加大先进污染源监控技术的研发，逐步构建和完善区域环境监测体系，从而有效削减区域大气沉降对挠力河流域乃至整个三江平原重金属累积的影响。

4）完善沟渠管理，实施定期清淤

三江平原湿地开发利用的主要方式是挖沟排水将其改造开垦为农田。经过几十年的农业大发展，三江平原沟渠数量增加明显，已经形成了四通八达的水渠网络系统。据统计，三江平原仅排水干渠总长度就达到 10 045 km，平均每千米有 189 m（刘庆艳，2013）。一方面，三江平原水渠的增加打破了区域原有的景观结构；另一方面，它还具有线性湿地特征，因此能够调节水文、净化水体和控制农业面源污染（王莉霞等，2011）。通过在实验农场开展的研究，发现沟渠土壤中 Cd、Cu、Zn、Cr、Ni 含量均要显著高于周围农田土壤。此外，化学形态分析表明沟渠土壤中重金属相比在农田和河岸土壤具有最低的弱酸溶解态含量，因此呈现最小的环境迁移风险。这些研究结果均有力证明了人工沟渠可以作为重金属环境迁移过程中的一个临时储存库，特别是在像三江平原这样一个土壤侵蚀相对严重的中高纬度农业大发展地区。定期的沟渠清淤可以有效削减面源重金属污染物向河流系统的输入，从而降低对区域水环境的威胁。

14.5　小　　结

识别流域土壤中重金属的最初输入来源将有助于决策者制定更加有针对性的面源重金属污染防控策略，为此利用沉积物化学分析和 Pb 稳定同位素方法开展了挠力河流域重金属来源解析研究。经过几十年的农业大开发与扩张，挠力河流域沉积物已经呈现出 Pb、Cd、Cu、Zn、Cr、Ni 的累积趋势，其平均值是当地土壤背景含量的 1.23～1.71 倍。其中，Ni、Cr、Cu 这三种重金属元素需要引起特别关注，它们有可能会对当地水环境产生负面效应。为定量评价人为贡献率，选择元素 Al 为参考元素计算了挠力河沉积物中 Pb、Cd、Cu、Zn、Cr、Ni 六种重金属的富集因子。结果显示，各重金属富集因子总体小于 2，表明成土母质仍是挠力河流域重金属的主要贡献者，但人为贡献率最高可达 40.94%。此外，应用同位素方法进一步明确了流域 Pb 的主要人为来源，基于此法获得的人为贡献率（19.23%）与富集因子法（19.07%）非常接近。根据主成分分析结果，挠力河流域人为 Pb、Cu、Cr、Ni 主要来白区域工业排放和含 Pb 汽油的大气沉降，它们在沉积物中分布与铁铝氧化物密切相关。当地长期的磷肥施用是重金属 Cd 的主要人为来源，其在沉积物中的化学行为主要受碳酸盐控制。综合本研究成果，提出了类似在三江平原这样一个土壤侵蚀相对严重的中高纬度农区重金属污染防控对策，主要包括加强科技投入，控制土壤侵蚀、科学施用磷肥，预防土壤 Cd 污染、构建区域环境监测体系，削减大气沉降输入和完善沟渠管理，实施定期清淤。

第 15 章　结论与展望

15.1　主　要　结　论

本研究以冻融集约化农业系统为研究对象,在资料调研和现场监测的基础上,通过野外采集土壤和沉积样品、室内模拟与分析、田间原位试验,利用模型模拟与试验分析相结合的手段,研究了冻融集约化农区面源重金属的迁移转化规律、高污染风险水平重金属元素镉的流失特征与机理以及面源镉流失的原位控制研究,主要得到以下结论。

（1）除 Cd 以外,不同开垦方式的表层土壤中的重金属含量均低于我国土壤环境质量标准（GB 15618—1995）中的一级标准值;Cd 总量分别为中国背景值的 2.39~2.70 倍和 1.31 倍,但低于我国土壤环境质量标准（GB 15618—1995）中的二级标准值,土壤中的 Cd 表现出最强的污染水平,为中度和轻度污染,在旱地土壤中污染水平高于水田和天然土壤。不同开垦方式表层土壤中,旱地（大豆和玉米）和自然表层土壤中 CP 的平均含量最高,水稻表层土壤中 AC 的平均含量最高。

（2）土地利用类型及其转变对土壤重金属环境行为具有深刻的影响。相比林地、水田和旱田,研究区湿地土壤呈现最高的 Pb、Cd、Cu、Zn、Cr、Ni 含量,但这些重金属在四种土地利用类型中均主要以稳定的残渣态存在（69.54%~90.98%）。在经过长期开垦后,水田土壤 Pb、Cd、Cu、Zn、Cr、Ni 平均含量较自然湿地分别降低了 7.61%、55.00%、33.09%、36.72%、3.02%、3.23%。相似地,自然林地开垦为旱田导致土壤 Cu、Zn、Cr、Ni 含量分别降低了 5.86%、18.70%、2.21%和 4.19%。回归分析进一步表明,这些重金属流失与土壤有机质和黏粒含量的降低存在密切联系。由于残渣态是主要的赋存形态,土壤侵蚀引起的颗粒态流失被识别为耕地重金属流失的主要形式。此外,某些水田土壤中弱酸溶解态 Pb 含量已接近 10%中等风险水平,因此在未来研究工作中还应特别关注水稻 Pb 富集问题。

（3）长期的农业开发活动总体上降低了农田土壤中 Pb、Cd、Cu、Zn、Cr、Ni 的含量,但是却促进了它们在沟渠和河岸土壤中累积,这些重金属总体呈现出向水环境逐渐迁移的趋势。与农田土壤相比,河岸土壤中 Pb、Cd、Cu、Zn、Cr、

Ni 平均含量分别增加了 23.61%、128.57%、21.68%、51.24%、18.73%和 57.10%。相比其他两种景观类型，农田土壤重金属呈现最高的弱酸溶解态和最低的可氧化态，但残渣态仍是三种景观类型土壤重金属的主要赋存形态。多元统计分析进一步表明研究区土壤 Cu、Cr 含量与当地成土母质密切相关，而 Pb、Cd、Zn 分布受农业活动影响较大，尤其是过量磷肥的施用。由于人工沟渠可以作为农垦区重金属环境迁移过程中的一个临时储存库，定期的沟渠清淤可以有效削减面源重金属污染物向河流系统的输入，从而降低对区域水环境的威胁。

（4）为实现流域尺度面源重金属流失负荷评价，将沉积物化学分析与 SWAT 模拟相结合是一种切实可行的方法。通过分析阿布胶河流域出口柱状沉积物样品，发现 Pb、Cu、Cr、Ni 四种重金属含量的垂直分布与 TP 极为相似，表明它们有着相似的流域流失和沉积输入历史。因此，应用线性回归分析进一步评价了它们之间的长期定量关系。基于获得的这些定量关系式，通过 SWAT 模拟得到的流域磷负荷进而计算了颗粒态 Pb、Cu、Cr、Ni 的长期流失负荷。结果显示，在 1981～2010 年整个模拟期内流域土壤颗粒态重金属流失变化显著，且近几年呈现不断增加的趋势。通过对估算的田间尺度负荷进行空间插值，发现流域面源重金属流失主要来自水田和旱田区域，能够占到流域总负荷的 70%以上。流域颗粒态重金属流失负荷与土壤重金属含量整体呈现相反的空间分布趋势，但却与土壤流失分布非常相似，表明泥沙产量在控制流域面源重金属负荷分布方面起主要作用。

（5）利用沉积物 ^{210}Pb 同位素定年技术开展了挠力河流域面源重金属流失历史反演研究。结果显示，1948～2013 年间挠力河流域 Pb、Cd、Cu、Zn、Cr、Ni 六种重金属的沉积通量虽有波动，但总体呈现持续增加的趋势，表明自农业大开发以来流域重金属流失在不断加剧。对比发现，1948～1988 年间各重金属沉积通量的增幅均明显高于后期，该时期流域土壤侵蚀量的迅速增加是导致面源重金属流失加剧的主要原因。由于历史特大洪水的影响挠力河流域四种重金属的沉积通量均在 1998 年附近达到最大值，之后逐渐降低，但在最近几年又呈现出升高趋势。考虑到挠力河流域表层各沉积物的质量累积速率并没有发生显著变化，不过沉积物中重金属浓度含量却增加明显，因此可以断定大量化肥、农药的不合理施用等其他人为输入是导致近些年挠力河流域重金属流失负荷加剧的主要原因。

（6）识别流域土壤中重金属的最初输入来源有助于决策者制定更加有针对性的面源重金属污染防控策略，为此利用沉积物化学分析和 Pb 稳定同位素方法开展了挠力河流域重金属来源解析研究。经过几十年的农业大开发与扩张，挠力河流域沉积物已经呈现出 Pb、Cd、Cu、Zn、Cr、Ni 的累积趋势，其平均值是当地土壤背景含量的 1.23～1.71 倍。各重金属富集因子总体小于 2，表明成土母质仍是挠力河流域重金属的主要贡献者，但人为贡献率最高可达 40.94%。此外，应用同位素方法进一步明确了流域 Pb 的主要人为来源,基于此法获得的人为贡献率(19.23%)与富集因子法相近。根据主成分分析结果,挠力河流域人为 Pb、Cu、Cr、Ni 主要来自区域工业排放和含 Pb 汽油的大气沉降,它们在沉积物中分布与铁铝氧化物密切相关。当地长期的磷肥施用是重金属 Cd 的主要人为来源,其在沉积物中的化学行为主要受碳酸盐控制。综合本研究成果,提出了三江平原及其类似农区的重金属污染防控对策,主要包括加强科技投入,控制土壤侵蚀、科学施用磷肥,预防土壤 Cd 污染、构建区域环境监测体系,削减大气沉降输入和完善沟渠管理,实施定期清淤。

(7)总体上研究区表层土壤中的 Cd 自西南向东北呈带状逐渐递减,次表层土壤中 Cd 的分布具有非匀质性;不同土地利用类型表层土壤中 Cd 的分布遵循以下规律:旱地＞水田＞自然土壤,总体上表现出蓄积趋势,却明显低于其他工业或低纬度地区。研究区农田、沟渠和河岸等表层土壤中 Cd 含量分布遵循以下规律:农田＜沟渠＜河岸,农田土壤中 Cd 表现出了沿沟渠向河岸运移流失的趋势。在 1970~2013 年间的长期农业大开发过程中,长期集约化耕作使河流沉积物中 Cd 浓度、沉积通量和沉积速率在总体上呈现增加趋势,长期集约化耕作活动极可能使水体环境污染风险增加。

(8)Freundlich 和 Langmuir 模型均能很好地模拟不同冻融和农药处理土壤中 Cd 的吸附等温线,Freundlich 模型模拟效果强于 Langmuir 模型;随着 FT 频率的增加,CP 对土壤中 Cd 吸附量的影响呈现波动式变化,在 FT 频率为 0 和 1 时,CP 使土壤对 Cd 的吸附量减少,而在 FT 频率为 3 和 9 时,CP 使土壤对 Cd 的吸附量增加。不含 CP 时,随着 FT 的增加,土壤对镉离子的吸附能力、土壤与镉离子的结合能力均强弱波动,添加 CP 后,土壤对镉离子的吸附能力增加,土壤与镉离子的结合能力先保持恒定,后逐渐增强。镉在土壤中的吸附是自发的,且是非线性的,土壤对镉离子的表观吸附可能主要以非均质性为主。

(9)随着 FT 频率的增加,不含 CP 土壤中的 C_{ca} 和 C_{ed} 也逐渐增加,而 C_{ac} 呈现波动变化;CP 处理的土壤中 Cd 的释放量除 C_{ac} 外,均呈现波动式增加的趋势,施用 CP 使 FT 对 C_{ca}、C_{ac} 和 C_{ed} 的作用增量分别缩减了 10.9%、56.3% 和 19.5%,土壤中 C_{ca} 显著增加了 16.2%。随着 FT 频率的增加,不含 CP 的土壤中 C_{DGT} 逐渐降低,pF 逐渐增高,CP 处理土壤中 C_{DGT}、C_{ss} 和 pF 均呈现波动式变化,CP 使 C_{DGT} 和 pF 分别显著降低和增加了 25.0% 和 7.01%。FT 和 CP 处理土壤前后,土壤对 Cd 的再补给能力均属于部分缓冲型。随着 FT 频率的增加,不管添加 CP 与否,土壤中的 pH、CEC、DOC、Eh、和黏土均呈现波动式变化,而 Bd 则逐渐降低;土壤中 Cd 释放量(C_{DGT}、C_{SS}、C_{ca}、C_{ac} 和 C_{ed})与 pH、CEC 和 Bd 显著负相关,与 DOC 和黏土显著正相关,Eh 仅与 C_{ca} 和 C_{ed} 表现出显著相关关系;

不同的土壤理化性质对土壤中 Cd 释放量的直接和间接影响程度均不同。

（10）随着 FT 频率的增加，土壤中 Cd 形态和活性呈现波动性变化。施用 CP 使 FT 对土壤 Cd 形态和活性的作用出现提前或滞后效应，使 Wat-Cd、Exc-Cd、Org-Cd 的含量、B 值和 M 值增加了 3.49%～8.93%，使 Oxi-Cd 含量显著减少了约 10.8%。随着含水量增加，土壤中 Cd 形态并未呈现规则变化，B 值和 M 值分别显著增加了约 10.3% 和 14.7%，但超过土壤水饱和度后，二者未表现出显著变化。SW 的主效应对 Res-Cd 促进贡献率为 79.0%，但对 Wat-Cd、Exc-Cd、Car-Cd、Oxi-Cd、B 值和 M 值为显著抑制作用，贡献率为 51.3%～100%；CP 的主效应对 Oxi-Cd 有为显著抑制作用，贡献率为 34.0%，但对 Exc-Cd、Org-Cd、B 值和 M 值的影响则表现为显著的促进作用，贡献率为 36.8%～54.2%；SW 和 CP 之间的二阶效应对 Res-Cd 有显著抑制作用，贡献率为 100%；但对 Wat-Cd 和 Org-Cd 则有显著促进作用，贡献率为 100% 和 60.3%；CP 和 FT 的二阶交互效应对 Res-Cd 有显著促进作用，贡献率为 21.0%，但对 Wat-Cd 和 Oxi-Cd 有显著抑制作用，贡献率为 25.9% 和 21.1%。

（11）不管是添加单一还是复合钝化剂，都能够显著增加土壤 pH，AL 处理使土壤 pH 增加最多，而 SM 最少；Cd 的移动性、生物有效性和渗出特性均降低，特别是能削弱 Cd^{2+} 从土壤颗粒向液相中的迁移速率，AL 对减少土壤中 Cd 的植物有效性效果最好，其次是 FA，复合钝化剂在增加土壤 pH 和降低土壤中 Cd 移动性方面，效果显著优于相应的单一钝化剂。钝化处理组土壤中 23.5%～76.4% 的 Exc-Cd 重新分配为相对稳定态和稳定态的 Cd，AL 和 FA 处理效果最佳，超过 60% 的 Exc-Cd 被重新分配；钝化处理组土壤中 Cd 的移动/活性因子从 33.7% 下降到 16.8～27.8%。土壤 pH 与 Cd 的移动性、生物有效性、渗出特性和 Exc-Cd 呈显著负相关关系，与 Car-Cd 和 Oxi-Cd 显著负相关。本研究所选用的 4 种副产物，在单独或复合条件下用于预防和控制农田面源 Cd 流失时，能够将 Cd 原位稳定在土壤中，同时能够保持土壤功能和生态完整性，而且能够减轻固体废物处置压力、节约资源，成本低廉，易于推广。

15.2　研究特色与创新点

（1）在流域尺度估算农业面源污染负荷并明确其时空分布特征，能够帮助相关部门更好的实施流域面源管理措施。但因缺乏特定的流域模型和必要的基础数据，导致该领域针对重金属的研究严重滞后。本论文将 SWAT 模拟与沉积物化学分析相结合，成功开展了流域尺度颗粒态 Pb、Cu、Cr、Ni 流失负荷的时空分析。研究虽仍有不足之处，但主要技术方法可推广应用于其他类似资料缺乏地区。

（2）流域土壤中重金属来源定量解析有助于决策者制定更加有针对性的面源重金属污染防控策略。本论文中利用沉积物富集因子法定量评估了三江平原挠力河流域 Pb、Cd、Cu、Zn、Cr、Ni 六种重金属的人为贡献率，同时基于 Pb 稳定同位素技术和主成分分析进一步识别了其主要人为来源。研究结果证实了长期磷肥施用对农业区重金属 Cd 污染的重要影响。不过就三江平原农区而言，还应注意区域工业排放和含铅汽油的大气沉降对 Pb、Cu、Cr、Ni 几种重金属的污染贡献。

（3）基于 3S 技术，基于土壤和沉积物分析，研究了冻融集约化代表性重金属镉沿着土壤-人工沟渠-河岸土壤，最终进入河流的面源流失特征，并在 ^{210}Pb 同位素定年分析的基础上，揭示了长期集约化耕作条件下重金属镉在流域出口沉积物中时空分布特征。

（4）通过室内模拟分析，研究了冻融和农药的交互作用对土壤理化性质、土壤中镉的吸附行为、释放特征、释放动力学特征的影响其影响机制，量化了冻融、水分和农药在产生高阶交互时，对土壤中镉流失行为的贡献，为揭示在自然和人为因子的联合作用下，冻融农区土壤面源重金属流失规律提供了新的信息。

（5）通过田间原试验，研究了利用菌渣、粉煤灰、农用石灰石和蚕沙原位控制面源镉流失的效果，既能将重金属镉原位固定在土壤中，又能减轻固体废物处置压力，为控制面源镉流失提供了一种环保经济型的控制措施。

15.3　研　究　展　望

根据已有的研究结果和本研究中发现的问题以及该领域的发展趋势，建议今后加强如下研究。

（1）由于不具备开展现场长期观测试验的条件，本论文通过参考国外已有成果确定了 Pb、Cu、Cr、Ni 四种重金属的泥沙富集比率，从而计算了它们在研究流域各土壤采样点的流失负荷并基于此实现了流域尺度面源重金属流失的空间变异分析。通过对比模拟的年均流失负荷，计算结果整体可以接受，从而证实了本章研究中利用泥沙富集比率方法开展流域土壤重金属流失负荷空间分析的可行性。然而这种直接引用的方式还是存在一定不确定性，因此在三江平原及其类似地区建立径流小区开展长期定位观测试验还是十分有必要的，所获得的基础数据资料无论对机理分析还是模型构建都具有很大的科学价值。

（2）本论文选择利用 SWAT 模拟的长期面源总氮、总磷污染负荷对建立的挠力河流域沉积时序进行了验证，从而保证了研究结论的科学性。在分析过程中，我们同时发现由于具有相对稳定的性质，流域重金属沉积通量与面源总氮、总磷污染负荷间存在十分显著的响应关系。在所分析的六种重金属中，元素 Pb 和 Cr 具有最高的相关系数，因此它们可分别作为理想的流域面源氮、磷污染评价指标。这对于资料缺乏、模型应用困难的流域，似乎是一种更为简便可行的方法，值得今后作进一步深入的研究。

（3）针对重金属开展的农业面源污染研究，尤其是在流域尺度上的流失研究，目前仍处于方法探索阶段。本论文的特色之处在于应用流域沉积特征来指示面源重金属的流失，而重金属在沉积物中的累积过程是一个长期综合反映。由于冻融作用具有明显的季节性，因此本论文基于沉积物分析所开展的三江平原典型流域面源重金属流失研究仍难以明确其具体影响和作用机理，只是将其作为一个背景作用力进行说明。在未来工作中还应该进一步加强冻融作用对土壤重金属迁移转化规律的影响研究，从而可以更好地帮助实施区域面源重金属污染防控。

（4）进行冻融农区季节性冻融性前后面源重金属迁移转化规律、流失特征及其相关机理研究。本研究通过室内模拟试验指出冻融、水分和农药及其交互作用能够对土壤中镉迁移转化规律和流失行为产生影响，但由于田间环境因素复杂多变，可控性低，使得本研究所得结论有一定的局限性。后续工作可在实际环境中，通过在季节性冻融前后，监测并记录土壤冻结和融化时间，确定冻融频率，动态监测地表径流量和土壤侵蚀量中化肥、重金属和农药的种类、含量和转化规律，构建冻融、化肥和农药与重金属流失量之间的关系模型，量化这些因子对面源重金属流失负荷的贡献。

（5）进行冻融、化肥和农药综合作用下，土壤中重金属流失到地下水中的潜在风险。本研究主要研究了在冻融和农药综合作用下，土壤中重金属从农田土壤，经人工沟渠，流向地表水的特征。集约化农区同样存在化肥过量施用的情况（Hao et al.，2013；Shan et al.，2013），可能同样对面源重金属流失有着重要作用。后续工作可以在室内通过土柱模拟，在控制环境条件的基础上，设置多个因素水平，研究其流失贡献和影响机制。

（6）进行冻融和重金属对农药面源流失影响的研究。本研究证明冻融和杀虫剂毒死蜱均能够对重金属镉的面源流失行为产生影响，冻融、水分和毒死蜱又能够产生交互作用，使它们的单独效应发生改变。因此，冻融和重金属也可能对土壤中农药的面源流失行为产生影响，并可能进一步通过潜在交互作用影响它们的单独效应。

（7）进行冻融期重金属面源流失的原位控制研究。本研究中利用副产物对作物生长季的面源镉流失进行了有效控制，但是并未针对冻融期针对专门研究。冻融期由于温度、湿度和微生物活性的等不同，对重金属面源流失的原位控制效率也可能不同。

参 考 文 献

白娟. 2013. 三江平原分布式磷迁移模型构建及应用 [D]. 北京: 北京师范大学.

白玲玉, 曾希柏, 李莲芳, 等. 2010. 不同农业利用方式对土壤重金属累积的影响及原因分析[J]. 中国农业科学, 43(1): 96-104.

白梅, 铁柏清, 尹倩, 2010. 降雨对土壤中重金属淋失的影响 [J]. 环境科学与技术, 33: 80-82.

蔡美芳, 李开明, 谢丹平, 等. 2014. 我国耕地土壤重金属污染现状与防治对策研究 [J]. 环境科学与技术, 37(120): 223-230.

曹笑笑, 吕宪国, 张仲胜, 等. 2013. 人工湿地设计研究进展 [J]. 湿地科学, 01: 121-128.

柴社立, 高丽娜, 邱殿明, 等. 2013. 吉林省西部月亮湖沉积物的 210Pb 和 137Cs 测年及沉积速率 [J]. 吉林大学学报, 43(1): 134-141.

陈学文, 王农, 刘亚军, 等. 2012. 不同耕作处理下冻融对农田黑土硬度的影响 [J]. 水土保持通报, 32: 55-61.

陈宇航, 郭巧生, 张贤秀, 等. 2012. 夏枯草药材和种植土壤中农药及重金属残留分析 [J]. 植物资源与环境学报, 21: 60-63.

陈喆, 铁柏清, 段真玥, 等. 2013. 降雨和微肥在油菜环境下对重金属淋失的影响 [J]. 水土保持学报, 1: 141-145.

程波, 张泽, 陈凌, 等. 2005. 太湖水体富营养化与流域农业面源污染的控制 [J]. 农业环境科学学报, 24(S1): 118-124.

崔妍, 丁永生, 公维民, 等. 2005. 土壤中重金属化学形态与植物吸收的关系 [J]. 大连海事大学学报, 31(2): 59-63.

樊霆, 叶文玲, 陈海燕, 等. 2013. 农田土壤重金属污染状况及修复技术研究 [J]. 生态环境学报, 22(10): 1727-1736.

范拴喜, 甘卓亭, 李美娟, 等. 2010. 土壤重金属污染评价方法进展 [J]. 中国农学通报, 26(17): 310-315.

富德义, 吴敦虎. 1982. 三江平原土壤中微量元素背景值的研究 [J]. 土壤通报, 1: 26-29.

高茜. 2012. 河流沉积物中重金属与有机物的复合污染研究. 北京: 华北电力大学.

郭鸿鹏, 朱静雅, 杨印生. 2008. 农业非点源污染防治技术的研究现状及进展 [J]. 农业工程学报, 24(4): 290-295.

郭青海, 杨柳, 马克明. 2007. 基于模型模拟的城市非点源污染控制措施设计 [J]. 环境科学, 28(11): 2425-2431.

郝芳华, 程红光. 2006. 非点源污染模型——理论方法与应用 [M]. 北京: 中国环境科学出版社.

郝芳华, 杨胜天, 程红光, 等. 2006a. 大尺度区域非点源污染负荷估算方法研究的意义、难点和关键技术 [J]. 环境科学学报, 26(3): 362-365.

郝芳华, 杨胜天, 程红光, 等. 2006b. 大尺度区域非点源污染负荷计算方法 [J]. 环境科学学报, 26(3): 375-383.

黄冬芬, 黄耿磊, 刘国道, 等. 2011. 重金属 Cd 处理对柱花草根际土壤酶活性的影响 [J]. 热带作物学报, 32: 603-607.

黄擎, 刘博睿, 蔡华杰, 等. 2014. 冻融循环及有机肥配施对黑土中镉形态的影响 [J]. 环境污染与防治, 12: 012.

黄邵文, 金继运, 和爱玲, 等. 2007. 农田不同利用方式下土壤重金属区域分异与评价 [J]. 农业环境科学学报, 26(S2): 540-548.

黄鑫. 2010. 吉林省西部大气沉降特征及其地表响应 [D]. 长春: 吉林大学硕士学位论文.

贾琳, 杨林生, 欧阳竹, 等. 2009. 典型农业区农田土壤重金属潜在生态风险评价 [J]. 农业环境科学学报, 28(11): 2270-2276.

江丽, 游牧. 2008. 重金属镉污染土壤的微生物影响研究进展 [J]. 环境科学与管理, 33(8): 59-61, 65.

姜菲菲, 孙丹峰, 李红, 等. 2011. 北京市农业土壤重金属污染环境风险等级评价 [J]. 农业工程学报, 27(8): 330-337.

姜秀艳. 2011. 污泥基生物炭制备表征及土壤改良应用研究 [D]. 哈尔滨: 哈尔滨工业大学硕士学位论文.

景国臣, 任宪平, 刘绪军, 等. 2008. 东北黑土区冻融作用与土壤水分的关系 [J]. 中国水土保持科学, 6(5): 32-36.

李非里, 刘丛强, 宋照亮. 2005. 土壤中重金属形态的化学分析综述 [J]. 中国环境监测, 21(4): 21-27.

李洪庆. 2015. 基于景观尺度的高集约化农业土地利用环境风险控制研究 [D]. 北京: 中国农业大学博士学位论文.

李山泉, 杨金玲, 阮心玲, 等. 2014. 南京市大气沉降中重金属特征及对土壤环境的影响 [J]. 中国环境科学, 34(1): 22-29.

李秀芬, 朱金兆, 顾晓君, 等. 2010. 农业面源污染现状与防治进展 [J]. 中国人口、资源与环境, 20(4): 81-84.

李勋贵, 魏霞. 2011. 汛期洪水弃水与水土流失耦合风险关系分析 [J]. 地理科学, 31(9): 1138-1143.

李英伦, 蒲富永. 1992. 铜铅镉砷在紫色丘陵农田中的径流迁移 [J]. 农业环境保护, 11(2): 66-71.

李玉影, 刘双全, 姬景红, 等. 2013. 玉米平衡施肥对产量、养分平衡系数及肥料利用率的影响 [J]. 玉米科学, 03: 120-124, 130.

李悦铭. 2013. 冻融作用对重金属污染土壤中黑麦草发芽和幼苗生长特征的影响研究 [D]. 长春: 吉林大学博士学位论文.

李致春, 桂和荣, 孙林华. 2012. 河流沉积物中重金属来源分析方法研究进展 [J]. 化学分析计量, 21(5): 94-96.

林钟荣, 郑一, 向仁军, 等. 2012. 重金属面源污染模拟及其不确定性分析——以湘江株洲段镉污染为例 [J]. 长江流域资源与环境, 21(9): 1112-1118.

刘殿伟. 2006. 过去 50 年三江平原土地利用/覆被变化的时空特征与环境效应 [D]. 长春: 吉林大学硕士学位论文.

刘慧, 袁宏伟, 朱方伟, 等. 2010. 灌溉方式及腐植酸用量对温室内土壤 Cd 迁移的影响 [J].

农业环境科学学报, 29: 1310-1314.

刘庆艳. 2013. 三江平原沟渠系统土壤种子库时空变化特征研究 [D]. 长春: 中国科学院东北地理与农业生态研究所.

刘柿良, 杨容子, 马明东, 等. 2015. 土壤镉胁迫对龙葵(Solanum nigrum L.)幼苗生长及生理特性的影响 [J]. 农业环境科学学报, 02: 240-247.

刘孝利, 曾昭霞, 陈喆, 等. 2013. 湘中矿区不同用地类型面源 Cd 输出负荷的原位实验研究 [J]. 环境科学, 09: 3557-3561.

刘兴土, 马学慧. 2000. 三江平原大面积开荒对自然环境影响及区域生态环境保护 [J]. 地理科学, 20(1): 14-19.

卢欢亮, 曾祥专, 丁劲新, 等. 2013. 重金属-有机物复合污染农田土壤修复策略研究 [J]. 安徽农业科学, 41: 10633-10636.

吕明辉, 王红亚, 蔡运龙. 2007. 基于湖泊(水库)沉积物分析的土壤侵蚀研究 [J]. 水土保持通报, 27(3): 36-41.

马骁轩, 蔡红珍, 付鹏, 等. 2016. 中国农业固体废弃物秸秆的资源化处置途径分析 [J]. 生态环境学报, 01: 168-174.

南秋菊, 华珞. 2003. 国内外土壤侵蚀研究进展 [J]. 首都师范大学学报, 24(2): 86-94.

彭渤, 唐晓燕, 余昌训, 等. 2011. 湘江入湖河段沉积物重金属污染及其 Pb 同位素地球化学示踪 [J]. 地质学报, 85(2): 282-299.

师荣光, 蔡彦明, 郑向群, 等. 2011. 天津郊区农田降雨径流重金属的污染特征及来源分析 [J]. 干旱区资源与环境, 5: 213-217.

宋开山, 刘殿伟, 王宗明, 等. 2008. 1954年以来三江平原土地利用变化及驱动力 [J]. 地理学报, (1): 93-104.

宋凯宇. 2011. 挠力河流域农业活动胁迫下的非点源污染效应研究 [D]. 北京: 北京师范大学.

宋杨. 2012. 冻融作用下外源有机质对东北耕地土壤中重金属 Pb 和 Cd 赋存形态的影响 [D]. 长春: 吉林大学硕士学位论文.

汤文光, 肖小平, 唐海明, 等. 2015. 长期不同耕作与秸秆还田对土壤养分库容及重金属Cd的影响 [J]. 应用生态学报, 26(1): 168-176.

王恩姮, 赵雨森, 夏祥友, 等. 2014. 冻融交替后不同尺度黑土结构变化特征 [J]. 生态学报, 34: 6287-6296.

王芳丽. 2012. 基于梯度扩散薄膜技术研究甘蔗田土壤中 Cd 的生物有效性 [D]. 北京: 中国农业科学院硕士学位论文.

王海涛. 2014. 河南省农业集约化经营中的土地流转问题研究 [D]. 郑州: 河南农业大学硕士学位论文.

王浩. 2014. 土壤和道路沉积物中重金属的释放行为与固定研究 [D]. 杭州: 浙江大学硕士学位论文.

王金花. 2007. 丁草胺——镉复合污染对土壤微生物的分子生态毒理效应与生物修复研究 [D]. 上海: 上海交通大学博士学位论文.

王凯荣. 1997. 我国农田镉污染现状及其治理利用对策 [J]. 农业环境保护, 16(6): 274-278.

王莉霞, 阎百兴, 潘晓峰, 等. 2011. 三江平原农田排水沟渠铁的输出及形态变化 [J]. 地理研究, 30(10): 1818-1824.

王立群, 罗磊, 马义兵, 等. 2009. 重金属污染土壤原位钝化修复研究进展 [J]. 应用生态学报, 20: 1214-1222.

王起超, 麻壮伟. 2004. 某些市售化肥的重金属含量水平及环境风险 [J]. 农村生态环境, 2: 62-64.

王慎强, 周东美, 王玉军, 等. 2003. 邻苯二胺对铜在红壤和砂姜黑土中吸附和解吸的影响 [J]. 土壤学报, 40: 567-573.

王铁宇, 吕永龙, 罗维, 等. 2006. 北京官厅水库周边土壤重金属与农药残留及风险分析 [J]. 生态与农村环境学报, 22: 57-61.

王夷萍. 2008. 南通市土地利用变化对其农田土壤重金属污染影响研究 [D]. 南京: 南京农业大学硕士学位论文.

王展, 张玉龙, 虞娜, 等. 2013a. 不同冻融处理土壤对镉的吸附能力及其影响因子分析 [J]. 农业环境科学学报, 32: 708-713.

王展, 张玉龙, 张砚铭, 等. 2013b. 冻融对土壤吸附态镉赋存形态及生物活性的影响 [J]. 环境科学学报, 33: 821-826.

吴桂容, 刘景春, 张鲁狄, 等. 2008. 重金属 Cd 对桐花树土壤酶活性的影响 [J]. 厦门大学学报(自然科学版), 47: 118-122.

吴建, 杨培岭, 任树梅, 等. 2009. 沟渠沉积物的氮素迁移转化在干涸期和输水期的试验研究 [J]. 农业环境科学学报, 28(9): 1888-1891.

吴运军, 张树文, 包春红, 等. 2005. 挠力河流域农垦开发中居民地景观生态特征的变化 [J]. 农村生态环境, 21(4): 17-21.

向晶. 2006. 集约化农业及其环境效应——以简阳石盘镇大球盖菇和水稻轮作为例. 成都: 四川大学硕士学位论文.

肖智, 刘志伟, 毕华. 2010. 土壤重金属污染研究述评 [J]. 安徽农业科学, 38(33): 18812-18815.

谢婧, 吴健生, 郑茂坤, 等. 2010. 基于不同土地利用方式的深圳市农用地土壤重金属污染评价 [J]. 生态毒理学报, 5(2): 202-207.

徐理超. 2007. 阜新市农田土壤重金属污染的空间分析及污染评价 [D]. 重庆: 西南大学硕士学位论文.

徐楠楠, 林大松, 徐应明, 等. 2013. 生物炭在土壤改良和重金属污染治理中的应用 [J]. 农业环境与发展, 04: 29-34.

闫敏华, 邓伟, 陈泮勤. 2003. 三江平原气候突变分析 [J]. 地理科学, 23(6): 661-667.

杨洋, 铁柏清, 张鹏, 等. 2011. 降雨和植被覆盖对土壤重金属流失的影响 [J]. 水土保持学报, 25: 39-42.

杨忠平. 2008. 长春市城市重金属污染的生态地球化学特征及其来源解析 [D]. 长春: 吉林大学博士学位论文.

姚成胜, 黄琳, 吕晞, 等. 2014. 基于能值理论的中国耕地利用集约度时空变化分析 [J]. 农业工程学报, 30: 1-12.

于瑞莲, 胡恭任, 袁星, 等. 2008. 同位素示踪技术在沉积物重金属污染溯源中的应用 [J]. 地球与环境, 36(3): 245-250.

曾建平, 黄锡畴. 1998. 三江平原地貌与沼泽的形成与分布 [M]. 北京: 科学出版社.

曾路生, 廖敏, 黄昌勇, 等. 2006. 镉污染对水稻土微生物量, 酶活性及水稻生理指标的影响 [J].

应用生态学报, 16: 2162-2167.

曾希柏, 苏世鸣, 马世铭, 等. 2010. 我国农田生态系统重金属的循环与调控 [J]. 应用生态学报, 21(9): 2418-2426.

翟琨. 2011. 湖北贝母种植土壤和药材中有机农药及重金属残留分析 [J]. 土壤通报, 42: 976-979.

战玉柱, 姜霞, 陈春宵, 等. 2011. 太湖西南部沉积物重金属的空间分布特征和污染评价 [J]. 环境科学研究, 24(4): 363-370.

张凤杰, 欧晓霞, 仇春华, 等. 2014. 阿特拉津对土壤吸附铜的影响 [J]. 大连民族学院学报, 16: 14-17.

张建国, 刘淑珍, 杨思全. 2006. 西藏冻融侵蚀分级评价 [J]. 地理学报, 61(9): 911-918.

张金波, 宋长春, 杨文燕. 2005. 三江平原沼泽湿地开垦对表土有机碳组分的影响 [J]. 土壤学报, 42(5): 857-859.

张婧, 王淑秋, 谢琰, 等. 2008. 辽河水系表层沉积物中重金属分布及污染特征研究 [J]. 环境科学, 29(9): 2413-2418.

张苗苗. 2006. 三江平原的农业开发对区域生态环境影响的研究 [D]. 长春: 吉林大学硕士学位论文.

张赛, 于济通, 宋杨, 等. 2013. 冻融作用对东北土壤中重金属 Pb 和 Cd 化学形态的影响 [J]. 东北师大学报 (自然科学版), 01: 144-148.

张树文, 王文娟, 李颖, 等. 2008. 近 50 年来三江平原土壤侵蚀动态分析 [J]. 水科学进展, 30(6): 843-849.

张桃林, 李忠佩, 王兴祥. 2006. 高度集约农业利用导致的土壤退化及其生态环境效应 [J]. 土壤学报, 43: 843-850.

张晓宁. 2012. 三江平原植被净初级生产力的估算及分析 [D]. 阜新: 辽宁工程技术大学.

张燕. 2013. 农田排水沟渠对氮磷的去除效应及管理措施 [D]. 长春: 中国科学研究院东北地理与农业生态研究所.

张玉斌, 郑粉莉, 武敏. 2007. 土壤侵蚀引起的农业非点源污染研究进展 [J]. 水科学进展, 18(1): 123-132.

章明奎, 夏建强. 2004. 土壤重金属形态对径流中重金属流失的影响 [J]. 水土保持学报, 18(4): 1-4.

赵永宏, 邓祥征, 战金艳, 等. 2010. 我国农业面源污染的现状与控制技术研究 [J]. 安徽农业科学, 38(5): 2548-2552.

中华人民共和国环境保护部. 1995. 中国土壤环境质量标准 [S].

朱万斌, 王海滨, 林长松. 2007. 中国生态农业与面源污染减排 [J]. 生态环境, 23(10): 184-187.

朱先芳, 唐磊, 季宏兵, 等. 2010. 北京北部水系沉积物中重金属的研究 [J]. 环境科学学报, 30(12): 2553-2562.

Abbaspour A, Golchin A. 2011. Immobilization of heavy metals in a contaminated soil in Iran using di-ammonium phosphate, vermicompost and zeolite [J]. Environmental Earth Sciences, 63: 935-943.

Abou-Elela S I, Hellal M S. 2012. Municipal wastewater treatment using vertical flow constructed wetlands planted with Canna, Phragmites and Cyprus [J]. Ecological Engineering, 47: 209-213.

Abrahams A D, Parsons A J. 1994. Hydraulics of interrill overland flow on stone covered desert surfaces [J]. Catena, 23(1): 111-140.

Abu-Zidan F M, Eid H O. 2015. Factors affecting injury severity of vehicle occupants following road traffic collisions. Injury(in press).

Acar Y B, Alshawabkeh A N. 1993. Principles of electrokinetic remediation [J]. Environmental Science and Technology, 27: 2638-2647.

Acevedo-Figueroa D, Jimenez B D, Rodriguez-Sierra C J. 2006. Trace metals in sediments of two estuarine lagoons from Puerto Rico [J]. Environmental Pollution, 141(2): 336-342.

Acosta J A, Faz A, Martinez-Martinez S, et al. 2011a. Enrichment of metals in soils subjected to different land uses in a typical Mediterranean environment(Murcia City, southeast Spain)[J]. Applied Geochemistry, 26(3): 405-414.

Acosta J A, Jansen B, Kalbitz K, et al. 2011b. Salinity increases mobility of heavy metals in soils [J]. Chemosphere, 85: 1318-1324.

Adriano D C, Wenzel W W, Vangronsveld J, et al. 2004. Role of assisted natural remediation in environmental cleanup [J]. Geoderma, 122: 121-142.

Ahmad M, Rajapaksha A U, Lim J E, et al. 2014. Biochar as a sorbent for contaminant management in soil and water: a review [J]. Chemosphere, 99: 19-33.

Almås Å R, Salbu B, Singh B R. 2000. Changes in partitioning of cadmium109 and Zinc65 in soil as affected by organic matter addition and temperature [J]. Soil Science Society of America Journal, 64: 1951-1958.

Alvarez-Iglesias P, Rubio B, Millos J. 2012. Isotopic identification of natural vs. anthropogenic lead sources in marine sediments from the inner Ria de Vigo (NW Spain) [J]. Science of the Total Environment, 437: 22-35.

Amorim M, Pereira C, Menezes-Oliveira V B, et al. 2012. Assessing single and joint effects of chemicals on the survival and reproduction of<i> Folsomia candida(Collembola)in soil [J]. Environmental Pollution, 160: 145-152.

Anonymous. 1926. The economic limitations of the intensification of small and large agricultural holdings, or the point of saturation of the soil by capital at work in small and large agricultural production [J]. Internatinal labour review, 14: 920.

Aoun M, El Samrani A G, Lartiges B S, et al. 2010. Releases of phosphate fertilizer industry in the surrounding environment: Investigation on heavy metals and polonium-210 in soil [J]. Journal of Environmental Science, 22: 1387-1397.

Appleby P G, Oldfield F. 1978. The calculation of lead-210 dates assuming a constant rate of supply of unsupported Pb-210 in the sediment [J]. Catena, 5(1): 1-8.

Arao T, Ishikawa S, Murakami M, et al. 2010. Heavy metal contamination of agricultural soil and countermeasures in Japan [J]. Paddy and Water Environment, 8: 247-257.

Asadishad B, Ghoshal S, Tufenkji N. 2013. Role of cold climate and freeze-thaw on the survival, transport, and virulence of Yersinia enterocolitica [J]. Environmental Science and Technology, 47: 14169-14177.

Aslam S, Iqbal A, Deschamps M, et al. 2015. Effect of rainfall regimes and mulch decomposition on the dissipation and leaching of S - metolachlor and glyphosate: a soil column experiment [J]. Pest management science, 71(2): 278-291.

Atafar Z, Mesdaghinia A, Nouri J, et al. 2010. Effect of fertilizer application on soil heavy metal concentration [J]. Environmental Monitoring and Assessment, 160: 83-89.

Bade R, Oh S, Shin W S. 2012. Assessment of metal bioavailability in smelter-contaminated soil before and after lime amendment [J]. Ecotoxicology and Environmental Safety, 80: 299-307.

Bai J H, Cui B S, Yang X F, et al. 2010. Heavy metal contamination of cultivated wetland soils along a typical plateau lake from southwest China [J]. Environmental Earth Science, 59(8): 1781-1788.

Bai J H, Xiao R, Cui B S, et al. 2011. Assessment of heavy metal pollution in wetland soils from the young and old reclaimed regions in the Pearl River Estuary, South China [J]. Environmental Pollution, 159(3): 817-824.

Ball A S, Jackson A M. 1995. The recovery of lignocellulose-degrading enzymes from spent mushroom compost [J]. Bioresource Technology, 54: 311-314.

Basta N T, McGowen S L. 2004. Evaluation of chemical immobilization treatments for reducing heavy metal transport in a smelter-contaminated soil [J]. Environmental Pollution, 127: 73-82.

Bednarska A J, Portka I, Kramarz P E, et al. 2009. Combined effect of environmental pollutants (nickel, chlorpyrifos) and temperature on the ground beetle, Pterostichus oblongopunctatus (Coleoptera: Carabidae)[J]. Environmental Toxicology and Chemistry, 28: 864-872.

Beesley L, Dickinson N. 2011. Carbon and trace element fluxes in the pore water of an urban soil following greenwaste compost, woody and biochar amendments, inoculated with the earthworm Lumbricus terrestris [J]. Soil Biology and Biochemistry, 43: 188-196.

Beesley L, Inneh O S, Norton G J, et al. 2014. Assessing the influence of compost and biochar amendments on the mobility and toxicity of metals and arsenic in a naturally contaminated mine soil [J]. Environmental Pollution, 186: 195-202.

Beesley L, Moreno-Jiménez E, Gomez-Eyles J L. 2010. Effects of biochar and greenwaste compost amendments on mobility, bioavailability and toxicity of inorganic and organic contaminants in a multi-element polluted soil [J]. Environmental Pollution, 158: 2282-2287.

Belon E, Boisson M, Deportes I Z, et al. 2012. An inventory of trace elements inputs to French agricultural soils [J]. Science of the Total Environment, 439: 87-95.

Bereswill R, Golla B, Streloke M, et al. 2012. Entry and toxicity of organic pesticides and copper in vineyard streams: erosion rills jeopardise the efficiency of riparian buffer strips [J]. Agriculture, Ecosystems and Environment, 146: 81-92.

Bessac F, Hoyau S. 2011. Pesticide interaction with environmentally important cations: A theoretical study of atrazine [J]. Computational and Theoretical Chemistry, 966: 284-298.

Boatti L, Robotti E, Marengo E, et al. 2012. Effects of nickel, chlorpyrifos and their mixture on the Dictyostelium discoideum proteome [J]. International Journal of Molecular Sciences, 13: 15679-15705.

Bolan N S, Adriano D C, Duraisamy P, et al. 2003. Immobilization and phytoavailability of cadmium in variable charge soils. III. Effect of biosolid compost addition [J]. Plant and Soil, 256: 231-241.

Bolan N, Mahimairaja S, Kunhikrishnan A, et al. 2013. Sorption-bioavailability nexus of arsenic and cadmium in variable-charge soils [J]. Journal of Hazardous Materials, 261: 725-732.

Boparai H K, Joseph M O, Carroll D M. 2011. Kinetics and thermodynamics of cadmium ion removal by adsorption onto nano zerovalent iron particles [J]. Journal of Hazardous Materials, 186: 458-465.

Boyd R S. 2010. Heavy metal pollutants and chemical ecology: exploring new frontiers [J]. Journal of Chemical Ecology, 36: 46-58.

Broerse M, van Gestel C A. 2010. Mixture effects of nickel and chlorpyrifos on<i>Folsomia candida (Collembola) explained from development of toxicity in time [J]. Chemosphere, 79:

953-957.

Brown S, Chaney R, Hallfrisch J, et al. 2004. In situ soil treatments to reduce the phyto-and bioavailability of lead, zinc, and cadmium [J]. Journal of Environmental Quality, 33: 522-531.

Bryant V, Newbery D M, McLusky D S, et al. 1985. Effect of temperature and salinity on the toxicity of nickel and zinc to two estuarine invertebrates [J]. Mar. Ecol. Prog. Ser, 24: 139-153.

Bulut E, Aksoy A. 2008. Impact of fertilizer usage on phosphorus loads to Lake Uluabat [J]. Desalination, 226(1-3): 289-297.

Buragohain M, Mahanta C. 2008. A novel approach for ANFIS modelling based on full factorial design [J]. Applied Soft Computing, 8: 609-625.

Burgos P, Madejón P, Cabrera F, et al. 2010. By-products as amendment to improve biochemical properties of trace element contaminated soils: Effects in time [J]. International Biodeterioration and Biodegradation, 64: 481-488.

Cai L, Xu Z, Ren M, et al. 2012. Source identification of eight hazardous heavy metals in agricultural soils of Huizhou, Guangdong Province, China [J]. Ecotoxicology and Environmental Safety, 78: 2-8.

Camobreco V J, Richards B K, Steenhuis T S, et al. 1996. Movement of heavy metals through undisturbed and homogenized soil columns [J]. Soil Science, 161: 740-750.

Campbell J L, Reinmann A B, Templer P H. 2014. Soil freezing effects on sources of nitrogen and carbon leached during snowmelt [J]. Soil Science Society of America Journal, 78: 297-308.

Cantwell M G, Wilson B A, Zhu J, et al. 2010. Temporal trends of triclosan contamination in dated sediment cores from four urbanized estuaries: evidence of preservation and accumulation [J]. Chemosphere, 78(4): 347-352.

Cao X, Ma L, Gao B, et al. 2009. Dairy-manure derived biochar effectively sorbs lead and atrazine [J]. Environmental Science and Technology, 43(9): 3285-3291.

Cedergreen N. 2014. Quantifying synergy: a asystematic review of mixture toxicity studies within Environmental Toxicology [J]. PLoS One, 9: e96580.

Chander K, Brookes P C, Harding S A. 1995. Microbial biomass dynamics following addition of metal-enriched sewage sludges to a sandy loam [J]. Soil Biology and Biochemistry, 27: 1409-1421.

Chapman P M, Allard P J, Vigers G A. 1999. Development of sediment quality values for Hong Kong Special Administrative Region: a possible model for other jurisdictions [J]. Marine Pollution Bulletin, 38(3): 161-169.

Charlatchka R, Cambier P. 2000. Influence of reducing conditions on solubility of trace metals in contaminated soils [J]. Water, Air, and Soil Pollution, 118: 143-168.

Chen L, Qu G, Sun X, et al. 2013. Characterization of the interaction between cadmium and chlorpyrifos with integrative techniques in incurring synergistic hepatoxicity [J]. PLoS One, 8.

Chen M, Xu P, Zeng G, et al. 2015a. Bioremediation of soils contaminated with polycyclic aromatic hydrocarbons, petroleum, pesticides, chlorophenols and heavy metals by composting: Applications, microbes and future research needs [J]. Biotechnology Advances, 33: 745-755.

Chen X, Li H, You J. 2015b. Joint toxicity of sediment-associated permethrin and cadmium to Chironomus dilutus: the role of bioavailability and enzymatic activities [J]. Environmental Pollution, 207: 138-144.

Cheng H, Hu Y. 2010. Lead (Pb) isotopic fingerprinting and its applications in lead pollution studies in China: a review [J]. Environmental Pollutition, 158(5): 1134-1146.

Cheng S P. 2003. Heavy metal pollution in China: origin, pattern and control [J]. Environmental Science and Pollution Research, 10(3): 192-198.

Cherkasov A S, Biswas P K, Ridings D M, et al. 2006. Effects of acclimation temperature and cadmium exposure on cellular energy budgets in the marine mollusk Crassostrea virginica: linking cellular and mitochondrial responses [J]. Journal of Experimental Biology, 209: 1274-1284.

Chester R, Stoner J H. 1973. Pb in particulates from the lower atmosphere of the eastern Atlantic [J]. Nature, 245: 27-28.

Chow T J, Snyder C B, Earl J L. 1975. Isotope ratios of lead as pollutant source indicators [M]. United Nations FAO and International Atomic Energy Association Symposium, Vienna.

Chrastný V, Komárek M, Procházka J, et al. 2012. 50years of different landscape management influencing retention of metals in soils [J]. Journal of Geochemical Exploration, 115: 59-68.

CNEMC. 1990. China National Environmental Monitoring Center, The Backgrounds of Soil Environment in China [M]. Beijing: China Environment Science Press.

Contin M, Mondini C, Leita L, et al. 2008. Immobilisation of soil toxic metals by repeated additions of Fe(II)sulphate solution [J]. Geoderma, 147: 133-140.

Cornu J Y, Schneider A, Jezequel K, et al. 2011. Modelling the complexation of Cd in soil solution at different temperatures using the UV-absorbance of dissolved organic matter [J]. Geoderma, 162: 65-70.

Cortizas A M, Gayoso E G R, Weiss D. 2002. Peat bog archives of atmospheric metal deposition [J]. Science of the Total Environment, 292(1-2): 1-5.

Covelo E F, Vega F A, Andrade M L. 2007. Simultaneous sorption and desorption of Cd, Cr, Cu, Ni, Pb, and Zn in acid soils: I. Selectivity sequences [J]. Journal of Hazardous Materials, 147: 852-861.

Davidson C M, Urquhart G J, Ajmone-Marsan F, et al. 2006. Fractionation of potentially toxic elements in urban soils from five European cities by means of a harmonized sequential extraction procedure [J]. Analytica Chimica Acta, 565(1): 63-72.

Davis H T, Aelion C M, McDermott S, et al. 2009. Identifying natural and anthropogenic sources of metals in urban and rural soils using GIS-based data, PCar, and spatial interpolation [J]. Environmental Pollution, 157: 2378-2385.

Davlson W, Zhang H. 1994. In situspeciation measurements of trace components in natural waters using thin-film gels [J]. Nature, 367.

De Kock T, Boone M A, De Schryver T, et al. 2015. A Pore-Scale Study of Fracture Dynamics in Rock Using X-ray Micro-CT Under Ambient Freeze-Thaw Cycling [J]. Environmental Science & Technology, 49: 2867-2874.

Deelstra J, Kværnø S H, Granlund K, et al. 2009. Runoff and nutrient losses during winter periods in cold climates—requirements to nutrient simulation models [J]. Journal of Environmental Monitoring, 11: 602-609.

Degryse F, Broos K, Smolders E, et al. 2003. Soil solution concentration of Cd and Zn canbe predicted with a CaCl$_2$ soil extract [J]. European Journal of Soil Science, 54: 149-158.

Degryse F, Smolders E, Merckx R. 2006. Labile Cd complexes increase Cd availability to plants [J]. Environmental Science and Technology, 40: 830-836.

Delwiche K B, Lehmann J, Walter M T. 2014. Atrazine leaching from biochar-amended soils [J]. Chemosphere, 95: 346-352.

Demon A, Eijsackers H. 1985. The effects of lindane and azinphosmethyl on survival time of soil animals, under extreme or fluctuating temperature and moisture conditions [J]. Zeitschrift für Angewandte Entomologie, 100: 504-510.

Diagboya P N, Olu-Owolabi B I, Adebowale K O. 2015. Effects of time, soil organic matter, and iron oxides on the relative retention and redistribution of lead, cadmium, and copper on soils [J]. Environmental Science and Pollution Research, 1-9.

Dragovic S, Mihailovic N, Gajic B. 2008. Heavy metals in soils: distribution, relationship with soil characteristics and radionuclides and multivariate assessment of contamination sources [J]. Chemosphere, 72(3): 491-495.

Du Laing G, Rinklebe J, Vandecasteele B, et al. 2009. Trace metal behaviour in estuarine and riverine floodplain soils and sediments: a review [J]. Science of the Total Environment, 407(13): 3972-3985.

Du Laing G, van de Moortel A, Lesage E, et al. 2008. Factors affecting metal accumulation, mobility and availability in intertidal wetlands of the Scheldt Estuary(Belgium)Wastewater Treatment, Plant Dynamics and Management in Constructed and Natural Wetlands. Springer, 121-133.

Du Laing G, Vanthuyne D, Vandecasteele B, et al. 2007. Influence of hydrological regime on pore water metal concentrations in a contaminated sediment-derived soil [J]. Environmental Pollution, 147: 615-625.

Du P, Walling D E. 2012. Using ^{210}Pb measurements to estimate sedimentation rates on river floodplains [J]. Journal of Environmental Radioactivity, 103: 59-75.

Eaton D, Daroff R, Autrup H, et al. 2008. Review of the toxicology of chlorpyrifos with an emphasis on human exposure and neurodevelopment [J]. Critical Reviews in Toxicology, 38: 1-125.

Edwards L M, Burney J R. 1989. The effect of antecedent freeze-thaw frequency on runoff and soil loss from frozen soil with and without subsoil compaction and ground cover [J]. Canadian Journal of Soil Science, 69: 799-811.

Elbaz-Pouliche F, Holliger P, Martin J M, et al. 1986. Stable lead isotope ratios in major French rivers and estuaries [J]. Science of the Total Environment, 54: 61-76.

England J F, Velleux M L, Julien P Y. 2007. Two-dimensional simulations of extreme floods on a large watershed [J]. Journal of Hydrology, 347: 229-241.

Ferreira A L, Loureiro S, Soares A M. 2008. Toxicity prediction of binary combinations of cadmium, carbendazim and low dissolved oxygen on Daphnia magna [J]. Aquatic Toxicology, 89: 28-39.

Ferrick M G, Gatto L W. 2005. Quantifying the effect of a freeze-thaw cycle on soil erosion: Laboratory experiments [J]. Earth Surface Processes and Landforms, 30: 1305-1326.

Fliessbach A, Martens R, Reber H H. 1994. Soil microbial biomass and microbial activity in soils treated with heavy metal contaminated sewage sludge [J]. Soil Biology and Biochemistry, 26: 1201-1205.

Forstner U, Ahlf W, Calmano W, et al. 1990. Sediment criteria development contributions from environmental geochemistry to water quality management [A]. In: Heling D, Rothe P, Forstner U, et al. Sediments and environmental geochemistry: selected aspects and case histories [C]. Berlin Heidelberg: Springer-Verlag, 311-338.

Frentiu T, Ponta M, Levei E, et al. 2008. Preliminary study on heavy metals contamination of soil using solid phase speciation and the influence on groundwater in Bozanta-Baia Mare Area, Romania [J]. Chemical Speciation & Bioavailability, 20: 99-109.

Fu J, Zhou Q, Liu J, et al. 2008. High levels of heavy metals in rice(Oryzasativa L.)from a typical

E-waste recycling area in southeast China and its potential risk to human health [J]. Chemosphere, 71: 1269-1275.

Gabhane J, William S P, Bidyadhar R, et al. 2012. Additives aided composting of green waste: Effects on organic matter degradation, compost maturity, and quality of the finished compost [J]. Bioresource Technology, 114: 382-388.

Gadepalle V P, Ouki S K, Hutchings T. 2009. Remediation of copper and cadmium in contaminated soils using compost with inorganic amendments [J]. Water, Air, and Soil Pollution, 196: 355-368.

Galunin E, Ferreti J, Zapelini I, et al. 2014. Cadmium mobility in sediments and soils from a coal mining area on Tibagi River watershed: Environmental risk assessment [J]. Journal of hazardous materials, 265: 280-287.

Ghrefat H A, Yusuf N, Jamarh A, et al. 2012. Fractionation and risk assessment of heavy metals in soil samples collected along Zerqa River, Jordan [J]. Environmental Earth Sciences, 66(1): 199-208.

Giani L, Ahrens V, Duntze O, et al. 2003. Geo-pedogenesis of Salic Fluvisols on the North Sea island of Spiekeroog [J]. Journal of Plant Nutrition and Soil Science, 166(3): 370-378.

Giesy J P, Solomon K R, Cutler G C, et al. 2014. Ecological Risk Assessment of the Uses of the Organophosphorus Insecticide Chlorpyrifos, in the United States Ecological Risk Assessment for Chlorpyrifos in Terrestrial and Aquatic Systems in the United States. Springer, 1-11.

Gimeno-García E, Andreu V, Boluda R. 1996. Heavy metals incidence in the application of inorganic fertilizers and pesticides to rice farming soils [J]. Environmental Pollution, 92: 19-25.

Goovaerts P. 1999. Geostatistics in soil science: state-of-the-art and perspectives [J]. Geoderma, 89: 1-45.

Gozzard E, Mayes W M, Potter H A B, et al. 2011. Seasonal and spatial variation of diffuse (non-point) source zinc pollution in a historically metal mined river catchment, UK [J]. Environmental Pollution, 159(10): 3113-3122.

Grant C A, Sheppard S C. 2008. Fertilizer impacts on cadmium availability in agricultural soils and crops [J]. Human and Ecological Risk Assessment, 14(2): 210-228.

Gravetter F, Wallnau L. 2013. Essentials of statistics for the behavioral sciences [M]. Cengage Learning.

Grossi C M, Brimblecombe P, Harris I. 2007. Predicting long term freeze-thaw risks on Europe built heritage and archaeological sites in a changing climate [J]. Science of the Total Environment, 377: 273-281.

Guo J H, Liu X J, Zhang Y, et al. 2010. Significant acidification in major Chinese croplands [J]. Science, 327: 1008-1010.

Guo W X, Fu Y C, Ruan B Q, et al. 2014. Agricultural non-point source pollution in the Yongding River Basin [J]. Ecological Indicators, 36: 254-261.

Hallare A V, Schirling M, Luckenbach T, et al. 2005. Combined effects of temperature and cadmium on developmental parameters and biomarker responses in zebrafish(Danio rerio)embryos [J]. Journal of Thermal Biology, 30: 7-17.

Hammer P, Richter E, Rüsch-Gerdes S, et al. 2015. Inactivation of Mycobacterium bovis ssp. caprae in high-temperature, short-term pasteurized pilot-plant milk [J]. Journal of Dairy Science.

Han F X, Banin A. 2000. Long-term transformations of cadmium, cobalt, copper, nickel, zinc, vanadium, manganese, and iron in arid-zone soils under saturated condition [J]. Communications in Soil Science and Plant Analysis, 31(7-8): 943-957.

Hanauer T, Jung S, Felix Henningsen P, et al. 2012. Suitability of inorganic and organic amendments for in situ immobilization of Cd, Cu, and Zn in a strongly contaminated Kastanozem of the Mashavera valley, SE Georgia. I. Effect of amendments on metal mobility and microbial activity in soil [J]. Journal of Plant Nutrition and Soil Science, 175: 708-720.

Hani A, Pazira E. 2011. Heavy metals assessment and identification of their sources in agricultural soils of Southern Tehran, Iran [J]. Environmental Monitoring and Assessment, 176(1-4): 677-691.

Hansson K, Šimůnek J, Mizoguchi M, et al. 2004. Water flow and heat transport in frozen soil [J]. Vadose Zone Journal, 3: 693-704.

Hao F, Chen S, Ouyang W, et al. 2013. Temporal rainfall patterns with water partitioning impacts on maize yield in a freeze-thaw zone [J]. Journal of hydrology, 486: 412-419.

Harris E S, Cao S, Littlefield B A, et al. 2011. Heavy metal and pesticide content in commonly prescribed individual raw Chinese Herbal Medicines [J]. Science of the Total Environment, 409: 4297-4305.

Hassan W, Bashir S, Ali F, et al. 2016. Role of ACC-deaminase and/or nitrogen fixing rhizobacteria in growth promotion of wheat (Triticum aestivum L.) under cadmium pollution [J]. Environmental Earth Sciences, 75(3): 1-14.

He W, Guo W, Qian Y, et al. 2015. Synergistic hepatotoxicity by cadmium and chlorpyrifos: Disordered hepatic lipid homeostasis [J]. Molecular Medicine Reports, 12: 303-308.

He Z L, Zhang M K, Calvert D V, et al. 2004. Transport of Heavy Metals in Surface Runoff from Vegetable and Citrus Fields [J]. Soil Science Society of America Journal, 68: 1662-1669.

Heltai G, Percsich K, Halasz G, et al. 2005. Estimation of ecotoxicological potential of contaminated sediments based on a sequential extraction procedure with supercritical CO_2 and subcritical H_2O solvents [J]. Microchemical Journal, 79(1-2): 231-237.

Henry H A. 2007. Soil freeze-thaw cycle experiments: trends, methodological weaknesses and suggested improvements [J]. Soil Biology and Biochemistry, 39: 977-986.

Hernandez L, Probst A, Probst J L, et al. 2003. Heavy metal distribution in some French forest soils: evidence for atmospheric contamination [J]. Science of the Total Environment, 312(1-3): 195-219.

Hernandez-Soriano M C, Jimenez-Lopez J C. 2012. Effects of soil water content and organic matter addition on the speciation and bioavailability of heavy metals [J]. Science of the Total Environment, 423: 55-61.

Heugens E H, Tokkie L T, Kraak M H, et al. 2006. Population growth of Daphnia magna under multiple stress conditions: joint effects of temperature, food, and cadmium [J]. Environmental Toxicology and Chemistry, 25: 1399-1407.

Hojaji E. 2012. Investigation of trace metal binding properties of lignin by diffusive gradients in thin films [J]. Chemosphere, 89: 319-326.

Holmstrup M, Bindesbøl A, Oostingh G J, et al. 2010. Interactions between effects of environmental chemicals and natural stressors: a review [J]. Science of the Total Environment, 408: 3746-3762.

Hosono T, Su C C, Okamura K, et al. 2010. Historical record of heavy metal pollution deduced by lead isotope ratios in core sediments from the Osaka Bay, Japan [J]. Journal of Geochemical Exploration, 107(1): 1-8.

Houben D, Couder E, Sonnet P. 2013. Leachability of cadmium, lead, and zinc in a long-term spontaneously revegetated slag heap: implications for phytostabilization [J]. Journal of Soils and Sediments, 13: 543-554.

Huynh T T, Zhang, H, Laidlaw W S, et al. 2010. Plant-induced changes in the bioavailability of heavy metals in soil and biosolids assessed by DGT measurements [J]. Journal of Soil & Sediments, 10: 1131-1141.

Iqbal S, Younas U, Chan K W, et al. 2012. Proximate composition and antioxidant potential of leaves from three varieties of Mulberry (Morus sp.): a comparative study [J]. International Journal of Molecular Sciences, 13: 6651-6664.

Ivarson K C, Sowden F J. 1970. Effect of frost action and storage of soil at freezing temperatures on the free amino acids, free sugars and respiratory activity of soil [J]. Canadian Journal of Soil Science, 50: 191-198.

Iwegbue C M. 2007. Metal fractionation in soil profiles at automobile mechanic waste dumps [J]. Waste Management and Research the Journal of the International Solid Wastes and Public Cleansing Association Iswa, 25: 585-593.

Jalali M, Khanlari Z V. 2008. Effect of aging process on the fractionation of heavy metals in some calcareous soils of Iran [J]. Geoderma, 143: 26-40.

Jalali M, Rostaii L. 2011. Cadmium distribution in plant residues amended calcareous soils as a function of incubation time [J]. Archives of Agronomy and Soil Science, 57: 137-148.

Jefferies R L, Walker N A, Edwards K A, et al. 2010. Is the decline of soil microbial biomass in late winter coupled to changes in the physical state of cold soils? [J]. Soil Biology and Biochemistry, 42: 129-135.

Jiao W T, Chen W P, Chang A C, et al. 2012. Environmental risks of trace elements associated with long-term phosphate fertilizers applications: a review [J]. Environmental Pollution, 168: 44-53.

Jiao W, Ouyang W, Hao F H, et al. 2014a. Geochemical variability of heavy metals in soil after land use conversions in Northeast China and its environmental applications [J]. Environmental Science: Processes and Impacts, 16(4): 924-931.

Jiao W, Ouyang W, Hao F, et al. 2014b. Combine the soil water assessment tool(SWAT)with sediment geochemistry to evaluate diffuse heavy metal loadings at watershed scale [J]. Journal of Hazardous Materials, 280: 252-259.

Jiao W, Ouyang W, Hao F, et al. 2014c. Geochemical variability of heavy metals in soil after land use conversions in Northeast China and its environmental applications [J]. Environmental Science: Processes and Impacts, 16: 924-931.

Jiao W, Ouyang W, Hao F, et al. 2014d. Long-term cultivation impact on the heavy metal behavior in a reclaimed wetland, Northeast China [J]. Journal of Soils and Sediments, 14: 567-576.

Jiao W, Ouyang W, Hao F, et al. 2015. Anthropogenic impact on diffuse trace metal accumulation in river sediments from agricultural reclamation areas with geochemical and isotopic approaches [J]. Science of the Total Environment, 536: 609-615.

Johnes P J. 1996. Evaluation and management of the impact of land use change on the nitrogen and phosphorus load delivered to surface waters: the export coefficient modeling approach [J]. Journal of Hydrology, 183(3-4): 323-349.

Jonker M J, Piskiewicz A M, Castellà N I I, et al. 2004.　Toxicity of binary mixtures of cadmium‐copper and carbendazim‐copper to the nematode Caenorhabditis elegans [J]. Environmental Toxicology and Chemistry, 23: 1529-1537.

Joseph G, Henry H A. 2008. Soil nitrogen leaching losses in response to freeze-thaw cycles and pulsed warming in a temperate old field [J]. Soil Biology and Biochemistry, 40: 1947-1953.

Kabata A, Pendias H. 2001. Trace elements in soils and plants [J]. CRC, Washington, DC.

Kahle H. 1993. Response of roots of trees to heavy metals [J]. Environmental and Experimental Botany, 33: 99-119.

Kashem M A, Singh B R. 2001. Metal availability in contaminated soils: effects of flooding and organic matter on changes in Eh, pH and solubility of Cd, Ni and Zn [J]. Nutrient Cycling in Agroecosystems, 61(3): 247-255.

Kasmaei L S, Fekri M. 2012. Effect of organic matter on the release behavior and extractability of copper and cadmium in soil [J]. Communications in Soil Science and Plant Analysis, 43: 2209-2217.

Keller C, Hammer D. 2004. Metal availability and soil toxicity after repeated croppings of Thlaspi caerulescens in metal contaminated soils [J]. Environmental Pollution, 131(2): 243-254.

Kemanian A R, Julich S, Manoranjan V S, et al. 2011. Integrating soil carbon cycling with that of nitrogen and phosphorus in the watershed model SWAT: theory and model testing [J]. Ecological Modelling, 222(12): 1913-1921.

Khan K S, Xie Z, Huang C. 1997. Effects of cadmium, lead, and zinc on size of microbial biomass in red soil [J]. Pedosphere, 8: 27-32.

Khan M, Ahmed S A, Salazar A, et al. 2007. Effect of temperature on heavy metal toxicity to earthworm Lumbricus terrestris(Annelida: Oligochaeta)[J]. Environmental Toxicology, 22: 487-494.

Kim S U, Owens V N, Kim Y G, Lee S M, et al. 2015. Effect of Phosphate Addition on Cadmium Precipitation and Adsorption in Contaminated Arable Soil with a Low Concentration of Cadmium [J]. Bulletin of Environmental Contamination and Toxicology, 1-5.

Kim S, Lim H, Lee I. 2010. Enhanced heavy metal phytoextraction by Echinochloa crus-galli using root exudates [J]. Journal of Bioscience and Bioengineering, 109: 47-50.

Klaminder J, Renberg I, Bindler R, et al. 2003. Isotopic trends and background fluxes of atmospheric lead in northern Europe: analyses of three ombrotrophic bogs from south Sweden [J]. Global Biogeochemical Cycles, 17(1): 1-10.

Kobyłecka J, Ptaszyński B, Zwolinńska A. 2000. Synthesis and properties of complexes of lead(II), cadmium (II), and zinc(II)with N-phosphonomethylglycine [J]. Monatshefte für Chemie/ Chemical Monthly, 131: 1-11.

Krishnaswamy S, Lal D, Martin J M, et al. 1971. Geochronology of lake sediments [J]. Earth and Planetary Science Letters, 11: 407-414.

Kumar V, Kumar V, Upadhyay N, et al. 2015. Interactions of atrazine with transition metal ions in aqueous media: experimental and computational approach [J]. 3 Biotech, 1-8.

Kumpiene J, Lagerkvist A, Maurice C. 2007. Stabilization of Pb-and Cu-contaminated soil using coal fly ash and peat [J]. Environmental Pollution, 145: 365-373.

Lannig G, Cherkasov A S, Sokolova I M. 2006. Temperature-dependent effects of cadmium on mitochondrial and whole-organism bioenergetics of oysters(Crassostrea virginica)[J]. Marine Environmental Research, 62: S79-S82.

Laskowski R, Bednarska A J, Kramarz P E, et al. 2010. Interactions between toxic chemicals and natural environmental factors—a meta-analysis and case studies [J]. Science of the Total Environment, 408: 3763-3774.

Lebrun J D, Trinsoutrot-Gattin I, Vinceslas-Akpa M, et al. 2012. Assessing impacts of copper on soil enzyme activities in regard to their natural spatiotemporal variation under long-term different land uses [J]. Soil Biology and Biochemistry, 49: 150-156.

Lee I H, Kuan Y, Chern J. 2006. Factorial experimental design for recovering heavy metals from sludge with ion-exchange resin [J]. Journal of Hazardous Materials, 138: 549-559.

Lee S H, Park H, Koo N, et al. 2011. Evaluation of the effectiveness of various amendments on trace metals stabilization by chemical and biological methods [J]. Journal of Hazardous Materials, 188: 44-51.

Lee S S, Lim J E, El-Azeem S A A, et al. 2013. Heavy metal immobilization in soil near abandoned mines using eggshell waste and rapeseed residue [J]. Environmental Science and Pollution Research, 20: 1719-1726.

Lee S, Lee J, Jeong Choi Y, et al. 2009. In situ stabilization of cadmium-, lead-, and zinc-contaminated soil using various amendments [J]. Chemosphere, 77: 1069-1075.

Lehmann J, Joseph S. 2015. Biochar for Environmental Management: Science, Technology and Implementation [M]. Routledge.

Li K, Li Y, Zheng Z. 2010. Kinetics and mechanism studies of p-nitroaniline adsorption on activated carbon fibers prepared from cotton stalk by $NH_4H_2PO_4$ activation and subsequent gasification with steam [J]. Journal of hazardous materials, 178(1): 553-559.

Li Z, Huang, J. 2014. Effects of Nanoparticle Hydroxyapatite on Growth and Antioxidant System in Pakchoi (Brassica chinensis L.) from Cadmium-Contaminated Soil [J]. Journal of Nanomaterials.

Li Z, Liao W, Zhong Z. 2015. Co-remediation of the lead, cadmium, and zinc contaminated soil using exogenous hydroxyapatite, zeolite, limestone and holmic acids [J]. Fresenius Environmental Bulletin, 24: 1425-1433.

Lim J, Ahmad M, Usman A A, et al. 2013. Effects of natural and calcined poultry waste on Cd, Pb and As mobility in contaminated soil [J]. Environmental Earth Sciences, 69, 11-20.

Lim T, Tay J, The C. 2002. Contamination time effect on lead and cadmium fractionation in a tropical coastal clay [J]. Journal of Environmental Quality, 31: 806-812.

Liu G, Tao L, Liu X, et al. 2013. Heavy metal speciation and pollution of agricultural soils along Jishui River in non-ferrous metal mine area in Jiangxi Province, China [J]. Journal of Geochemical Exploration, 132: 156-163.

Liu J, Duan C Q, Zhu Y N, et al. 2007a. Effects of chemical fertilizers on the fractionation of Cu, Cr and Ni in contaminated soil [J]. Environmental Geology, 52(8): 1601-1606.

Liu R, Jiang H, Xu P, et al. 2014. Engineering chlorpyrifos-degrading Stenotrophomonas sp. YC-1 for heavy metal accumulation and enhanced chlorpyrifos degradation [J]. Biodegradation, 25: 903-910.

Liu Y, Lin C, Wu Y. 2007b. Characterization of red mud derived from a combined Bayer Process and bauxite calcination method [J]. Journal of Hazardous Materials, 146: 255-261.

Lockitch G. 1993. Perspectives on lead toxicity [J]. Clinical Biochemistry, 26(5): 371-381.

Lombi E, Zhao F, Wieshammer G, et al. 2002. In situ fixation of metals in soils using bauxite residue: biological effects [J]. Environmental Pollution, 118: 445-452.

Long E R, MacDonald D D, Smith S L, et al. 1995. Incidence of adverse biological effects within ranges of chemical concentrations in marine and estuarine sediments [J]. Environmental Management, 19(1): 81-97.

López-Chuken U J, López-Domínguez U, Parra-Saldivar R, et al. 2012. Implications of chloride-enhanced cadmium uptake in saline agriculture: modeling cadmium uptake by maize and tobacco [J]. International Journal of Environmental Science and Technology, 9: 69-77.

Lopez-Tarazon J A, Batalla R J, Vericat D, et al. 2009. Suspended sediment transport in a highly erodible catchment: the River Isabena (Southern Pyrenees)[J]. Geomorphology, 109(3-4): 210-221.

Lou H, Yang S, Zhao C, et al. 2015. Phosphorus risk in an intensive agricultural area in a mid-high latitude region of China [J]. Catena, 127: 46-55.

Lu A, Zhang S, Shan X Q. 2005. Time effect on the fractionation of heavy metals in soils [J]. Geoderma, 125: 225-234.

Lu H, Li Z, Fu S, et al. 2015. Effect of biochar in cadmium availability and soil biological activity in an anthrosol following acid rain deposition and aging [J]. Water, Air, and Soil Pollution, 226(5): 1-11.

Lucchini P, Quilliam R S, DeLuca T H, et al. 2014. Does biochar application alter heavy metal dynamics in agricultural soil?. Agriculture, Ecosystems and Environment, 184: 149-157.

Luo J, Cheng H, Ren J, et al. 2014. Mechanistic insights from DGT and soil solution measurements on the uptake of Ni and Cd by radish. [J]. Environmental Science & Technology, 48: 7305-7313.

Luo L, Ma C, Ma Y, et al. 2011. New insights into the sorption mechanism of cadmium on red mud [J]. Environmental Pollution, 159: 1108-1113.

Luo L, Ma Y B, Zhang S Z, et al. 2009. An inventory of trace element inputs to agricultural soils in China [J]. Journal of Environmental Management, 90(8): 2524-2530.

Lydy M J, Belden, J B, Ternes M A. 1999. Effects of temperature on the toxicity of M-parathion, chlorpyrifos, and pentachlorobenzene to Chironomus tentans [J]. Archives of Environmental Contamination and Toxicology, 37: 542-547.

Mabit L, Benmansour M, Abril J M, et al. 2014. Fallout 210Pb as a soil and sediment tracer in catchment sediment budget investigations: A review [J]. Earth-Science Reviews, 138: 335-351.

MacDonald D D, Scottcarr R, Calder F D, et al. 1996. Development and evaluation of sediment quality guidelines for Florida coastal waters [J]. Ecotoxicology, 5(4): 253-278.

Madejón E, De Mora A P, Felipe E, et al. 2006. Soil amendments reduce trace element solubility in a contaminated soil and allow regrowth of natural vegetation [J]. Environmental Pollution, 139: 40-52.

Mahar A, Ping W, Ronghua L I, et al. 2015. Immobilization of Lead and Cadmium in Contaminated Soil Using Amendments: A Review [J]. Pedosphere, 25: 555-568.

Mallampati S R, Mitoma Y, Okuda T, et al. 2012. Enhanced heavy metal immobilization in soil by grinding with addition of nanometallic Ca/CaO dispersion mixture [J]. Chemosphere, 89: 717-723.

Marín-Benito J M, Andrades M S, Rodríguez-Cruz M S, et al. 2012. Changes in the sorption-desorption of fungicides over time in an amended sandy clay loam soil under laboratory conditions [J]. Journal of Soils and Sediments, 12: 1111-1123.

Marković M, Cupać S, Đurović R, et al. 2010. Assessment of heavy metal and pesticide levels in soil and plant products from agricultural area of Belgrade, Serbia [J]. Archives of Environmental Contamination and Toxicology, 58: 341-351.

Martin C W. 2000. Heavy metal trends in floodplain sediments and valley fill, River Lahn, Germany [J]. Catena, 39: 53-68.

Mast M A, Manthorne D J, Roth D A. 2010. Historical deposition of mercury and selected trace elements to high-elevation National Parks in the Western US inferred from lake-sediment cores

[J]. Atmospheric Environment, 44(21-22): 2577-2586.

Matsuyama N, Saigusa M, Sakaiya E, et al. 2005. Acidification and soil productivity of allophanic Andosols affected by heavy application of fertilizers [J]. Soil Science & Plant Nutrition, 51: 117-123.

McDowell R. 2010. Is Cadmium loss in surface runoff significant for soil and surface water quality: a study of flood-irrigated pastures? [J]. Water, Air, & amp; Soil Pollution, volume 209: 133-142(10).

McIntyre A M, Guéguen C. 2013. Binding interactions of algal-derived dissolved organic matter with metal ions [J]. Chemosphere, 90: 620-626.

Medina E, Paredes C, Pérez-Murcia M D, et al. 2009. Spent mushroom substrates as component of growing media for germination and growth of horticultural plants [J]. Bioresource Technology, 100: 4227-4232.

Micó C, Recatalá L, Peris M, et al. 2006. Assessing heavy metal sources in agricultural soils of an European Mediterranean area by multivariate analysis [J]. Chemosphere, 65: 863-872.

Miller J R. 1997. The role of fluvial geomorphic processes in the dispersal of heavy metals from mine sites [J]. Journal of Geochemical Exploration, 58(2-3): 101-118.

Ming L, Li L, Zhang Y, et al. 2014. Effects of dissolved organic matter on the desorption of Cd in freeze-thaw treated Cd-contaminated soils [J]. Chemistry and Ecology, 30: 76-86.

Monaghan R M, Carey P L, Wilcock R J, et al. 2009. Linkages between land management activities and stream water quality in a border dyke-irrigated pastoral catchment [J]. Agriculture Ecosystems & Environment, 129(1-3): 201-211.

Monna F, Lancelot J, Croudace I W, et al. 1997. Pb isotopic composition of airborne particulate material from France and southern United Kingdom: implications for Pb pollution sources in urban areas [J]. Environmental Science & Technology, 31(8): 2277-2286.

Moreno-Jiménez E, Meharg A A, Smolders E, et al. 2014. Sprinkler irrigation of rice fields reduces grain arsenic but enhances cadmium [J]. Science of the Total Environment, 485: 468-473.

Morillo E, Undabeytia T, Maqueda C, et al. 2002. The effect of dissolved glyphosate upon the sorption of copper by three selected soils [J]. Chemosphere, 47: 747-752.

Morvan X, Naisse C, Malam Issa O, et al. 2014. Effect of ground-cover type on surface runoff and subsequent soil erosion in Champagne vineyards in France [J]. Soil Use and Management, 30: 372-381.

Muller G. 1969. Index of geoaccumulation in sediments of the Rhine River [J]. 2(3): 108-118.

Mustafa G, Kookana R S, Singh B. 2006. Desorption of cadmium from goethite: Effects of pH, temperature and aging [J]. Chemosphere, 64: 856-865.

Mustafa G, Singh B, Kookana R S. 2004. Cadmium adsorption and desorption behaviour on goethite at low equilibrium concentrations: effects of pH and index cations [J]. Chemosphere, 57: 1325-1333.

N'guessan Y M, Probst J L, Bur T, et al. 2009. Trace elements in stream bed sediments from agricultural catchments (Gascogne region, S-W France): where do they come from [J]? Science of the Total Environment, 407(8): 2939-2952.

Nagare R M, Schincariol R A, Quinton W L, et al. 2012. Effects of freezing on soil temperature, freezing front propagation and moisture redistribution in peat: laboratory investigations [J]. Hydrology and Earth System Sciences, 16: 501-515.

Naidu R, Harter R D. 1998. Effect of different organic ligands on cadmium sorption by and extractability from soils [J]. Soil Science Society of America Journal, 62: 644-650.

Nasar A. 2014. Kinetics of metribuzin degradation by colloidal manganese dioxide in absence and presence of surfactants [J]. Chemical Papers, 68: 65-73.

Nian L, Ronghua L, Jing F, et al. 2015. Remediation effects of heavy metals contaminated farmland using fly ash based on bioavailability test. [J]. Transactions of the Chinese Society of Agricultural Engineering, 31.

Nicholson F A, Smith S R, Alloway B J, et al. 2003. An inventory of heavy metals inputs to agricultural soils in England and Wales [J]. Science of the Total Environment, 311(1-3): 205-219.

Nziguheba G, Smolders E. 2008. Inputs of trace elements in agricultural soils via phosphate fertilizers in European countries [J]. Science of the Total Environment, 390: 53-57.

Oeurng C, Sauvage S, Sanchez-Perez J M. 2011. Assessment of hydrology, sediment and particulate organic carbon yield in a large agricultural catchment using the SWAT model [J]. Journal of Hydrology, 401(3-4): 145-153.

Øgaard A F. 2015. Freezing and thawing effects on phosphorus release from grass and cover crop species [J]. Acta Agriculturae Scandinavica, Section B—Soil and Plant Science, 65: 529-536.

Ogunlade M O, Agbeniyi S O. 2011. Impact of pesticides use on heavy metals pollution in cocoa soils of Cross-River State, Nigeria [J]. African Journal of Agricultural Research, 6: 3725-3728.

Ok Y S, Lee S S, Jeon W, et al. 2011. Application of eggshell waste for the immobilization of cadmium and lead in a contaminated soil [J]. Environmental Geochemistry and Health, 33: 31-39.

Ok Y S, Oh S, Ahmad M, et al. 2010. Effects of natural and calcined oyster shells on Cd and Pb immobilization in contaminated soils [J]. Environmental Earth Sciences, 61: 1301-1308.

Ontario Ministry of the Environment(MOE). 1993. Guidelines for the Protection and Management of Aquatic Sediment Quality in Ontario [S]. Queen's Printer for Ontario, Ontario.

Ouyang W, Bing L, Huang H, et al. 2015. Watershed water circle dynamics during long term farmland conversion in freeze-thawing area [J]. Journal of Hydrology, 523: 555-562.

Ouyang W, Cai G, Huang W, et al. 2016a. Temporal-spatial loss of diffuse pesticide and potential risks for water quality in China [J]. Science of the Total Environment, 541: 551-558.

Ouyang W, Huang H B, Hao F H, et al. 2012. Evaluating spatial interaction of soil property with non-point source pollution at watershed scale: the phosphorus indicator in Northeast China [J]. Science of the Total Environment, 432: 412-421.

Ouyang W, Huang H B, Hao F H, et al. 2013a. Synergistic impacts of land-use change and soil property variation on non-point source nitrogen pollution in a freeze-thaw area [J]. Journal of Hydrology, 495: 126-134.

Ouyang W, Huang W, Wei P, et al. 2016. Optimization of typical diffuse herbicide pollution control by soil amendment configurations under four levels of rainfall intensities [J]. Journal of Environmental Management, 175: 1-8.

Ouyang W, Qi S, Hao F, et al. 2013a. Impact of crop patterns and cultivation on carbon sequestration and global warming potential in an agricultural freeze zone [J]. Ecological Modelling, 252: 228-237.

Ouyang W, Shan Y, Hao F, et al. 2013b. The effect on soil nutrients resulting from land use transformations in a freeze-thaw agricultural ecosystem [J]. Soil and Tillage Research, 132: 30-38.

Ouyang W, Xu Y M, Hao F H, et al. 2013c. Effect of long-term agricultural cultivation and land use conversion on soil nutrient contents in the Sanjiang Plain [J]. Catena, 104: 243-250.

Overesch M, Rinklebe J, Broll G, et al. 2007. Metals and arsenic in soils and corresponding vegetation at Central Elbe river floodplains (Germany)[J]. Environmental Pollution, 145(3): 800-812.

Padmavathiamma P K, Li L Y. 2010. Phytoavailability and fractionation of lead and manganese in a contaminated soil after application of three amendments [J]. Bioresource Technology, 101: 5667-5676.

Pan X F, Yan B X, Muneoki Y. 2011. Effects of land use and changes in cover on the transformation and transportation of iron: a case study of the Sanjiang Plain, Northeast China [J]. Science China-Earth Sciences, 54(5): 686-693.

Panagopoulos Y, Makropoulos C, Baltas E, et al. 2011. SWAT parameterization for the identification of critical diffuse pollution source areas under data limitations [J]. Ecological Modelling, 222(19): 3500-3512.

Pandey V C, Abhilash P C, Upadhyay R N, et al. 2009. Application of fly ash on the growth performance and translocation of toxic heavy metals within Cajanus cajan L.: implication for safe utilization of fly ash for agricultural production [J]. Journal of Hazardous Materials, 166: 255-259.

Pandey V C, Singh N. 2010. Impact of fly ash incorporation in soil systems [J]. Agriculture, Ecosystems and Environment, 136: 16-27.

Pataki G E, Cahi J P. 1999. Technical guidance for screening contaminated sediments [S]. New York State Department of Environmental Conservation, New York.

Peijnenburg W J, Zablotskaja M, Vijver M G. 2007. Monitoring metals in terrestrial environments within a bioavailability framework and a focus on soil extraction [J]. Ecotoxicology and Environmental Safety, 67: 163-179.

Pekey H, Karakas D, Ayberk S, et al. 2004. Ecological risk assessment using trace elements from surface sediments of Izmit Bay (Northeastern Marmara Sea) Turkey [J]. Marine Pollution Bulletin, 48(9-10): 946-953.

Pinto E, Almeida A A, Ferreira I M. 2015. Assessment of metal(loid)s phytoavailability in intensive agricultural soils by the application of single extractions to rhizosphere soil [J]. Ecotoxicology and environmental safety, 113: 418-424.

Poggio L, Vrscaj B, Schulin R, et al. 2009. Metals pollution and human bioaccessibility of topsoils in Grugliasco (Italy)[J]. Environmental Pollution, 157(2): 680-689.

Portnoy J W. 1999. Salt marsh diking and restoration: Biogeochemical implications of altered wetland hydrology [J]. Environmental Management, 24(1): 111-120.

Pueyo M, Mateu J, Rigol A, et al. 2008. Use of the modified BCR three-step sequential extraction procedure for the study of trace element dynamics in contaminated soils [J]. Environmental Pollution, 152: 330-341.

Qian J, Shana X Q, Wang Z J, et al. 1996, Distribution and plant availability of heavy metals in different particle-size fractions of soil [J]. Science of the Total Environment, 187(2): 131-141.

Qin T, Wu Y, Wang H. 1993. Effect of cadmium, lead and their interactions on the physiological and biochemical characteristics of Brassica chinensis [J]. Acta Ecologica Sinica, 14: 46-50.

Qishlaqi A, Moore F, Forghani G. 2009. Characterization of metal pollution in soils under two landuse patterns in the Angouran Region, NW Iran; a study based on multivariate data analysis [J]. Journal of Hazardous Materials, 172(1): 374-384.

Qu C, Xing X, Albanese S, et al. 2015. Spatial and seasonal variations of atmospheric organochlorine pesticides along the plain-mountain transect in central China: regional source vs. long-range transport and air-soil exchange [J]. Atmospheric Environment.

Quinton J N, Catt J A, Hess T M. 2001. The selective removal of phosphorus from soil [J]. Journal of Environmental Quality, 30(2): 538-545.

Quinton J N, Catt J A. 2007. Enrichment of heavy metals in sediment resulting from erosion on agricultural fields [J]. Environmental Science and Technology, 41(10), 3495-3500.

Rauret G, Lopez-Sanchez J F, Sahuquillo A, et al. 2000. Application of a modified BCR sequential extraction(three-step)procedure for the determination of extractable trace metal contents in a sewage sludge amended soil reference material (CRM 483), complemented by a three-year stability study of acetic acid and EDTA extractable metal content. Journal of Environmental Monitoring, 2(3): 228-233.

Reicosky D C, Lindstrom M J. 1993. Fall tillage method-effect on short-term carbon dioxide flux from soil [J]. Agronomy Journal, 85(6): 1237-1243.

Reiser R, Simmler M, Portmann D, et al. 2014. Cadmium concentrations in New Zealand pastures: relationships to soil and climate variables [J]. Journal of Environmental Quality, 43: 917-925.

Ribas L, De Mendonça M M, Camelini C M, et al. 2009. Use of spent mushroom substrates from Agaricus subrufescens (syn. A. blazei, A. brasiliensis) and Lentinula edodes productions in the enrichment of a soil-based potting media for lettuce (Lactuca sativa) cultivation: Growth promotion and soil bioremediation [J]. Bioresource Technology, 100: 4750-4757.

Rijkenberg M J, Depree C V. 2010. Heavy metal stabilization in contaminated road-derived sediments [J]. Science of the Total Environment, 408: 1212-1220.

Roy G, Joy V C. 2011. Dose-related effect of fly ash on edaphic properties in laterite cropland soil [J]. Ecotoxicology and Environmental Safety, 74: 769-775.

Ruttens A, Mench M, Colpaert J V, et al. 2006. Phytostabilization of a metal contaminated sandy soil. I: Influence of compost and/or inorganic metal immobilizing soil amendments on phytotoxicity and plant availability of metals [J]. Environmental Pollution, 144: 524-532.

San Miguel E G, Bolivar J P, Garcia-Tenorio R. 2004. Vertical distribution of The isotope ratios, 210Pb, 226Ra and 137Cs in sediment cores from an estuary affected by anthropogenic releases [J]. Science of the Total Environment, 318(1-3): 143-157.

Sangster D F, Outridge P M, Davis W J. 2000. Stable lead isotope characteristics of lead ore deposits of environmental significance [J]. Environmental Reviews, 8(2): 115-147.

Saravana Kumara U, Navada S V, Rao S M, et al. 1999. Determination of recent sedimentation rates and pattern in Lake Naini, India by 210Pb and 137Cs dating techniques [J]. Applied Radiation and Isotopes, 51(1): 97-105.

Sarmah A, Prakash S, Ronaldj S, et al. 2010. Retention capacity of biochar-amended New Zealand dairy farm soil for an estrogenic steroid hormone and its primary metabolite [J]. Australian Journal of Soil Research, 48: 648-658.

Satarug S, Baker J R, Urbenjapol S, et al. 2003. A global perspective on cadmium pollution and toxicity in non-occupationally exposed population [J]. Toxicology Letters, 137: 65-83.

Scheil V, Köhler H. 2009. Influence of nickel chloride, chlorpyrifos, and imidacloprid in combination with different temperatures on the embryogenesis of the zebrafish Danio rerio [J]. Archives of Environmental Contamination and Toxicology, 56: 238-243.

Sebastian A, Prasad M N V. 2014. Cadmium minimization in rice. A review [J]. Agronomy for

Sustainable Development, 34: 155-173.

Shan Y, Tysklind M, Hao F, et al. 2013. Identification of sources of heavy metals in agricultural soils using multivariate analysis and GIS [J]. Journal of Soils and Sediments, 13: 720-729.

Shen G, Lu Y, Wang M, et al. 2005. Status and fuzzy comprehensive assessment of combined heavy metal and organo-chlorine pesticide pollution in the Taihu Lake region of China [J]. Journal of Environmental Management, 76: 355-362.

Shen X, Huang W, Yao C, et al. 2007. Influence of metal ion on sorption of<i>p-nitrophenol onto sediment in the presence of cetylpyridinium chloride [J]. Chemosphere, 67: 1927-1932.

Shoaei S M, Mirbagheri S A, Zamani A, et al. 2014. Seasonal variation of dissolved heavy metals in the reservoir of Shahid Rajaei dam, Sari, Iran [J]. Desalination and Water Treatment, 56(12): 3368-3379.

Shotky W, Mackenzie A, Norton S. 2004. Archives of environmental contamination [J]. Journal of Environmental Monitoring, 6: 4-7.

Shuman L M. 1985. Fractionation method for soil microelements [J]. Soil Science, 140(1): 11-22.

Sikka R, Nayyar V K. 2011. Risk assessment of cadmium contaminated soils varying in physico-chemical characteristics with reference to aging effect [J]. Journal of Research, 48: 112-118.

Singh A, Sharma R K, Agrawal S B. 2008. Effects of fly ash incorporation on heavy metal accumulation, growth and yield responses of Beta vulgaris plants. [J]. Bioresource Technology, 99: 7200-7207.

Singh J S, Pandey V C. 2013. Fly ash application in nutrient poor agriculture soils: impact on methanotrophs population dynamics and paddy yields [J]. Ecotoxicology and Environmental Safety, 89: 43-51.

Singh K P, Mohan D, Singh V K, et al. 2005. Studies on distribution and fractionation of heavy metals in Gomti river sediments-a tributary of the Ganges, India [J]. Journal of Hydrology, 312(1-4): 14-27.

Singh S P, Tack F, Gabriels D, et al. 2000. Heavy metal transport from dredged sediment derived surface soils in a laboratory rainfall simulation experiment [J]. Water, Air, and Soil Pollution, 118: 73-86.

Six L, Smolders E. 2014. Future trends in soil cadmium concentration under current cadmium fluxes to European agricultural soils [J]. Science of the Total Environment, 485: 319-328.

Smith C J, Hopmans P, Cook F J. 1996. Accumulation of Cr, Pb, Cu, Ni, Zn and Cd in soil following irrigation with treated urban effluent in Australia [J]. Environmental Pollution, 94: 317-323.

Sochaczewski L, Tych W, Davison W, et al. 2007. 2D DGT induced fluxes in sediments and soils(2D DIFS)[J]. Environmental Modelling and Software, 22: 14-23.

Song N, Ma Y, Zhao Y, et al. 2015. Elevated ambient carbon dioxide and Trichoderma inoculum could enhance cadmium uptake of Lolium perenne explained by changes of soil pH, cadmium availability and microbial biomass [J]. Applied Soil Ecology, 85: 56-64.

Song N, Wang F, Zhang C, et al. 2013. Fungal inoculation and elevated CO_2 mediate growth of Lolium Mutiforum and Phytolacca Americana, metal uptake, and metal bioavailability in metal-contaminated soil: evidence from DGT measurement [J]. International Journal of Phytoremediation, 15: 268-282.

Spokas K A, Koskinen W C, Baker J M, et al. 2009. Impacts of woodchip biochar additions on greenhouse gas production and sorption/degradation of two herbicides in a Minnesota soil [J]. Chemosphere, 77(4): 574-581.

Spurgeon D J, Rowland P, Ainsworth G, et al. 2008. Geographical and pedological drivers of distribution and risks to soil fauna of seven metals(Cd, Cu, Cr, Ni, Pb, V and Zn)in British soils [J]. Environmental Pollution, 153: 273-283.

Strobel B W, Borggaard O K, Hansen H C B, et al. 2005. Dissolved organic carbon and decreasing pH mobilize cadmium and copper in soil [J]. European Journal of Soil Science, 56: 189-196.

Su C, Jiang L, Zhang W. 2014. A review on heavy metal contamination in the soil worldwide: Situation, impact and remediation techniques [J]. Environmental Skeptics and Critics, 3: 24-38.

Su J J, van Bochove E, Thériault G, et al. 2011. Effects of snowmelt on phosphorus and sediment losses from agricultural watersheds in Eastern Canada [J]. Agricultural Water Management, 98: 867-876.

Sun B, Zhou S, Zhao Q. 2003. Evaluation of spatial and temporal changes of soil quality based on geostatistical analysis in the hill region of subtropical China [J]. Geoderma, 115: 85-99.

Sun F, Zhou Q. 2010. Interactive effects of 1, 4-dichlorobenzene and heavy metals on their sorption behaviors in two chinese soils [J]. Archives of Environmental Contamination and Toxicology, 58: 33-41.

Sun G X, Wang X J, Hu Q H. 2011. Using stable lead isotopes to trace heavy metal contamination sources in sediments of Xiangjiang and Lishui Rivers in China [J]. Environmental Pollution, 159(12): 3406-3410.

Sun Y, Sun G, Xu Y, et al. 2012. Shi, X. In situ stabilization remediation of cadmium contaminated soils of wastewater irrigation region using sepiolite [J]. Journal of Environmental Sciences, 24: 1799-1805.

Sun Y, Sun G, Xu Y, et al. 2013. Assessment of sepiolite for immobilization of cadmium-contaminated soils [J]. Geoderma, 193: 149-155.

Tang W Z, Shan B Q, Zhang H, et al. 2010. Heavy metal sources and associated risk in response to agricultural intensification in the estuarine sediments of Chaohu Lake Valley, East China [J]. Journal of Hazardous Materials, 176(1-3): 945-951.

Tapia Y, Cala V, Eymar E, et al. 2010. Chemical characterization and evaluation of composts as organic amendments for immobilizing cadmium [J]. Bioresource Technology, 101: 5437-5443.

Tash M M, Alkahtani S. 2014. Effect of heat treatment hardness of Al-Cu-Mg-Li-Zr, Al-Mg-Si and and Al-Mg-Zn alloys-experimental correlation using factorial DOE and ANOVA methods [J]. Advanced Materials Research, 881: 1317-1329.

Tessier A, Campbell P G C, Bisson M. 1979. Sequential extraction procedure for the speciation of particulate trace metals [J]. Analytical Chemistry, 51(7): 844-851.

Tian Y, Wang X, Luo J, et al. 2008. Evaluation of holistic approaches to predicting the concentrations of metals in field-cultivated rice [J]. Environmental Science & Technology, 42: 7649-7654.

Tipping E, Rieuwerts J, Pan G, et al. 2003. The solid-solution partitioning of heavy metals(Cu, Zn, Cd, Pb)in upland soils of England and Wales [J]. Environmental Pollution, 125(2): 213-225.

Trakal L, Neuberg M, Tlustoš P, et al. 2011. Dolomite limestone application as a chemical immobilization of metal contaminated soil [J]. Plant Soil and Environment, 57: 173-179.

Tsang D C, Olds W E, Weber P. 2013. Residual leachability of CCar-contaminated soil after treatment with biodegradable chelating agents and lignite-derived humic substances [J]. Journal of Soils and Sediments, 13: 895-905.

Uchimiya M, Chang S, Klasson K T. 2011. Screening biochars for heavy metal retention in soil: role of oxygen functional groups [J]. Journal of Hazardous Materials, 190: 432-441.

Uchimiya M, Lima I M, Thomas Klasson K, et al. 2010. Immobilization of heavy metal ions (CuII, CdII, NiII, and PbII) by broiler litter-derived biochars in water and soil [J]. Journal of Agricultural and Food Chemistry, 58: 5538-5544.

Van Bochove E, Prévost D, Pelletier F. 2000. Effects of freeze-thaw and soil structure on nitrous oxide produced in a clay soil [J]. Soil Science Society of America Journal, 64: 1638-1643.

Van Herwijnen R, Hutchings T R, Al-Tabbaa A, et al. 2007. Remediation of metal contaminated soil with mineral-amended composts [J]. Environmental Pollution, 150: 347-354.

Varol M. 2011. Assessment of heavy metal contamination in sediments of the Tigris River (Turkey) using pollution indices and multivariate statistical techniques [J]. Journal of Hazardous Materials, 195: 355-364.

Velleux M L, England J F, Julien P Y. 2008. TREX: Spatially distributed model to assess watershed contaminant transport and fate [J]. Science of the Total Environment, 401(1): 113-128.

Veselý T, Tlustoš P, Szakova J. 2011. Organic salts enhanced soil risk elements leaching and bioaccumulation in Pistia stratiotes [J]. Plant Soil and Environment, 57: 166-172.

Veselý T, Tlustoš P, Száková J. 2012. Organic acid enhanced soil risk element (Cd, Pb and Zn) leaching and secondary bioconcentration in water lettuce(Pistia stratiotes L.) in the rhizofiltration process [J]. International Journal of Phytoremediation, 14: 335-349.

Vink R, Peters S. 2003. Modelling point and diffuse heavy metal emissions and loads in the Elbe basin [J]. Hydrological Processes, 17(7): 1307-1328.

Vitousek P M, Naylor R, Crews T, et al. 2009. Nutrient imbalances in agricultural development [J]. Science, 324: 1519.

Walker D J, Clemente R, Bernal M P. 2004. Contrasting effects of manure and compost on soil pH, heavy metal availability and growth of Chenopodium album L. in a soil contaminated by pyritic mine waste [J]. Chemosphere, 57: 215-224.

Wan J, Meng D, Long T, et al. 2015. Simultaneous removal of lindane, lead and cadmium from soils by rhamnolipids combined with citric acid [J]. PLoS One, 10(6): e0129978.

Wang B, Xie Z, Chen J, et al. 2008. Effects of field application of phosphate fertilizers on the availability and uptake of lead, zinc and cadmium by cabbage(Brassica chinensis L.)in a mining tailing contaminated soil [J]. Journal of Environmental Sciences, 20: 1109-1117.

Wang E, Cruse R M, Chen X, et al. 2012. Effects of moisture condition and freeze/thaw cycles on surface soil aggregate size distribution and stability [J]. Canadian Journal of Soil Science, 92: 529-536.

Wang F, Ouyang W, Hao F, et al. 2014. In situ remediation of cadmium-polluted soil reusing four by-products individually and in combination [J]. Journal of Soils and Sediments, 14: 451-461.

Wang F, Ouyang W, Hao F, et al. 2015a. Multivariate interactions of natural and anthropogenic factors on Cd behavior in arable soil [J]. RSC Advances, 5: 41238-41247.

Wang J, Chen C. 2014. Chitosan-based biosorbents: modification and application for biosorption of heavy metals and radionuclides [J]. Bioresource technology, 160: 129-141.

Wang J, Lu Y, Ding H, et al. 2007a. Effect of cadmium alone and in combination with butachlor on soil enzymes [J]. Environmental Geochemistry and Health, 29: 395-403.

Wang J, Lu Y, Shen G. 2007b. Combined effects of cadmium and butachlor on soil enzyme activities and microbial community structure [J]. Environmental geology, 51: 1221-1228.

Wang L L, Song C C, Song Y Y, et al. 2010. Effects of reclamation of natural wetlands to a rice paddy on dissolved carbon dynamics in the Sanjiang Plain, Northeastern China [J]. Ecological

Engineering, 36(10): 1417-1423.

Wang S, Wang Y, Wang S, et al. 2011. Assessment of heavy metal and herbicide levels in soil and plant products from agricultural area of Tieling District, Liaoning Province, China Computer Distributed Control and Intelligent Environmental Monitoring (CDCIEM), 2011 International Conference on. IEEE, 20(7): 679-692.

Wang X, Liang C, Yin Y. 2015b, Distribution and transformation of cadmium formations amended with serpentine and lime in contaminated meadow soil [J]. Journal of Soils and Sediments, 1-7.

Wang X, Xu Y. 2015c. Soil heavy metal dynamics and risk assessment under long-term land use and cultivation conversion [J]. Environmental Science and Pollution Research, 22: 264-274.

Wang Y, Chen C, Qian Y, et al. 2015. Ternary toxicological interactions of insecticides, herbicides, and a heavy metal on the earthworm Eisenia fetida [J]. Journal of Hazardous Materials, 284: 233-240.

Wang Y, Tang X, Chen Y, et al. 2009. Adsorption behavior and mechanism of Cd(II)on loess soil from China [J]. Journal of Hazardous Materials, 172: 30-37.

Wang M, Zhou Q. 2005. Single and joint toxicity of chlorimuron-ethyl, cadmium, and copper acting on wheat Triticum aestivum [J]. Ecotoxicology and Environmental Safety, 60: 169-175.

Wei B, Yang L. 2010. A review of heavy metal contaminations in urban soils, urban road dusts and agricultural soils from China [J]. Microchemical Journal, 94: 99-107.

Wei H, Hu D, Cheng X, et al. 2015. Residual levels of organochlorine pesticides and heavy metals in the Guanzhong Region of the Weihe Basin, North-western China [J]. Journal of Residuals Science and Technology, 12(1): 31-33.

Wei P, Ouyang W, Hao F, et al. 2016. Combined impacts of precipitation and temperature on diffuse phosphorus pollution loading and critical source area identification in a freeze-thaw area [J]. Science of the Total Environment, 553: 607-616.

Wiesmeier M, von Lützow M, Spörlein P, et al. 2015. Land use effects on organic carbon storage in soils of Bavaria: The importance of soil types [J]. Soil and Tillage Research, 146: 296-302.

Williams W M, Giddings J M, Purdy J, et al. 2014. Exposures of aquatic organisms to the organophosphorus insecticide, chlorpyrifos resulting from use in the United States Ecological Risk Assessment for Chlorpyrifos in Terrestrial and Aquatic Systems in the United States[J]. Springer, 231: 77-117.

Wright N, Hayashi M, Quinton, W L. 2009. Spatial and temporal variations in active layer thawing and their implication on runoff generation in peat-covered permafrost terrain [J]. Water Resources Research, 45(5): 427-439.

Wright S. 1922. Coefficients of inbreeding and relationship [J]. American Naturalist, 56: 330-338.

Wu W, Xie Z, Xu J, et al. 2013. Immobilization of trace metals by phosphates in contaminated soil near lead/zinc mine tailings evaluated by sequential extraction and TCLP [J]. Journal of Soils and Sediments, 13: 1386-1395.

Xavier, A, Muir W M, Rainey K M. 2016. Impact of imputation methods on the amount of genetic variation captured by a single-nucleotide polymorphism panel in soybeans [J]. BMC Bioinformatics, 17: 1-9.

Xia P, Meng X W, Yin P, et al. 2011. Eighty-year sedimentary record of heavy metal inputs in the intertidal sediments from the Nanliu River estuary, Beibu Gulf of South China Sea [J]. Environmental Pollution, 159(1): 92-99.

Xia W, Xungui, L, Chihua H. 2015a. Impacts of freeze-thaw cycles on runoff and sediment yield of slope land [J]. Transactions of the Chinese Society of Agricultural Engineering, 31(13): 157-163.

Xia X, Wu Q, Zhu B, et al. 2015. Analyzing the contribution of climate change to long-term variations in sediment nitrogen sources for reservoirs/lakes [J]. Science of the Total Environment, 523: 64-73.

Xu M, Sun Y, Wang P, et al. Metabolomics analysis and biomarker identification for brains of rats exposed subchronically to the mixtures of low-dose cadmium and chlorpyrifos [J]. Chemical Research in Toxicology, 28(6): 1216-1223.

Xuchen Z, Wei O, Fanghua H, et al. 2013. Properties comparison of biochars from corn straw with different pretreatment and sorption behaviour of atrazine. [J]. Bioresource Technology, 147: 338-344.

Yang J, Wang L, Li J, et al. 2014. Effects of rape straw and red mud on extractability and bioavailability of cadmium in a calcareous soil [J]. Frontiers of Environmental Science and Engineering, 9: 419-428.

Yang M, Yao T, Gou X, et al. 2003. The soil moisture distribution, thawing-freezing processes and their effects on the seasonal transition on the Qinghai-Xizang(Tibetan)plateau [J]. Journal of Asian Earth Sciences, 21: 457-465.

Yang W J, Cheng H G, Hao F H, et al. 2012. The influence of land-use change on the forms of phosphorus in soil profiles from the Sanjiang Plain of China [J]. Geoderma, 189-190, 207-214.

Yang X M, Zhang X P, Deng W, et al. 2003. Black soil degradation by rainfall erosion in Jilin, China [J]. Land Degradation and Development, 14(4): 409-420.

Yang Z, Wang Y, Shen Z, et al. 2009. Distribution and speciation of heavy metals in sediments from the mainstream, tributaries, and lakes of the Yangtze River catchment of Wuhan, China [J]. Journal of Hazardous Materials, 166: 1186-1194.

Yap C K, Jusoh A, Leong W J, et al. 2015. Potential human health risk assessment of heavy metals via the consumption of tilapia Oreochromis mossambicus collected from contaminated and uncontaminated ponds [J]. Environmental Monitoring and Assessment, 187: 1-16.

Ye M, Sun M, Liu Z, et al. 2014. Evaluation of enhanced soil washing process and phytoremediation with maize oil, carboxymethyl-β-cyclodextrin, and vetiver grass for the recovery of organochlorine pesticides and heavy metals from a pesticide factory site [J]. Journal of Environmental Management, 141: 161-168.

Yuan G L, Liu C, Chen L, et al. 2011. Inputting history of heavy metals into the inland lake recorded in sediment profiles: Poyang Lake in China [J]. Journal of Hazardus Materials, 185: 336-345.

Yuan S, Xi Z, Jiang Y, et al. 2007. Desorption of copper and cadmium from soils enhanced by organic acids [J]. Chemosphere, 68: 1289-1297.

Yunusa I A , Manoharan V, Odeh I O, et al. 2011. Structural and hydrological alterations of soil due to addition of coal fly ash [J]. Journal of Soils and Sediments, 11: 423-431.

Yusuf K A. 2007. Sequential extraction of lead, copper, cadmium and zinc in soils near Ojota waste site [J]. Journal of Agronomy, 6: 331.

Zaman M I, Mustafa S, Khan S, et al. 2009. Heavy metal desorption kinetic as affected by of anions complexation onto manganese dioxide surfaces [J]. Chemosphere, 77: 747-755.

Zhang G L. 2010. Changes of soil labile organic carbon in different land uses in Sanjiang Plain, Heilongjiang Province [J]. Chinese Geographical Science, 20(2): 139-143.

Zhang H G, Cui B S, Zhang K J. 2012. Surficial and vertical distribution of heavy metals in different estuary wetlands in the Pearl River, South China [J]. Clean-Soil Air Water, 40(10): 1174-1184.

Zhang H, Cui B, Zhang K. 2011a. Heavy metal distribution of natural and reclaimed tidal riparian wetlands in south estuary, China [J]. Journal of Environmental Sciences, 23: 1937-1946.

Zhang H, Davison W, Knight B, et al. 1998. In situ measurements of solution concentrations and fluxes of trace metals in soils using DGT [J]. Environmental Science and Technology, 32: 704-710.

Zhang H, Lombi, E, Smolders E, et al. 2004. Kinetics of Zn release in soils and prediction of Zn concentration in plants using diffusive gradients in thin films. [J]. Environmental Science and Technology, 38: 3608-3613.

Zhang H, Shan B Q. 2008. Historical records of heavy metal accumulation in sediments and the relationship with agricultural intensification in the Yangtze-Huaihe region, China [J]. Science of the Total Environment, 399(1-3): 113-120.

Zhang H, Zhao F, Sun B, et al. 2001. A new method to measure effective soil solution concentration predicts copper availability to plants [J]. Environmental Science and Technology, 35: 2602-2607.

Zhang K, Kimball J S, Kim Y, et al. 2011b. Changing freeze-thaw seasons in northern high latitudes and associated influences on evapotranspiration [J]. Hydrological Processes, 25: 4142-4151.

Zhang M, Pu J. 2011. Mineral materials as feasible amendments to stabilize heavy metals in polluted urban soils [J]. Journal of Environmental Sciences, 23: 607-615.

Zhao X L, Jiang T, Du B. 2014. Effect of organic matter and calcium carbonate on behaviors of cadmium adsorption-desorption on/from purple paddy soils [J]. Chemosphere, 99: 41-48.

Zhou D, Wang Y, Cang L, et al. 2004. Adsorption and cosorption of cadmium and glyphosate on two soils with different characteristics [J]. Chemosphere, 57: 1237-1244.

Zhou H, Zeng M, Zhou X, et al. 2015. Heavy metal translocation and accumulation in iron plaques and plant tissues for 32 hybrid rice (Oryza sativa L.) cultivars [J]. Plant and Soil, 386: 317-329.